“十二五”规划教材

12th Five-Year Plan Textbooks of Software Engineering

Java EE 开发技术与案例教程

刘彦君 金飞虎 ◎ 主编

张仁伟 胡平 汪国武 杨沿航 ◎ 副主编

Java EE Devel... Technology and Case Study

U0232225

人民邮电出版社

北京

图书在版编目（CIP）数据

JavaEE开发技术与案例教程 / 刘彦君，金飞虎主编. -- 北京 : 人民邮电出版社，2014.2（2020.9 重印）
普通高等教育软件工程“十二五”规划教材
ISBN 978-7-115-33741-2

Ⅰ. ①J… Ⅱ. ①刘… ②金… Ⅲ. ①JAVA语言－程序设计－高等学校－教材 Ⅳ. ①TP312

中国版本图书馆CIP数据核字(2014)第013086号

内容提要

全书共分为 11 章，主要内容包括：第 1 章介绍了 Java EE 的基本概念，第 2 章介绍了 JDBC 数据库编程的基础知识和应用方法，第 3 章介绍了 Java Servlet，第 4 章介绍了 JSP，第 5 章介绍了 XML，第 6 章介绍了 Struts2，第 7 章介绍了 Hibernate，第 8 章介绍了 Spring，第 9 章介绍了 EJB，第 10 章介绍了 SSH 整合开发案例，第 11 章介绍了基于 Java EE 的测试。

本书可作为高等学校计算机专业、软件工程专业教材及从事相关开发领域程序设计人员自学及参考用书。

◆ 主　　编　刘彦君　金飞虎
副 主 编　张仁伟　胡　平　汪国武　杨沿航
责任编辑　许金霞
责任印制　彭志环　杨林杰

◆ 人民邮电出版社出版发行　　北京市丰台区成寿寺路 11 号
邮编　100164　　电子邮件　315@ptpress.com.cn
网址　http://www.ptpress.com.cn
涿州市京南印刷厂印刷

◆ 开本：787×1092　1/16
印张：20　　2014 年 2 月第 1 版
字数：528 千字　　2020 年 9 月河北第 11 次印刷

定价：48.00 元

读者服务热线：(010)81055256　印装质量热线：(010)81055316
反盗版热线：(010)81055315

前 言

Java EE 技术经过多年的发展越来越趋于成熟完善，目前已成为最佳的企业应用解决方案之一。Java EE 是 Java 的高级应用，它与市场紧密衔接，有利于读者掌握前沿开发技术，理解和掌握新的软件开发思想，有助于培养学生的实际动手能力。为了适应形势的发展，许多高校都在开设 Java EE 课程。但是目前市场上关于 Java EE 的书籍多为技术参考书，这些书或为专论某种 Java EE 技术规范，或为集中介绍某些应用案例，它们往往内容偏多、偏难，且不能很好地做到理论基础和案例的有机结合，因此不适合作为教材。本书是基于作者多年从事 Jave EE 课程的教学实践，对教学内容取舍及重点内容确定的理解编写的。

本书的主要特点包括：以实用为目的，选择常用技术加以详尽阐述，对 JDBC 技术、JSP、XML、EJB 的理论知识和应用进行了深入的讨论。体现项目驱动和案例教学的思想，在每一章都运用大量应用程序例证，并以一个实用系统的开发案例作为学生综合运用所学的技术的一个实战项目。案例选择不片面追求大规模和高复杂性，而是力求典型，使案例与知识相辅相成，有机联系，形成整体，使知识讲解更直接具体，有针对性和目的性，有利于学生接受和掌握。理论知识讲解精练，在保证知识的系统性的同时，注重精选内容。从典型的项目出发，基于项目需要展开知识，围绕知识讲解案例，对知识的讲解不追求全面细致，而是强调针对性和目的性，突出重点，内容新颖。关于框架的内容，介绍最新的或较新的版本，反映技术发展的新趋势。

全书共分 11 章，各章的主要内容如下。

第 1 章概要介绍了 Java EE 的产生与发展沿革、Java EE 的新特性、Java EE 企业应用系统分层框架、Java EE 技术规范、敏捷轻型框架以及 Java EE 开发环境包括 Tomcat 和 MySQL 等的安装与使用方法。

第 2 章介绍了 JDBC 数据库编程的基础知识和应用方法。包括 JDBC 驱动程序、用 JDBC 访问数据库的方法步骤、部分数据库操作所必需的类和接口以及它们的属性和方法、事务的概念与事务处理。最后介绍了提高数据库存取效率的几种常用技术包括预处理语句的使用方法、存储过程的定义与调用方法和数据库连接池的概念与应用程序等。

第 3 章主要内容包括：Java Servlet 概述、Java Servlet 编程基础、Java Sevlet 生命周期、Java Servlet 常用的类、Java Servlet 应用举例。Java Servlet 是早期用于实现 Web 应用服务的一种技术。通过本章的学习，读者应该了解什么是 Java Servlet 以及 Java Servlet 常用类、接口的基本特点和用法，并掌握如何完成 Java Servlet 的创建和应用。

第 4 章介绍 JSP 的基本语法和编程知识，详细介绍了 JSP 的脚本元素、指令元素、动作元素和 9 大内置对象的语法及使用方法。另外还介绍了 EL 表达式和 JSTL 的基础知识和具体应用方法。通过本章的学习，读者应该具备 JSP 的使用和开发所需要的知识和技能。

第 5 章主要内容包括：XML 简介、DOM 和 SAX、XPath。本章对 XML 在 Internent 以及基于 Internet 的应用中的作用、对 XML 的语法知识包括 DTD 和 Schema 并做了详细阐述。用程序实例对 Java 中访问 XML 文档的方法进行了对比分析。介绍了文档对象模型（DOM）和用于 XML 的简单 API（SAX）的基本原理和 API 进行了说明。最后介绍了文档查询的基本概念和技术实现。

第 6 章主要内容包括：Struts2 简介、Struts2 工作原理、Struts.xml 配置、拦截器的机制和应用、Struts2 类型转换以及 Struts2 的输入校验等内容。Struts 是目前使用最广泛的一种框架。Struts 建立在 Servlet，JSP，XML 等技术上，很好地实现了 MVC 设计模式，使得软件设计人员可以把精力放在复杂的业务逻辑上。使用 Struts 框架，开发人员可以快速开发易于重用的 Web 应用程序。本章通过大量的 Struts2 应用的简单例子说明其工作原理，达到易于理解和掌握的效果。

第 7 章主要内容包括：Hibernate3 基础知识、Hibernate 对象状态、Hibernate 事务、Hibernate 反向工程和 HQL。Hibernate 是一种对象关系映射解决方案，是使用 GNU 通用公共许可证发行的自由、开源的软件，是一种使用方便的框架，它为面向对象的领域和传统的关系型数据库的映射提供了比较好的解决方案。

第 8 章介绍了 Spring 的基本概念和特点、Spring 的框架结构和工作原理。具体阐述了 Spring 的控制反转（IoC）和依赖注入（DI）的基本概念和依赖注入的形式、IoC 的装载机制、面向方面编程（AOP）的实现原理、AOP 框架等内容。

第 9 章主要内容包括：EJB 简介、会话 Bean、消息服务和消息驱动 Bean 和 EJB 生命周期。EJB（Enterprise Java Beans）是 Sun 公司提出的服务器端组件模型，是 Java 技术中服务器端软件构件的技术规范和平台支持。其最大的用处是部署分布式应用程序，类似微软的.com 技术。凭借 Java 跨平台的优势，用 EJB 技术部署的分布式系统可以不限于特定的平台。和其他 Java EE 技术一样，EJB 大大地增强了 Java 的功能，并推动了 Java 在企业级应用程序中的应用。

第 10 章主要介绍一个实用的应用系统开发案例，并给出全部实现源代码。具体内容包括：系统概述、SSH 工程的配置、DOMAIN 层、DAO 层、验证码、用户注册、用户登录等内容。

第 11 章主要内容包括：单元测试方法、基于 QTP 的功能测试方法、基于 Jmeter 的性能测试方法。测试是一种产品质量保证的重要手段。对软件的质量要求越来高，这必然引起了对测试工作的重视，一款好软件的问世，不但要求有强大的开发人员，还需要水平高超的测试人员。

本教材的第 1~2 章和第 9 章由刘彦君编写，第 3~4 章由张仁伟编写，第 5 章和第 11 章由杨沿航编写，第 6~7 章由金飞虎编写，第 8 章由汪国武编写，第 10 章由胡平编写，全书由刘彦君负责统稿和审稿。

由于编者水平有限，书中难免存在疏漏之处，恳请读者和同仁批评指正。

编　者

2013 年 11 月

目 录

第 11 章 基于 Java EE 的测试……296

第 1 章 Java EE 概述

本章内容

- Java EE 简介
- Java EE 应用分层架构
- Java EE 技术规范
- 敏捷轻型框架
- Java EE 开发环境

Java EE（Java Enterprise Edition）是建立在 Java 平台上的企业级应用解决方案。Java EE 基于 Java SE（Java Standard Edition）平台，提供了一组用于开发和运行的可移植的、健壮的、可伸缩的、可靠的和安全的服务器端应用程序的应用程序编程接口（Application Programming Interface，API）。

1.1 Java EE 简介

1.1.1 什么是 Java EE

Java EE 是基于 Java 的解决方案，是 Java 平台的企业级应用，是一套技术架构。Java EE 的核心是一组技术规范与指南，它使开发人员能够开发具有可移植性、安全性和可复用的企业级应用。Java EE 的体系结构保证了开发人员更多地将注意力集中于架构设计和业务逻辑上。

Java EE 的全称是 Java 2 Platform Enterprise Edition，Sun 公司于 1998 年推出 JDK1.2 版的时候使用的名称是 Java 2 Platform，即 Java 2 平台。后来修改为 Java 2 Platform Software Developing Kit，即 J2SDK，包括标准版（Standard Edition，J2SE）、企业版（Enterprise Edition，J2EE）和微型版（Micro Edition，J2ME）。2006 年 5 月，这三个 Java 版本更改为现在的名称，J2SE、J2EE 和 J2ME 分别改称为 Java SE、Java EE 和 Java ME。Java EE 是由 Sun 公司领导大厂商共同制定的被业界广泛认可的工业标准，JCP（Java Community Process）等开放性组织对其发展也做出了非常大的贡献。

Java EE 技术具有 Java SE 技术的所有功能，同时还提供对 EJB、Servlet、JSP、XML 等技术的支持，它已经发展成为一个支持企业级开发的体系结构，简化了企业解决方案的开发、部署和管理等问题。目前，它已成为企业级开发的工业标准和首选平台。Java EE 是一个规范，各个平台开发商可按照 Java EE 规范开发 B/S 模式的 Java EE 应用服务器，克服了传统的 C/S 模式的弊端。需要说明的是：Java EE 不是 Java SE 的替代品，二者的关系为 Java SE 是 Java EE 的核心，它为 Java EE 提供了基本的语言框架，是 Java EE 所有组件的基础。Java 开发人员在学习了 Java SE 之后，在 Java EE 中将会学习更多的组件和 API，并可利用所学的编程知识进行不同的应用的开发。

1.1.2 Java EE 的新特性

Java EE 5 的发布给业界带来很大的震撼，这源于它与 Java EE1.4 相比，增加了许多重要的新特性和做了很多改变。所有改变的目标是为开发人员提供功能更加强大的 API 库、使系统架构适合于快速的开发和部署的要求、提高软件性能、降低开发难度等。

Java EE 5 的新特性主要有以下几点。

1. 标注

标注（annotation）是 Java EE 5 引入的一个新特性。标注是一种元数据，按照其作用可以分为 3 类：编写文档、代码分析和编译检查。用于编写文档的标注是通过代码里的标注元数据生成文档（例如@Documented）用于定制 javadoc 不支持的文档属性，并在开发中使用。用于代码分析的标注（如@Deprecated）,指出这是个不建议使用的方法。而用于编译检查的标注是通过代码里的标注元数据使编译器能实现基本的编译检查，如@Override 标注能实现编译时的检查，在方法前加此标注的作用是声明该方法用于覆盖父类中的方法。如果该方法未覆盖父类方法，例如，该名字的方法不是父类方法或参数不符合覆盖父类方法的语法规定，则编译会报错。

引入标注可以实现多种功能的简化，例如：

（1）定义和使用 Web Service。

（2）开发 EJB 组件。

（3）映射 Java 类到 XML 文档。

（4）映射 Java 类到数据库。

（5）依赖注入。

（6）指定部署信息等。

有了标注，XML 部署描述符就不再是必需的了。在 Web 应用开发中直接在代码中使用标注就可以告知 Java EE 服务器如何部署及运行，而不必再编辑 WEB-INF/web.xml 文件了。

2. EJB 3

EJB 3 是 EJB 2 的升级，持久化变得更加简化，是轻量级的框架。它不再需要 EJB home 接口，不再需要实现 SessionBean 接口，JDNI API 也不再是必需的。EJB 部署描述符变成可选的功能。此外，EJB 3 中还引入了拦截器功能。拦截器是 AOP 在 EJB 中的实现，是可以对 Bean 的业务方法进行拦截的组件。拦截器可以用于无状态会话 Bean、有状态会话 Bean 和消息驱动 Bean。拦截器用来监听程序的一个或者多个方法，它对方法调用提供了控制功能。

拦截器用@Interceptors 标注或在配置文件中配置。@Interceptors 可以用在类级别上，或者用在方法上。如果用在类上，则说明整个类的所有方法都被拦截。如果用在方法上，说明仅拦截被标注的方法。

3. JPA

JPA（Java Persistence API），即数据持久化 API，它是一个轻量级的对象持久化模型，是 Java EE 的又一新特性。

Sun 公司推出 JPA 规范的目的在于简化现有 Java EE 和 Java SE 应用的对象的持久化工作，希望统一 ORM 技术。在 JPA 出现之前，各种 ORM 框架之间的 API 差异很大，使用了某种 ORM 框架的系统会受制于该 ORM 的标准。在 JPA 中，实体是 POJO 对象。实体对象不再是组件，也不是必须在 EJB 模块中。JPA 在充分吸收现有的 ORM 框架技术的基础上，提出了一个易于使用的伸缩性强的 ORM 规范，通过标注或 XML 描述对象关系的映射，将 POJO 对象持久化到数据库中。

JPA 本质上是一种 ORM 规范，并未提供 ORM 实现，具体实现由其他的厂商提供。程序员若要使用 JPA，需要选择 JPA 的实现框架，Hibernate 3 即是这样一个实现了 JPA 的框架。

4. Web Service 支持

Java EE 5 所提供的 Web Service 支持更简单，内容更广泛。其中包括：

（1）Java API for XML-based Web Services（JAX-WS 2.0，JSR 224）。

（2）Java Architecture for XML Binding（JAXB 2.0，JSR 222）。

（3）Web Services Metadata（JSR 181）。

（4）SOAP with Attachments API for Java（SAAJ 1.3）。

什么是 Web Service？众所周知，如果所有人都是使用 Java 来开发应用程序，处理客户端和服务器的通信问题，那问题就简单了。而实际情况是，很多商用程序仍然在继续使用 C、C++、Visual Basic 和其他各种各样的语言编写。现在，除了少数简单程序外，很多应用程序都需要与运行在其他异构平台上的应用程序集成并进行数据交换。这样的任务通常由一些特殊的方法，如文件传输和分析、消息队列，还有某些专用的 API 来完成。现在，使用 Web Service，客户端和服务器就能自由地利用 HTTP 进行通信，而不管两个应用程序的平台和编程语言是什么。

Web Service 是建立可互操作的分布式应用程序的新平台，程序员可能曾经使用 COM 或 DCOM 建立过基于组件的分布式应用程序，或者曾经使用 CORBA、RMI 等技术实现远程调用。Web Service 平台也是这样的一套标准，而且它做得更好。它定义了应用程序如何在 Web 上实现互操作。Web Service 平台需要一套协议来实现分布式应用程序的创建。

JAX-WS 2.0 支持可扩展的传输协议和异步客户端，并且支持代表状态传输（Representational State Transfer，REST）应用。在服务器端，用户只需要通过 Java 语言定义远程调用所需要实现的接口 SEI（Service Endpoint Interface），并提供相关的实现，通过调用 JAX-WS 的服务发布接口就可以将其发布为 Web Service 接口。

在客户端，用户可以通过 JAX-WS 的 API 创建一个代理（用本地对象来替代远程的服务）来实现对于远程服务器端的调用。

JAXB 2.0 全面支持 XML Schema，能够绑定 Java 类到 XML Schema 中，支持更小的内存占用、更快的编组和更灵活的反编组，支持局部绑定 XML 文档到 JAXB 对象。

总之，Java EE 5 所提供的 Web Service 支持，使得在这个平台上开发的基于 Web 的应用更为简单而高效、更加健壮而灵活易用，且能够涵盖更广泛的应用范围。

5. 依赖注入

所谓依赖注入（dependency injection）是指当某个角色（可能是一个 Java 实例，调用者）需要另外一个角色（另外一个 Java 类的实例，被调用者）的协助时，在传统的程序设计过程中，通常是由调用者来创建被调用者的实例。在一些轻型框架如 Spring 中，创建被调用者的任务不再由调用者完成，而是由 Spring 容器完成，然后以某种方式注入给调用者，称为依赖注入，也称为控制反转。

通过依赖注入降低了代码的耦合度，使得资源访问变得更加容易。

下面的例子说明依赖注入的基本功能。

例如，类 A 中用到一个类 B 的实例，而用依赖注入的方式是在 applicationContext.xml 文件里面写入下面内容。

```
<bean id="id1" class="A"><property name="B" ref="id2"></bean>
<bean id="id2" class="B"></bean>
```

则在类 A 里原来需要定义 B 的实例的地方就没必要再定义了。

6. 泛型

泛型（generics）是程序设计语言的一种特性，支持泛型的程序设计语言允许程序员在编写代码时定义一些可变部分，那些部分在使用前必须做出指明。各种程序设计语言及其编译器、运行环境对泛型的支持均不一样。泛型将类型参数化以达到代码复用、提高软件开发工作的效率。泛型主要是引入了类型参数这个概念。

使用泛型的好处是：它允许程序员将一个实际的数据类型的确定延迟至创建泛型的实例的时候。泛型为开发者提供了一种高性能的编程方式，能够提高代码的重用性，并允许开发者编写非常优秀的解决方案。

Java EE 5 通过引入泛型，使得集合元素类型参数化，避免了运行时出现类型转换错误，因此不必要加入显式强制类型转换的操作了。

下面的例子对此做了说明。

不使用泛型时：

```
ArrayList  list = new ArrayList();
list.add(0,new Integer(42));
int total = ((Integer)list.get(0)).inValue();
```

使用了泛型后：

```
ArrayList <Integer> list = new ArrayList<Integer>();
list.add(0,new Integer(42));
int total = list.get(0).inValue();
```

读者可以体会这两个例子之间的微妙差异，进而理解用泛型的好处。

7. 枚举

枚举类型是 Java EE 5 开始引入的类型，本质上枚举类型就是一个命名变量的列表。枚举类型通过关键字 enum 来声明。下面是一个枚举的例子。

```
public enum Week{
    Monday,
    Tuesday,
    Wednesday,
    Thursday,
    Friday,
    Saturday,
    Sunday
}
```

对命名常量可以通过类似对象成员的方法或者通过方法 values()、valueOf()、ordinal()、name()等方法进行存取操作。

下面的 for 循环将输出枚举的所有命名常量。

```
for(Week w:Week.values())
    System.out.println(w);
```

8. 增强的 for 循环

Java EE 5 中的增强的 for 循环简化了数组和集合的遍历操作，其语法更简单，可以防止下标越界的问题出现，而且还可以避免由于强制类型转换导致的错误。下面是一个使用增强 for 循环对数组元素进行遍历的例子。

```
int a[] = {1,2,3,4,5,6};
for(int num:a)
   System.out.println(num);
```

9. 可变参数

Java EE 5 之前的版本中，方法的参数个数是固定的。Java EE 5 允许创建具有可变参数的方法，这使得某些操作变得更方便了。下面的程序例子可以说明这一点。

```
public class VarArgument{
public static void main(String args[]){
    System.out.println(add(2,3));
    System.out.println(add(2,3,4,5));
}
public static int add(int…args){
    int sum=0;
    for(int i=0;i<args.length;i++)
    {
       sum+=args[i];
    }
return sum;
    }
}
```

10. 静态导入

在 Java EE 5 之前的版本中，程序中使用静态成员要在其前面加类名引导。Java EE 5 引入静态导入意味着不必再写类名，而是直接通过静态成员的名字来访问它们。例如：

```
//静态导入
import static java.lang.System.*;
import static java.lang.Math.*;
…
    //调用静态成员
    out.println(sqrt(6));
    //不再是 Math.sqrt(6)
```

1.2 Java EE 应用分层架构

Java EE 使用多层的分布式应用模型，按功能划分为不同组件，根据组件所在的层分布在不同的机器中。

1.2.1 分层模式概述

分层模式是常见的架构模式。分层描述的是这样一种架构设计过程：最低抽象级别称为第 1 层，从最低级的抽象逐步向上进行抽象，直至达到功能的最高级别。

分层模式的特点如下。

- 伸缩性：伸缩性是指应用程序能支持更多用户的能力。应用的层数少，可以增加资源（如 CPU、内存等）的机会就少。反之，则可以把每层分布在不同的机器上。

- 可维护性：指的是发生需求变化时，只需修改软件的局部，不必改动其他部分的代码。
- 可扩展性：可扩展性是指在现有系统增加新功能的能力。在分层的结构中，可扩展性较好，这是由于可以在每个层中插入功能扩展点，而不改变原有的整体框架。
- 可重用性：可重用性指的是同一程序代码可以满足多种需求的能力。例如，业务逻辑层可以被多种表示层共享，即业务逻辑层的代码被重用了。
- 可管理性：指管理系统的难易程度。

1.2.2 Java EE 的结构

Java EE 使用多层分布式的应用模型，该模型通过以下 4 层来实现。

（1）客户层：运行在客户计算机上的组件。

（2）Web 层：运行在 Java EE 服务器上的组件。

（3）业务层：同样是运行在 Java EE 服务器上的组件。

（4）企业信息系统层（EIS）：是指运行在 EIS 服务器上的软件系统。

有时我们把客户层和 Web 层视为一个层，这样就可以将以上结构按 3 层来划分，如图 1-1 所示。

在这个分层体系中，客户层组件可以是基于 Web 方式的，也可以是基于传统方式的。Web 层组件可以是 JSP 页面或者 Servlet。

对于业务逻辑层组件，其代码是处理（如银行、零售等）具体行业或领域的业务需要，由运行在业务层上的 Enterprise Bean 进行处理。

企业信息系统层处理企业信息系统软件，包括企业基础建设系统（例如企业资源计划）、大型机事务处理、数据库系统和其他遗留系统。

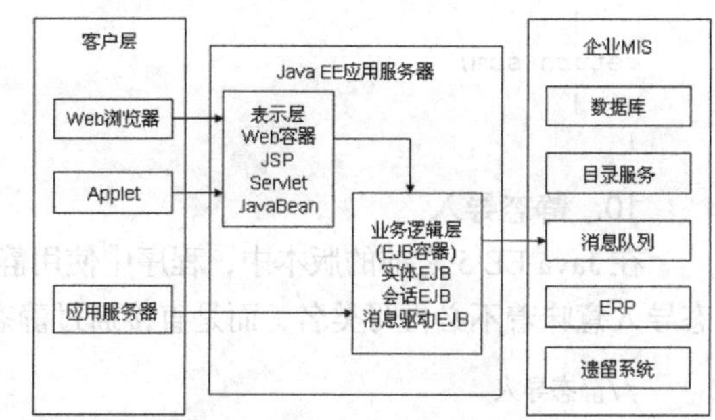

图 1-1　三层 Java EE 体系结构

1.3 Java EE 技术规范

Java EE 作为一个分布式企业应用开发平台，通过一系列的企业应用开发技术来实现。其技术框架可分为 3 部分：组件技术、服务技术和通信技术。其中，组件是构成 Java EE 应用的基本单元，组件包括：客户端组件、Web 组件和 EJB 组件。服务技术是指方便编程的各种基础服务技术，如命名服务、事务处理、安全服务、数据库连接。而通信技术则是提供客户和服务器之间，以及服务器上不同组件之间的通信机制等，相关支持技术包括 RMI、消息技术等。下面对 Java EE 中的常用技术规范进行简要的介绍。

1. JDBC（Java Database Connectivity）

JDBC API 为访问不同的数据库提供了一种统一的机制，像 ODBC 一样，JDBC 使操纵数据库的细节对开发者透明。另外，JDBC 对数据库的访问也具有平台无关性。

2. JNDI（Java Name and Directory Interface）

名字和目录服务，为应用提供一致的模型来访问企业级资源，如 DNS 和 LDAP、本地文件系统或应用服务器中的对象。

3. EJB（Enterprise Jav Bean）

企业 Java 组件，提供一个框架来描述分布式商务逻辑，开发具有可伸缩性和复杂的企业级应用。EJB 规范定义了组件何时、如何与它们的容器进行交互。容器负责提供公用的服务，如目录、事务管理、安全性等。需要说明的是，EJB 并不是实现 Java EE 企业应用的唯一渠道，它的意义在于：它是专为分布式大型企业应用而设计，用它编写的程序具有良好的可扩展性和安全性。

4. RMI（Remote Method Invoke）

远程方法调用，顾名思义，它用于调用远程对象的方法。在客户端和服务器端传递数据使用了序列化方式。

5. Java IDL/CORBA（Java Interface Definition Language/Common Object Request Broker Architecture）

Java 接口定义语言/公用对象请求代理结构。为 Java 平台添加了公用对象请求代理体系结构（Common Object Request Broker Architecture，CORBA）功能，从而可提供基于标准的互操作性和连接性。Java IDL 使分布式、支持 Web 的 Java 应用程序可利用 Object Management Group 定义的行业标准对象管理组接口定义语言（Object Management Group Interface Definition Language，OMG IDL）及 Internet 对象请求代理间协议（Internet Inter-ORB Protocol，IIOP）来透明地调用远程网络服务。运行时组件包括一个全兼容的 Java ORB，用于通过 IIOP 通信进行分布式计算。

6. JSP（Java Server Pages）

JSP 页面由 HTML 代码和嵌入其中的 Java 代码组成。服务器被客户端请求以后，对这些 Java 代码进行处理，然后将生成的 HTML 页面返回给客户端的浏览器。

7. Java Servlet

Servlet 是运行在服务器端的 Java 程序，它扩展了 Web 服务器的功能。作为一种服务器端的应用，当被请求时开始执行。Servlet 提供的功能和 JSP 一致，只是二者的构成不同。JSP 通常是 HTML 代码中嵌入 Java 代码，而 Servlet 全部由 Java 写成并且生成 HTML。

8. XML（eXtensible Markup Language）

扩展的标记语言，用来定义其他标记语言的语言。作为数据交换和数据共享的语言，适用于很多的应用领域。

9. JMS（Java Message Service）

Java 消息服务，是 Java 平台上用于建立面向消息中间件（MOM）的技术规范，它便于消息系统中的 Java 应用程序进行消息交换，并且通过提供标准的产生、发送、接收消息的接口，简化企业应用的开发。

许多厂商目前都支持 JMS，包括 IBM 的 MQSeries、BEA 的 Weblogic JMS service 等。使用 JMS 能够通过消息收发服务（有时称为消息中介程序或路由器）从一个 JMS 客户机向另一个 JMS 客户机发送消息。消息是 JMS 中的一种类型对象，由两部分组成：报头和消息主体。报头由路由信息以及有关该消息的元数据组成。消息主体则携带着应用程序的数据或有效负载。

10. JTA（Java Transaction Architecture）

Java 事务体系结构，定义了一组标准的 API，用于访问各种事务监控。

11. JTS（Java Transaction Service）

Java 事务服务，是 CORBA OTS（Object Transaction Service）事务监控的基本实现。

12. Java Mail

用于存取邮件服务器的 API，它提供了一套邮件服务器的抽象类。它不仅支持 SMTP 服务器，也支持 IMAP 服务器。

13. JAF（JavaBeans Activation Framework）

JavaMail 利用 JAF 来处理 MIME 编码的邮件附件。MIME 的字节流可以被转换成 Java 对象，或者相反。

1.4 敏捷轻型框架

框架，即 framework。其实就是某种应用的半成品，就是一组组件，供你选用，完成你自己的系统。这些组件是把不同的应用中有共性的任务抽取出来加以实现，做成程序供人使用。简单地说，就是使用别人搭好的舞台，你来做表演。而且，框架一般是成熟的，不断升级的软件。框架的概念最早起源于 Smalltalk 环境，其中最著名的框架是 Smalltalk 80 的用户界面框架 MVC（Model-View-Controller）。

框架可分为重型框架和轻型框架。一般称 EJB 这样的框架为重型框架，因其软件架构较复杂，启动加载时间较长，系统相对昂贵，需启动应用服务器加载 EJB 组件。而轻型框架则不需要昂贵的设备，软件费用较低，且系统搭建容易，服务器启动快捷，适合于中小型企业或项目。目前，使用轻型框架开发项目非常普遍，常用的轻型框架包括 Hibernate、Struts、Spring、WebWork、Tapestry、JSF 等。

1.4.1 轻型框架简介

1. 使用轻型框架的好处

软件技术发展至今，面临各类复杂的应用系统的开发。软件系统开发任务涉及的知识更综合、内容更丰富、问题更繁多。如何能使程序开发效率高、工作效果好，这是轻型框架设计的目的所在。框架可以完成开发中的一些基础性工作，开发人员可以集中精力完成系统的业务逻辑设计。总体而言，使用轻型框架的好处有以下几方面。

（1）减少重复开发工作量、缩短开发周期、降低开发成本。

（2）使程序设计更为规范、程序运行更稳定。

（3）软件开发更能适应需求变化，且运行维护费用也较低。

2. 目前流行的框架组合

开发人员可以根据自已对框架的熟悉程度，在充分了解不同框架的性能的基础上，根据系统功能和性能要求，可以自由地选择不同框架来搭配使用。下面是一些常见的框架组合。

（1）JSP+Servlet+JavaBean+JDBC

（2）Struts+MySQL+JDBC

（3）Hibernate+JDBC+JSP

（4）Struts+Hibernate

（5）Hibernate+Spring

（6）Spring+Struts+JDBC

（7）Struts+Hibernate+Spring

（8）Struts+EJB

（9）JSF+Hibernate

（10）Tapestry+Hibernate+Spring

（11）Freemaker+Struts+Hibernate+Spring

（12）JSP+EJB+Oracle

在 Java EE 技术发展沿革中，轻型框架的发展尤为迅速，不断地有新型框架出现。以上所列举的仅仅是其中的部分常见的框架组合。本书以非常流行的 Hibernate、Struts 和 Spring 3 个框架为主，对其工作原理和使用方法进行讲解。另外，还对 EJB 的原理和应用做较为详尽的介绍。

1.4.2 Hibernate 框架简介

Hibernate 是一个面向 Java 环境的对象/关系映射工具，即 ORM（Object-Relation Mapping）。它的作用是封装了 JDBC 的功能，即隐藏了数据访问的细节，负责 Java 对象的持久化。Hibernate 的工作原理是通过文件把值对象和数据库表之间建立起一个映射关系，这样，我们在应用程序中只需要借助 Hibernate 所提供的一些基本类，通过操作这些值对象即可达到访问数据库的目的。这就使得 Java 程序员使用其所熟悉的面向对象范式进行开发，而不必像使用 JDBC 那样，用类似手工操作的方式对某些行某些列的内容进行存取操作。

在分层软件架构中的持久化层的存在，也使得业务逻辑层可以专注于处理业务逻辑。

了解了 Hibernate，我们需要进一步了解 JPA。前面已经介绍了 JPA，即 Java 持久化 API（Java Persistence API）。由于 ORM 框架产品多，且各具特点，互不相通，这就给开发者出了一个又一个难题，也成了应用移植的障碍。JPA 是 JCP 组织发布的 Java EE 标准之一，任何符合 JPA 标准的框架都遵循同样的标准，提供相同的 API，这就保证了基于 JPA 开发的企业应用经过小的修改即能够在不同的 JPA 框架下运行。就是说，JPA 是一个 ORM 模型和标准，而不是一个实际的框架。支持这个标准的框架虽然各有特色，但是，相同的架构和 API 使得它们在应用开发中的表现像相同的框架一样。

1.4.3 Struts 简介

Struts 是 Apache 组织开发的一项开源项目，于 2001 年发布。该框架一经发布，立即受到广大 Java Web 开发者的欢迎。2006 年 Struts 与 WebWork 整合，在 2007 年推出 Struts 2 版本，在此之前的 Struts 版本为 Struts 1。

Struts 是一种基于 Java EE 平台的 MVC 框架。它主要是用 Servlet 和 JSP 技术实现的，它使开发过程各个模块划分清晰、易掌控。利用 taglib 获得可重用的代码；利用 ActionServlet 配合 struts-config.xml 实现对整个系统的导航式建构，开发人员易于对系统整体把握；用户界面、业务逻辑和控制的分离，使系统结构更清晰，更容易分工协作，且系统具有良好的可扩展性和易维护性。

Struts 2 在诸多方面较 Struts 1 有了很大不同。例如，在 Action 类的实现方面，Struts 2 可以实现 Action 接口，也可以实现其他接口；在线程安全方面，Struts 2 的 Action 对象为每一个请求产生一个实例，因此不存在线程安全问题；在 Servlet 依赖方面，Struts 2 的 Action 对象不再依赖于 Servlet API，允许 Action 脱离 Web 容器运行。还有一些其他方面的不同，可在后面章节的学习中详细了解。

1.4.4 Spring 简介

Spring 是一个应用于 Java EE 领域的轻量级的、功能强大的、灵活的应用程序框架，可以提供快速的 Java Web 应用程序开发。Spring 项目是个非常活跃的开源项目，它提供了众多优秀项目的集成。例如，对 MVC 框架和视图技术的集成、与开源持久层 ORM 的集成、与动态语言的集成以及与其他企业级应用的集成。

Spring 提供了一个完整的 MVC 框架，为模型、视图、控制器之间进行了非常清晰的划分，各部分耦合度极低。视图不再要求必须使用 JSP，而可以选择 Velocity、Freemaker 或者其他视图技术。

Spring 支持依赖注入(DI)和面向方面编程技术(AOP)，更容易实现复杂的需求。支持事务管理，可以很容易地实现支持多个事务资源。支持 JMS 和 JCA 等技术，能方便地访问 EJB。

总之，Spring 的应用可以大大降低应用开发的复杂度和难度，是一个成功的轻量级解决方案。

1.4.5 JSF 简介

JSF（Java Server Faces）是一种以组件为中心的用于构建 Web 应用程序的轻型框架，它主要用于开发应用程序的用户界面。一般而言，用户界面设计是一个很费时的过程，JSF 以组件为中心的结构可以极大地简化界面的设计工作。它为开发人员提供了标准的编程接口、丰富的 UI 组件库以及事件驱动模型等完整的应用框架。通过 JSF，可以在页面中轻松地使用 Web 组件，捕获用户行为产生的事件，执行验证，建立页面导航等。

JSF 的应用架构完全实现了 MVC 模式。用户界面代码（视图）与处理逻辑（模型）相分离，这使得 JSF 程序易于管理，而所有与应用程序的用户交互均由一个前端（Faces Servlet）（控制器）来处理。

1.4.6 Tapestry 简介

Tapestry 是一个开源的基于 Servlet 的应用程序框架，它使用组件模型来创建动态交互的 Web 应用。Tapestry 使 Java 代码与 HTML 完全分离开来，从而简化应用的开发过程，且使应用的维护和升级更容易。Tapestry 主要利用 JavaBean 和 XML 技术进行开发，它不仅包含前端的 MVC 框架，而且还包含了视图层的模板技术。使用 Tapestry 框架的开发者甚至完全可以不使用 JSP。Tapestry 实现了视图和业务逻辑的完全分离。Tapestry 的组件代替了标签库，它只有组件和页面两个概念。

1.4.7 WebWork 简介

WebWork 是由 OpenSymphony 组织开发的框架。由于其属于轻量级框架且有很好的设计，所以它为广大开发人员所认可。它的特点包括：功能强大的标签库、服务器端和客户端验证、插件支持以及支持多视图表示等。

1.5 Java EE 开发环境

1.5.1 JDK 的下载和安装

Java 开发工具包（Java Development Kit，JDK）是 Java EE 平台应用程序的基础，利用它可以构建组件、开发应用程序。JDK 是开源免费的工具，可以到 Sun 公司官网下载。网址为 http://java.sun.com/javase/downloads/index.jsp。

下载 jdk-6u21-windows-i586.exe 文件后，可以直接双击运行该文件进行安装。按照提示选择好安装路径及安装组件即可。

安装后需要设置环境变量 JAVA_HOME、PATH 及 CLASSPATH。配置环境变量的目的是为了设置与 Java 程序的编译和运行有关的环境信息。其中，JAVA_HOME 设置为 JDK 的安装目录，PATH 设置为 JDK 的程序（即 exe 文件）目录，CLASSPATH 则用于设置 JDK 类库搜索路径。

JDK 目录结构如下。

- bin 目录：包含编译器、解释器和一些其他工具。
- lib 目录：包含类库文件。
- demo 目录：包含演示例子。
- include 目录：包含 C 语言头文件，支持 Java 本地接口与 Java 虚拟机调试程序接口的本地编程技术。
- jre 目录：包含 Java 虚拟机、运行时类包和应用启动器。
- sample 目录：附带的辅助学习者学习的 Java 程序例子。
- src.zip：是源代码压缩文件。

在 bin 目录下包含 Java 开发工具，其中最常用的几个如下。

- javac.exe：Java 语言编译器，将 Java 源代码编译转换为字节码文件（扩展名为.class），也称为类文件。
- java.exe：Java 解释器，它启动 Java 虚拟机（JVM），提供 Java 程序运行环境。
- appletviewer.exe：Java 小程序浏览器，提供 Java 小应用程序（applet）测试及运行环境。
- javadoc.exe：帮助文档生成器，建立关于类的信息的描述文档。
- jar.exe：对类进行打包的工具。

1.5.2 集成开发环境的安装和使用

Eclipse 是 IBM 推出的开放源代码的通用开发平台。它支持包括 Java 在内的多种开发语言。Eclipse 采用插件机制，是一种可扩展的、可配置的集成开发环境（IDE）。

MyEclipse 本质上是 Eclipse 插件，其企业级开发平台（MyEclipse Enterprise Workbench）是功能强大的 Java EE 集成开发环境，在其上可以进行代码编写、配置、调试、发布等工作，支持 HTML、JavaScript、CSS、JSF、Spring、Struts、Hibernate 等开发。下面，对 MyEclipse 的安装配置、使用方法进行简要介绍。

1. 安装与配置

从 MyEclipse 官网（http://www.myeclipseide.com）下载 MyElipse 企业级开发平台。在列表中选择所用的平台的安装包进行下载，例如 MyEclipse 6.0 GA 版的安装包文件是 MyEclipse 10.5。下载后，双击该文件即启动安装向导，按提示选择安装路径，其余选项可以按默认进行安装。在此过程中会自动搜索 JDK 进行环境配置，或者使用自带的 JDK。

为了能够在 MyEclipse 中管理服务器，需要对其进行配置。具体配置过程如下：启动 MyEclipse，选择“Window”菜单中的“Preferences”，在弹出的窗口中选择“MyEclipse”→“Servers”→“Tomcat”→“Tomcat6.x”，然后进入如图 1-2 所示的配置窗口。选择“Tomcat”的安装目录，然后选择上面的“Enable”单选项，最后单击“OK”按钮完成配置。然后再配置 JDK 路径。

MyEclipse 安装之后需要填写注册信息，否则只能使用 30 天。

注册 MyEclipse 的过程如下：选择“Window”→“Preferences”→“MyEclipse”→“Subscription”，在打开的窗口中填写注册信息。

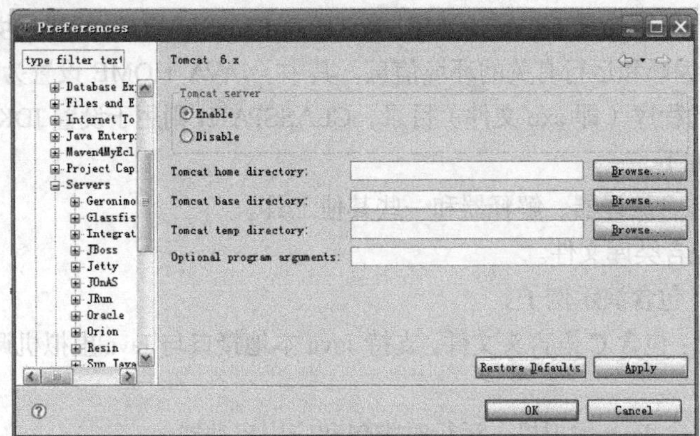

图 1-2　服务器配置窗口

2. 使用方法

（1）启动

首次启动 MyEclipse，选择“开始”→“程序”→“MyEclipse6.0”→“MyEclipse6.0.1”之后，系统会弹出一个对话框，让用户来设置工作区。所谓工作区（workspace）是指用于存放源程序文件和配置文件的文件夹。选择一个文件夹设置为默认工作区之后，再次启动 MyEclipse 时就会直接使用该工作区并且装入其中的程序。一个工作区中可以包含同一个企业级应用的所有应用程序（application），每个应用程序对应着一个项目（project），MyEclipse 正是以项目为单位管理应用程序的。

（2）用户界面

MyEclipse 的主界面如图 1-3 所示。其中包括菜单栏、工具栏、视图、编辑器和状态栏等。菜单包括 File（文件）、Edit（编辑）、Source（源代码）、Refactor（重构）、Navigate（导航）、Search（搜索）、Project（项目）、MyEclipse、Run（运行）、Window（窗口）和 Help（帮助）。

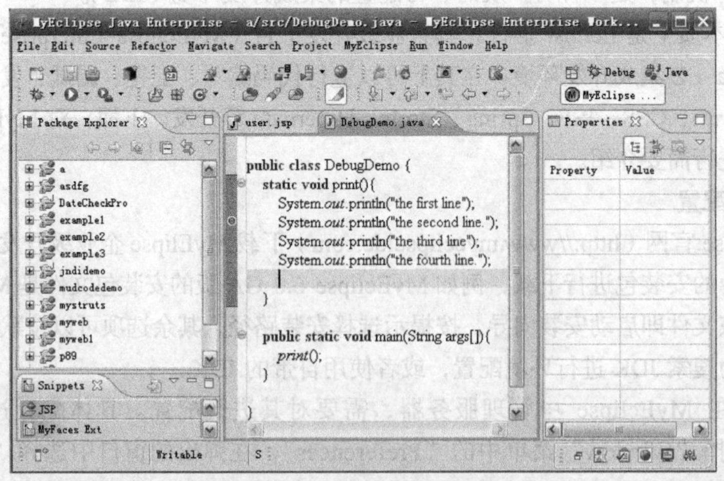

图 1-3　MyEclipse 主界面

主界面窗口划分为不同的子窗口，称为视图（view）。若干视图合为一个透视图（perspective）。在 Window 菜单中有多个命令与视图及透视图有关。例如，show view、open perspective、customize perspective、save perspective、close perspective 等，有时候因为过多的操作改变了视图形状及大小而想要回到初始状态，则可以使用 reset perspective 命令恢复到默认的透视图状态。

（3）应用开发

在 MyEclipse 中进行应用开发的步骤如下。

① 创建工作区：若非首次启动 MyEclipse，则可经新建 Web 项目，并指定存储位置和目录，可创建一新的工作区。然后选择“File”→“Switich Workspace”命令切换到该工作区。

② 创建项目：在默认打开的某工作区中创建新的项目，选择“File”→“New”→“Project”，输入项目名称，在存储位置（location）勾选 use default location 即可。

③ 创建应用程序：选择“File”→“New”菜单中列出的常用组件（class、interface、applet、servlet、HTML、JSP）之一，进入相应的窗口，编写组件代码。

④ 编译：编写及保存的代码可进行编译。默认的编译方式为即时编译（JIT），也可以用“project”菜单的“build project”命令进行字节码编译。

⑤ 打包/发布应用：选择“File”→“Export”打包组件准备发布。

（4）调试

在编译以及运行调试程序时可能会遇到这样那样的问题，因此需要掌握使用 MyEclipse 进行程序调试的一般步骤和基本方法。

MyEclipse 提供了强大的程序调试工具，可以采用多种方式调试程序，具体操作如下。

① 设置断点：设置断点目的是使程序执行到这个点处暂停，可通过观察程序执行的状态或者分析某些预设变量的值来分段调试程序。设置断点的方法是：先将光标移动到想要暂停的语句行的左侧区域，选择快捷菜单的“Toggle Breakpoint”或者双击鼠标即可。设为断点的语句行之前有一蓝色圆点标志。

② 运行调试：执行“Run”→“Debug”菜单命令进入调试运行透视图界面，程序运行到第一个断点处暂停。按 Debug 视图下的不同按钮可以执行不同调试操作。例如，“Resume”或<F8>令暂停的程序恢复运行直到下一个断点；“Step Into”或<F5>可跟踪进入被调函数内部单步执行；Step Over 或<F6>则是在函数内部遇到子函数则把子函数作为一条语句看待；“Step Return”或<F7>指单步执行到子函数内部时，按此按钮则执行完子函数的剩余部分并返回上一层。

③ 查看变量的值：在调试程序过程中，通过 Variables 视图可显示当前作用域内的所有变量的值，分析变量的值的情况也是程序调试并找出程序错误的基本技术。

1.5.3 Tomcat 的安装和配置

Web 服务器是指驻留在因特网上某类型计算机上的程序。当 Web 浏览器（客户端）连接到服务器上并发出请求时，该服务器程序将处理请求，并将文件发送到该浏览器上。服务器使用 HTTP 进行信息交流，采用 HTML 文档格式，浏览器采用统一资源定位器（URL）请求资源。

常用的 Web 服务器包括 Tomcat、Resin、Jetty 等。

应用服务器是指一个创建、部署、运行、集成和维护多层分布式企业级应用的平台。如果应用服务器与 Web 服务器相结合，或者包含了 Web 服务器功能，则称之为 Web 应用服务器。

目前，基于 Java EE 的应用服务器主要有 Websphere、WebLogic、JBoss 等。

Tomcat 是一个开源的、免费的、用于构建中小型网络应用开发的 Web 服务器。从官网（http://tomcat.apache.org/）可以免费下载最新版本的 Tomcat，下载后解压到硬盘上即可使用。

在 Tomcat 安装目录中有一个 bin 子目录，其中有用于启动和关闭 Tomcat 服务器的两个批处理文件 startup.bat 和 shutdown.bat，双击即可启动或关闭 Tomcat 服务器。在 IDE（如 MyEclipse）中集成了 Tomcat，则可通过菜单方式启动与关闭 Tomcat 服务器。

Tomcat 默认端口是 8080，Tomcat 启动后就可以通过浏览器访问其 Web 站点。在地址栏输入 http://localhost:8080，即可打开 Tomcat 服务器主页，如图 1-4 所示。

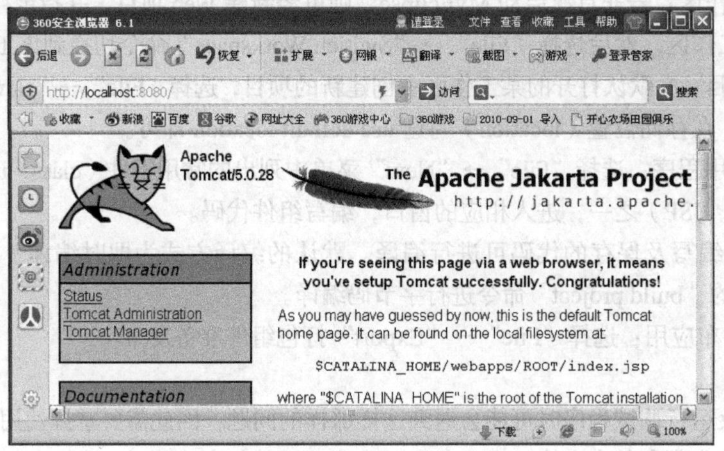

图 1-4　Tomcat 服务器主页

1.5.4　MySQL 数据库的安装和使用

在 MySQL 官网可以获得 MySQL 的最新版本，其网址是：www.MySQL.com，下面以 MySQL 5.0 Community Server-GA Release 为例说明其安装和使用方法。

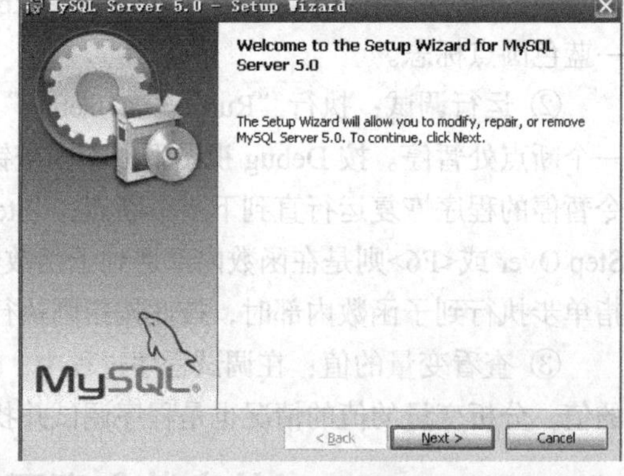

图 1-5　开始安装 MySQL

1．安装 MySQL 数据库

MySQL 下载完成后，得到压缩包 mysql-5.0.27-win32.zip 并解压缩，得到 Setup.exe。参考下面的步骤进行安装。

（1）双击 Setup.exe，开始安装，如图 1-5 所示。

（2）单击“Next”按钮，选择“Custom”单选按钮，如图 1-6 所示。

（3）单击“Next”按钮，进入定制安装界面，选择安装组件，修改安装目录。如图 1-7 所示。

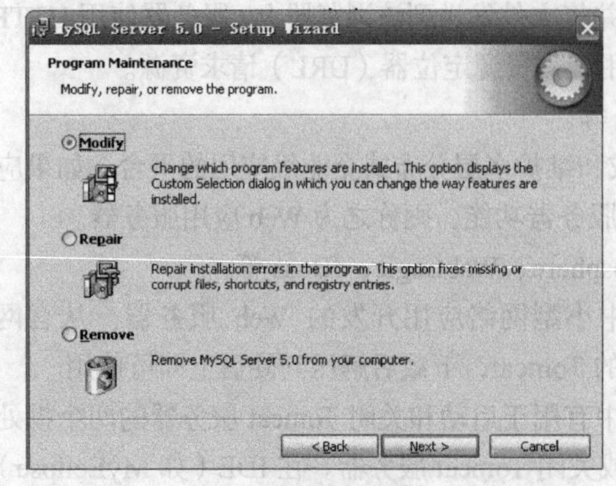

图 1-6　选择安装类型

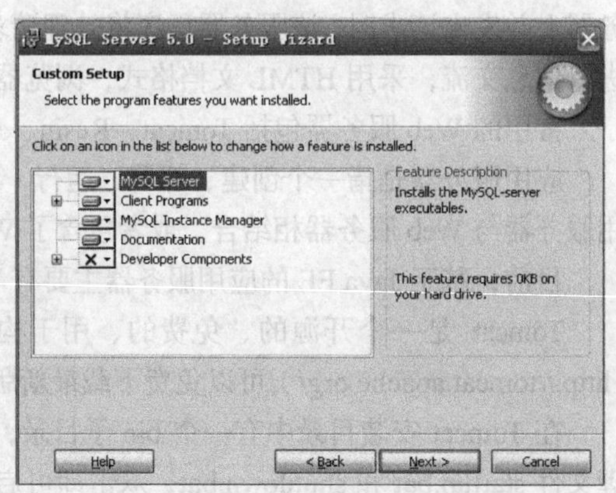

图 1-7　定制安装

（4）单击“Next”按钮，进入准备安装程序界面，如图 1-8 所示。

（5）单击“Install”按钮，开始安装程序、创建文件夹、复制文件，完成之后如图 1-9 所示。

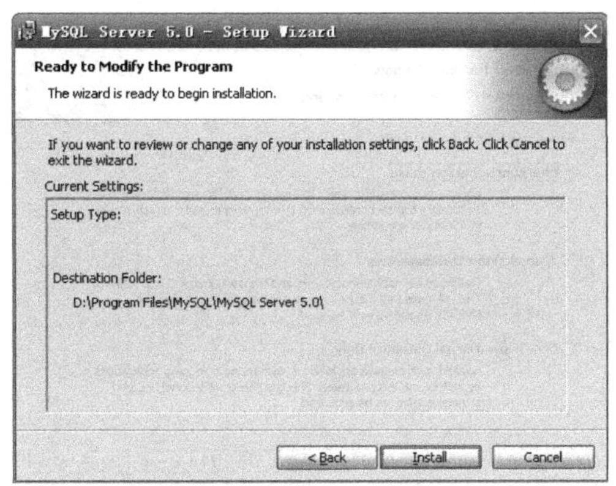

图 1-8　准备开始安装程序

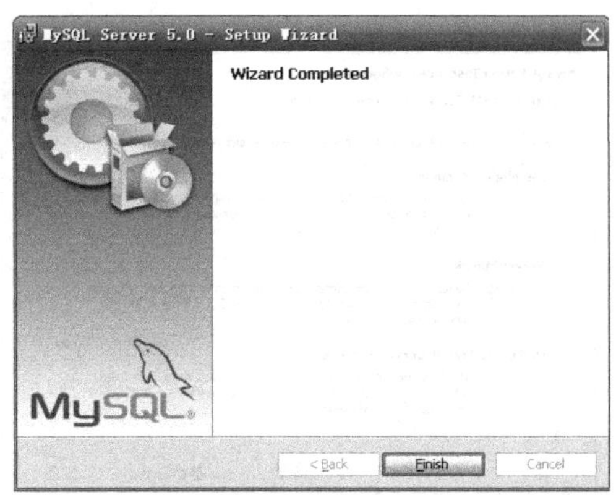

图 1-9　开始复制 MySQL 文件

2. 配置 MySQL

配置 MySQL 的方法有两种，如下。

- 在安装的最后一步，直接选择“Configue the MySQL Server now”开始配置。
- 在安装完成后，在开始菜单中执行配置程序进行配置。即按“开始”→“所有程序”→“MySQL”→“MySQL Server 5.0”→“MySQL Server Instance Config Wizard”步骤进行配置。

MySQL 的具体配置步骤如下。

（1）用以上提及的两种方法之一开始配置，出现如图 1-10 所示的配置界面。

（2）单击“Next”按钮，出现如图 1-11 所示的界面。按默认设置选择“Detailed Configuration”。

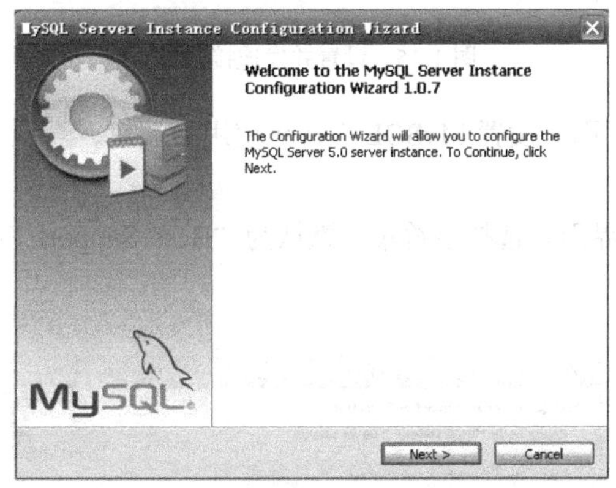

图 1-10　开始配置 MySQL Server

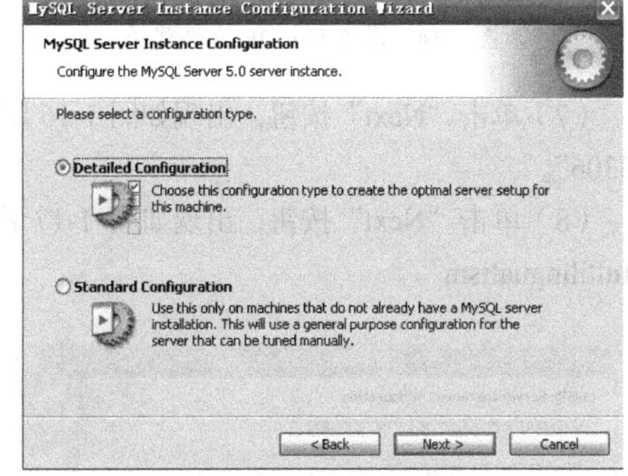

图 1-11　选择配置类型

（3）单击“Next”按钮，出现如图 1-12 所示界面，保留默认设置。

（4）单击“Next”按钮，出现如图 1-13 所示界面，选择数据库类型为“Multifunctional Database”类型。

（5）单击“Next”按钮，出现如图 1-14 所示界面。选择表空间安装路径，默认为 MySQL 的安装路径。

（6）单击“Next”按钮，出现如图 1-15 所示界面。设置并发连接数量。默认为支持 20 个并发连接，这不是一个大的连接数。另外的选项为支持 500 个并发连接或可手动设置所需的连接数。

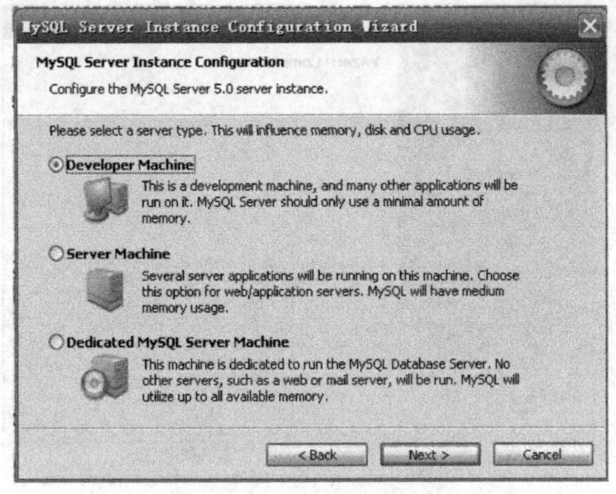

图 1-12 选择服务器类型

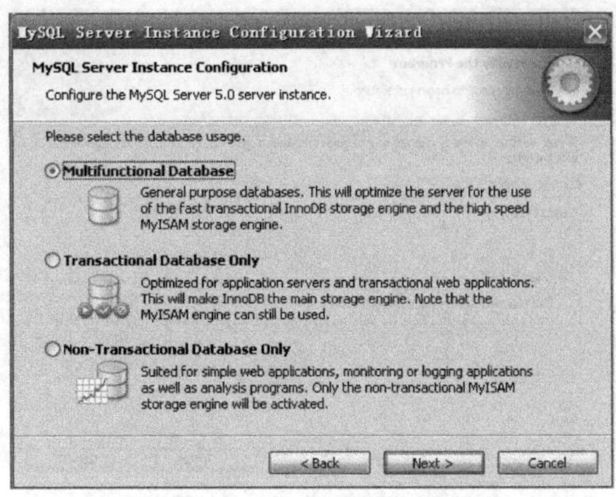

图 1-13 选择数据库类型

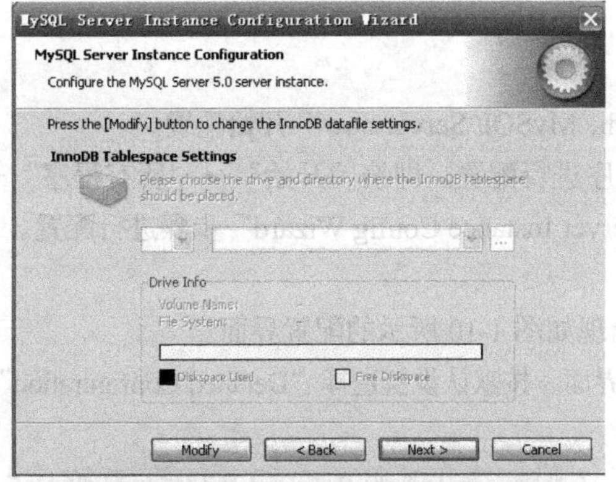

图 1-14 设置 InnoDB 文件路径

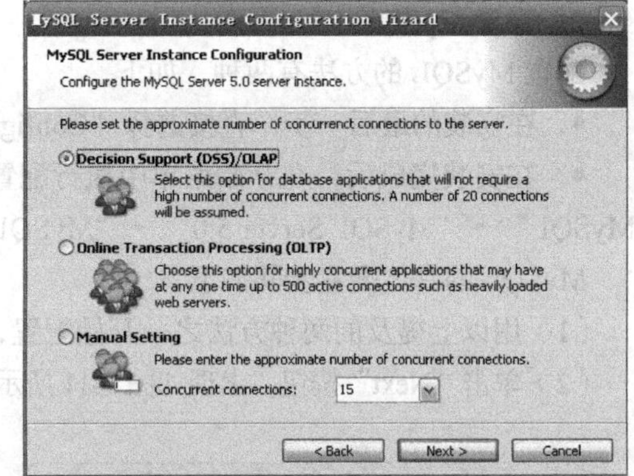

图 1-15 设置并发连接数量

（7）单击“Next”按钮，出现如图 1-16 所示界面。设置 MySQL Server 使用的端口，默认为“3306”。

（8）单击“Next”按钮，出现如图 1-17 所示界面。选择字符集，默认为“Best Support For Multilingualism”。

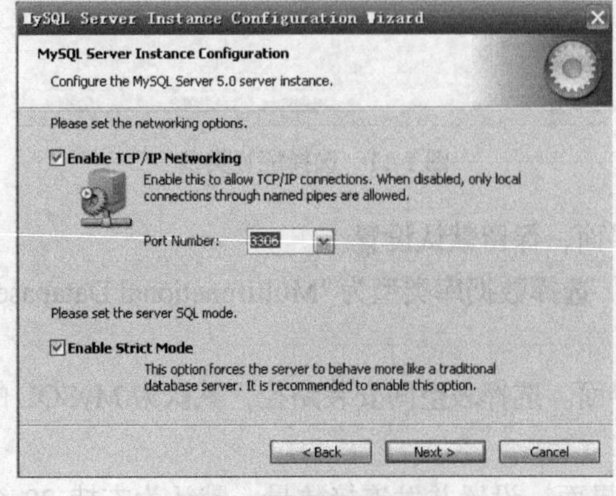

图 1-16 网络选项设置

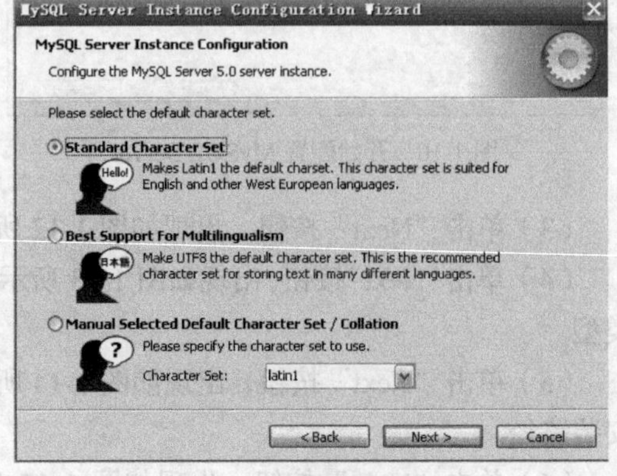

图 1-17 设置字符集

（9）单击“Next”按钮，出现如图 1-18 所示界面。选择 My SQL Server 的 Windows 服务名。

（10）单击“Next”按钮，出现如图 1-19 所示界面。创建管理员 root 口令。

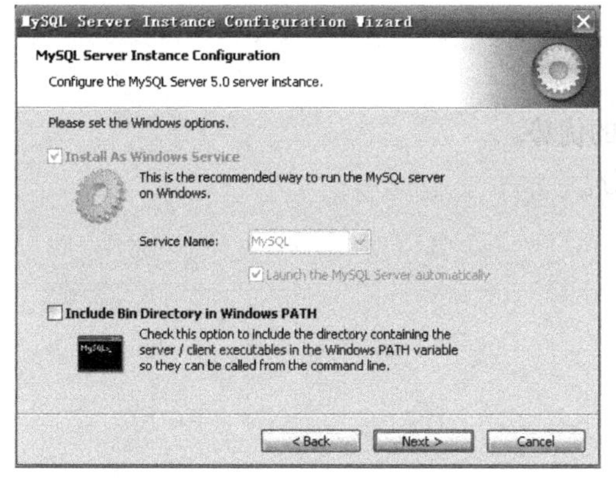

图 1-18　Windows 服务设置

图 1-19　键入 root 口令

（11）单击“Next”按钮，出现如图 1-20 所示界面。显示配置各个阶段。

（12）单击“Execute”按钮，出现如图 1-21 所示界面。完成 My SQL Server 的配置工作。

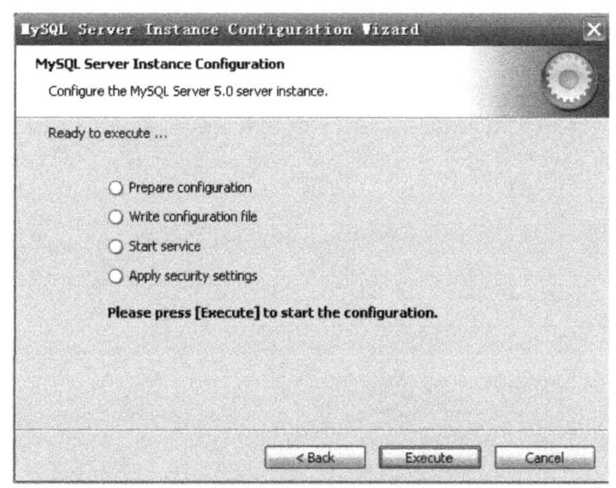

图 1-20　显示配置各阶段

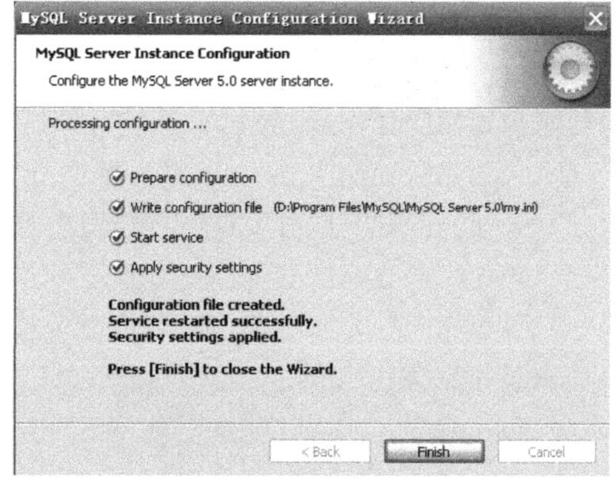

图 1-21　完成 MySQL 配置

1.6 小　　结

本章简要介绍了 Java EE 的产生与发展历程中的重要阶段和一些里程碑式的事件，介绍了 Java EE 应用系统的分层模型，对 Java EE 技术规范进行了分类阐述，详细说明了常用开发环境和开发工具的下载安装与配置的主要内容和基本步骤。对于轻型框架的介绍虽仅限于概述，但力图使读者能够了解它们的功能特点和技术上的优势，并且了解其作用和意义，为后续相关章节的学习起到导引的作用。

1.7 习　　题

1. 简述 Java EE 的产生和发展历程。
2. Java EE 有哪些新特性？
3. 什么是轻型框架？简述使用轻型框架开发的优势。
4. 简述 Java EE 应用的分层结构及各组成部分。
5. Java EE 应用程序如何打包与部署？

第 2 章 JDBC 数据库编程

本章内容

- ➢ JDBC 概述
- ➢ 数据库基本操作
- ➢ 数据库存取优化

JDBC 是 Java 程序连接和存取数据库的应用程序接口（API），JDBC 向应用程序开发者提供了独立于数据库的统一的 API，提供了数据库访问的基本功能。它是将各种数据库访问的公共概念抽取出来组成的类和接口。JDBC API 包括两个包：java.sql（是 JDBC 内核 API）和 javax.sql（是 JDBC 标准扩展），它们合在一起构成了用 Java 开发数据库应用程序所需的类。

2.1 JDBC 概述

2.1.1 JDBC 数据库应用模型

JDBC 由两层构成，一层是 JDBC API，负责在 Java 应用程序与 JDBC 驱动程序管理器之间进行通信，负责发送程序中的 SQL 语句。另一层是 JDBC 驱动程序 API，与实际连接数据库的第 3 方驱动程序进行通信，返回查询信息或者执行规定的操作。如图 2-1 所示。

下面对图 2-1 中各部分功能进行说明。

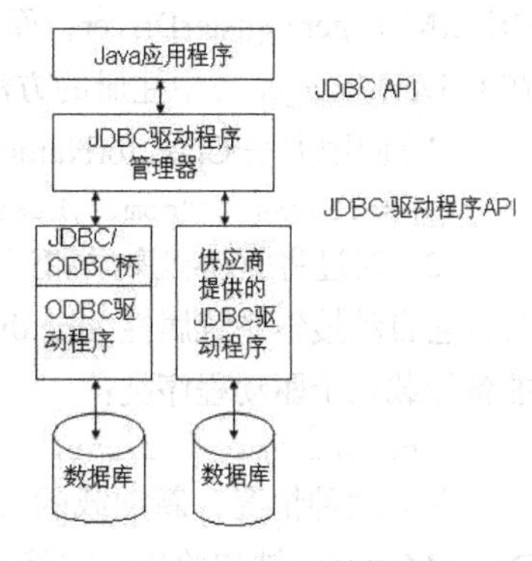

图 2-1 JDBC 结构图

1. Java 应用程序

Java 程序包括应用程序、Applet 以及 Servlet，这些类型的程序都可以利用 JDBC 实现对数据库的访问，JDBC 在其中所起的作用包括：请求与数据库建立连接、向数据库发送 SQL 请求、处理查询、错误处理等操作。

2. JDBC 驱动程序管理器

JDBC 驱动程序管理器动态地管理和维护数据库查询所需要的驱动程序对象，实现 Java 程序与特定驱动程序的连接。它完成的主要任务包括：为特定的数据库选取驱动程序、处理 JDBC 初始化调用、为每个驱动程序提供 JDBC 功能的入口、为 JDBC 调用传递参数等。

3. 驱动程序

驱动程序一般由数据库厂商或者第三方提供，由 JDBC 方法调用，向特定数据库发送 SQL 请求，并为程序获取结果。驱动程序完成下列的任务：建立与数据库的连接、向数据库发送请求、在用户程序请求时进行翻译、错误处理。

4. 数据库

数据库指数据库管理系统和用户程序所需要的数据库。

2.1.2 JDBC 驱动程序

JDBC 驱动程序分为以下 4 种类型。

（1）类型 1：JDBC-ODBC Bridge Driver，这种驱动方式通过 ODBC 驱动器提供数据库连接。使用这种方式要求客户机装入 ODBC 驱动程序。

（2）类型 2：Native-API partly-Java Driver，这种驱动方式将数据库厂商所提供的特殊协议转换为 Java 代码及二进制代码，利用客户机上的本地代码库与数据库进行直接通信。和类型 1 一样，这种驱动方式也存在很多局限，由于使用本地库，因此，必须将这些库预先安装在客户机上。

（3）类型 3：JDBC-Net All-Java Driver，这种类型的驱动程序是纯 Java 代码的驱动程序，它将 JDBC 指令转换成独立于 DBMS 的网络协议形式并与某种中间层连接，再通过中间层与特定的数据库通信。该类型驱动具有最大的灵活性，通常由非数据库厂商提供，是 4 种类型中最小的。

（4）类型 4：Native-protocol All-Java Driver，这种驱动程序也是一种纯 Java 的驱动程序，它通过本地协议直接与数据库引擎相连，这种驱动程序也能应用于 Internet。在全部 4 种驱动方式中，这种方式具有最好的性能。

2.1.3 用 JDBC 访问数据库

用 JDBC 实现访问数据库要经过以下几个步骤。

1. 建立数据源

这里的数据源是指 ODBC 数据源，这一点不是 JDBC 所必需的，而是当使用驱动程序类型 1（即 JDBC-ODBC Bridge）建立连接时所需要的步骤。

2. 装入 JDBC 驱动程序

DriverManager 类管理各种数据库驱动程序，建立新的数据库连接。

JDBC 驱动程序通过调用 registerDriver 方法进行注册。用户在正常情况下不会直接调用 DriverManager.registerDriver，而是在加载驱动程序时由驱动程序自动调用。加载 Driver 类，自动在 DriverManager 类中注册的方法有以下两种。

（1）调用方法 Class.forName()将显式地加载驱动程序类。例如，加载 Sybase 数据库驱动程序：

```
Class.forName("com.sybase.jdbc2.jdbc.SybDriver");
```

（2）通过将驱动程序添加到 java.lang.System 的属性 jdbc.drivers 中。初始化 DriverManager 类时，它自动搜索系统属性 jdbc.drvers 且加载其中包含的一个或多个驱动程序。例如，下面的代码准备加载三个驱动程序类：

```
jdbc.drivers = ei.bar.Driver:bee.sql.Driver:see.test.ourDriver;
```

以上两种情况，新加载的 Driver 类需要调用 DriverManager.registerDriver 进行注册。一旦 DriverManager 被初始化，它就不再检查 jdbc.drivers 属性列表。因此，在大多数情况下，调用方法 Class.forName 显式地加载驱动程序更为可靠。

3. 建立连接

与数据库建立连接的方法包括：

```
DriverManager.getConnection(String url)
DriverManager.getConnection(String url,Properties pro)
DriverManager.getConnection(String url,String user,String password)
```

其中，url 指出使用哪个驱动程序以及连接数据库所需的其他信息。其格式如下。

```
jdbc:<subprotocol>:<subname>
```

例如，

```
String url = "jdbc:microsoft:sqlserver://localhost:1433;User=JavaDB;
           Password=javadb;DatabaseName=northwind";
```

这里，subprotocol 为 microsoft，而 subname 为 sqlserver 及其后的内容。用户名和口令也是存取数据所需的信息。有时候，可以采用另一种方式建立连接，格式如下。

```
String url = "jdbc:microsoft:sqlserver://localhost:1433;DatabaseName=northwind";
Connection con = DriverManager.getConnection(url,"JavaDB","javadb");
```

4. 执行 SQL 语句

与数据库建立连接之后，需要向访问的数据库发送 SQL 语句。在特定的程序环境和功能需求下，可能需要不同的 SQL 语句，例如数据库的增、删、改、查等操作，或者数据库或表的创建及维护操作等。需要说明的是：Java 程序中所用到的 SQL 语句是否能得到正确的执行，是否会产生异常或错误，需要关注的不仅是语句本身的语法正确性，而且还要关注所访问的数据库是否支持。例如，有的数据库不支持存储过程操作，则发送调用存储过程的语句，即抛出异常。

有 3 个类用于向数据库发送 SQL 语句。

（1）Statement 类，调用其 createStatement()方法可以创建语句对象，然后利用该语句对象可以向数据库发送具体的 SQL 语句。例如，

```
String query = "select * from table1";  //查询语句
Satement st = con.createStatement();    //或用带参数的 createStatement()方法
ResultSet rs = st.executeQuery(query);  //发送 SQL 语句，获得结果
```

（2）PreparedStatement 类，调用其方法 prepareStatement()创建预处理语句对象，可以向数据库发送带有参数的 SQL 语句。该类有一组 setXXX 方法，用设置参数值。这些参数被传送到数据库，预处理语句被执行。这个过程类似于给函数传递参数之后执行函数，完成预期的处理。使用 PreparedStatement 类与使用 Statement 类相比，有较高的效率，关于这一点，详见后面相关部分的阐述。具体的例子如下。

```
PreparedStatement ps;
ResultSet rs=null;
String query="select name,age,addr  from xsda  where addr = ?";
ps=con.prepareStatement(query);
ps.setString(1,"hei");
rs=ps.executeQuery();
```

（3）CallableStatement 类的方法 prepareCall()可用于创建对象，该对象用于向数据库发送调用某存储过程的 SQL 语句。prepareCall()和 prepareStatement()一样，所创建的语句允许带有参数，用 setXXX()设置输入参数，即 IN 参数，同时需接收和处理 OUT 参数、INOUT 参数以及存储过程的返回值，概要说明其使用方法的语句例子如下。

```
CallableStatement cstmt;
```

```
ResultSet rs;
cstmt = con.prepareCall("{?=call stat(?,?)}");
      //stat 是一存储过程的名字，它有两个参数，且有返回值
cstmt.setString(2,"Java Programming Language");
rs = cstmt.executeQuery();
```

5. 检索结果

数据库执行传送到的 SQL 语句，结果有多种存储位置，这与所执行的语句有关。以查询语句 select 为例，其结果需返回到程序中一个结果集对象，即前面语句例子中的 ResultSet 类对象 rs。rs 可看作是一个表子集，有若干行和若干列，行列的具体数量与查询条件及满足查询条件的记录数有关。要浏览该表内容可以借助 ResultSet 类的相关方法完成。例如，行指针移动方法 rs.next() 和取列内容的方法 rs.getXXX()等。若是执行数据更新语句 update，则返回的是成功进行更新的数据库记录行数。所以，检索结果操作要依程序的具体内容而定。

6. 关闭连接

完成对数据库的操作之后应关闭与常用数据库的连接。关闭连接使用 close()方法。格式如下：

```
con.close();
```

2.1.4 JDBC 常用 API

JDBC API 提供的类和接口是在 java.sql 包中定义的。表 2-1 列出了常用的接口与类。

表 2-1 java.sql 的常用类和接口

类和接口名称	说明
java.sql.CallableStatement	用于处理调用存储过程的语句类
java.sql.Connection	用于与某个数据库的连接管理
java.sql.Driver	数据库驱动程序类
java.sql.Date	日期处理类
java.sql.DriverManager	管理 JDBC 驱动器设置的基本服务
java.sql.PreparedStatement	编译预处理语句类
java.sql.ResultSet	管理查询结果的表，简称结果集
java.sql.SQLException	管理关于数据库访问错误的信息
java.sql.Statement	用于执行 SQL 语句的类
java.sql.DatabaseMetaData	管理关于数据库的信息，称为元数据

上表中所列的部分接口与类的内容，以及更多未列出的类和接口，读者需查阅 JDK 类文档进行深入了解和掌握，这里仅介绍常用类的常用属性和方法。

1. DriverManager 类

DriverManager 类的常用方法如下。

（1）static void deregisterDriver(Driver driver)方法，从 DriverManager 的列表中删除一个驱动程序。

（2）static Connection getConnection(String url)方法，建立到给定数据库 URL 的连接。

（3）static Connection getConnection(String url, Properties info)方法，用给定的数据库 URL 和相关信息（用户名、用户密码等属性）来创建一个连接。

（4）static Connection getConnection(String url, String user, String password)方法，按给定的数据

库 URL、用户名和用户密码创建一个连接。

（5）static Driver getDriver(String url)方法，查找给定 URL 下的驱动程序。

（6）static Enumeration<Driver>getDrivers()方法，获得当前调用方可以访问的所有已加载 JDBC 驱动程序的 Enumeration。

（7）static int getLoginTimeout()方法，获得驱动程序连接到某一数据库时可以等待的最长时间，以秒为单位。

（8）static PrintWriter getLogWriter()方法，检索记录写入器。

（9）static void println(String message) 方法，将一条消息打印到当前 JDBC 记录流中。

（10）static void registerDriver(Driver driver) 方法，向 DriverManager 注册给定驱动程序。

2. Connection 类

Connection 类有如下常量。

（1）static int TRANSACTION_NONE 指示不支持事务。

（2）static int TRANSACTION_READ_UNCOMMITTED 说明一个事务在提交前其变化对于其他事务而言是可见的。这样可能发生脏读（dirty read）、不可重复读（unrepeated read）和虚读（phantom read）。

（3）static int TRANSACTION_READ_COMMITTED 说明读取未提交的数据是不允许的。防止发生脏读的情况，但不可重复读和虚读仍有可能发生。

（4）static int TRANSACTION_REPEATABLE_READ 说明事务保证能够再次读取相同的数据而不会失败，但虚读有可能发生。

（5）static int TRANSACTION_SERIALIZABLE 指示防止发生脏读、不可重复读和虚读的常量。

Connection 类的常用方法如下。

（1）void clearWarnings()方法，清除此 Connection 对象报告的所有警告。

（2）void close()方法，断开此 Connection 对象和数据库的连接，而不是等待它们被自动释放。

（3）void commit()方法，使自上一次提交/回滚以来进行的所有更改成为持久更改，并释放此 Connction 对象当前保存的所有数据库锁定。

（4）Statement createStatement()方法，创建一个 Statement 对象，用来将 SQL 语句发送到数据库。

（5）Statement createStatement(int resultSetType, int resultSetConcurrency)方法，创建一个 Statement 对象，该对象将生成具有给定类型和并发性的 ResultSet 对象。

（6）Statement createStatement(int resultSetType, int resultSetConcurrency, int resultSetHoldability)方法，创建一个 Statement 对象，该对象将生成具有给定类型、并发性和可保存性的 ResultSet 对象。

（7）DatabaseMetaData getMetaData()方法，获取 DatabaseMetaData 对象，该对象包含关于 Connection 对象连接到的数据库的元数据。

（8）boolean isClosed()方法，检索此 Connection 对象是否已经被关闭。

（9）CallableStatement prepareCall(String sql)方法，创建一个 CallableStatement 对象来调用数据库存储过程。

（10）CallableStatement prepareCall(String sql,int resultSetType,int resultSetConcurrency)方法，创建一个 CallableStatement 对象，该对象将生成具有给定类型和并发性的 ResultSet 对象。

（11）PreparedStatement prepareStatement(String sql)方法，创建一个编译预处理语句对象来将参数化的 SQL 语句发送到数据库。

（12）void releaseSavepoint(Savepoint savepoint)方法，从当前事务中释放给定的保存点 Savepoint

对象。

（13）void rollback()方法，取消在当前事务中进行的所有更改，并释放此 Connection 对象当前保存的所有数据库锁定。

（14）void rollback(Savepoint savepoint)方法，取消设置给定 Savepoint 对象之后进行的所有更改。

（15）void setAutoCommit(boolean autoCommit)方法，将此连接的自动提交模式设置为给定状态。

（16）Savepoint setSavepoint(String name)方法，在当前事务中创建一个具有给定名称的保存点，并返回它的新 Savepoint 对象。

（17）void setTransactionIsolation(int level)方法，将此 Connection 对象的事务隔离级别设定为 level 指定的级别。

3. Statement 类

Statement 类的常用方法如下。

（1）void addBatch(String sql)方法，将给定的 SQL 命令添加到此 Statement 对象的当前命令列表中。

（2）void clearBatch()方法，清空此 Statement 对象的当前 SQL 命令列表。

（3）void close()方法，立即释放此 Statement 对象的数据库和 JDBC 资源，而不是等待该对象自动关闭。

（4）boolean execute(String sql)方法，执行给定的 SQL 语句，该语句可能返回多个结果。

（5）int[] executeBatch()方法，将一批命令提交给数据库来执行，如果全部命令执行成功，则返回更新计数组成的数组。

（6）ResultSet executeQuery(String sql) 方法，执行给定的 SQL 语句，该语句返回单个 ResultSet 对象。

（7）int executeUpdate(String sql) 方法，执行给定 SQL 语句，该语句可能为 INSERT、UPDATE 或 DELETE 语句，或者为不返回任何内容的 SQL 语句（如 SQL DDL 语句）。

（8）int getFetchDirection() 检索从数据库表获取行的方向，该方向是根据此 Statement 对象生成的结果集合的默认值。

（9）int getFetchSize()方法，检索结果集合的行数，该数是根据此 Statement 对象生成的 ResultSet 对象的默认大小获取。

（10）int getMaxFieldSize()方法，检索可以为此 Statement 对象所生成 ResultSet 对象中的字符和二进制列值返回的最大字节数。

（11）int getMaxRows()方法，检索由此 Statement 对象生成的 ResultSet 对象可以包含的最大行数。

（12）boolean getMoreResults()方法，移动到此 Statement 对象的下一个结果，如果其为 ResultSet 对象，则返回 true，并隐式关闭利用方法 getResultSet 获取的所有当前结果集对象。

（13）ResultSetgetResultSet()方法，以 ResultSet 对象的形式检索当前结果。

（14）int getUpdateCount()方法，获取当前结果的更新记录数，如果为 ResultSet 对象或没有更多结果，则返回-1。对于每一个结果，只调用一次。

4. PreparedStatement 类

（1）void addBatch()方法，将一组参数添加到此 PreparedStatement 对象的批处理命令中。

（2）boolean execute()方法，在此 PreparedStatement 对象中执行 SQL 语句，该语句可以是任何种类的 SQL 语句。

（3）ResultSet executeQuery()方法，在此 PreparedStatement 对象中执行 SQL 查询，并返回该查询生成的 ResultSet 对象。

（4）int executeUpdate()方法，在此 PreparedStatement 对象中执行 SQL 语句，该语句必须是一个 INSERT、UPDATE 或 DELETE 语句；或者是一个什么都不返回的 SQL 语句，比如 DDL 语句。

（5）ResultSetMetaData getMetaData()方法，检索包含有关 ResultSet 对象的列消息的 ResultSetMetaData 对象，ResultSet 对象将在执行此 PreparedStatement 对象时返回。

（6）ParameterMetaData getParameterMetaData()方法，检索此 PreparedStatement 对象的参数的编号、类型和属性。

（7）void setArray(int i, Array x)方法，将指定参数设置为给定 Array 对象。

（8）void setDate(int parameterIndex, Date x)方法，将指定参数设置为给定 java.sql.Date 值。

（9）void setDate(int parameterIndex, Date x, Calendar cal)方法，使用给定的 Calendar 对象将指定参数设置为给定 java.sql.Date 值。

（10）void setDouble(int parameterIndex, double x)方法，将指定参数设置为给定的 Java double 值。

（11）void setFloat(int parameterIndex, float x)方法，将指定参数设置为给定的 Java float 值。

（12）void setInt(int parameterIndex, int x)方法，将指定参数设置为给定的 Java int 值。

（13）void setLong(int parameterIndex, long x)方法，将指定参数设置为给定的 Java long 值。

（14）void setShort(int parameterIndex, short x)方法，将指定参数设置为给定的 Java short 值。

（15）void setString(int parameterIndex, String x)方法，将指定参数设置为给定的 Java String 值。

5. CallableStatement 类

CallableStatement 类的方法主要有 3 种，设置参数的系列 set 方法和获取参数的系列 get 方法以及注册输出参数方法。下面分别通过示例进行说明。

（1）boolean getBoolean(int parameterIndex)方法，以 Java 编程语言中 boolean 值的形式检索指定的 JDBC BIT 参数的值。

（2）boolean getBoolean(String parameterName)方法，以 Java 编程语言中 boolean 值的形式检索 JDBC BIT 参数的值。

（3）byte getByte(int parameterIndex)方法，以 Java 编程语言中 byte 值的形式检索指定的 JDBC TINYINT 参数的值。

（4）short getShort(int parameterIndex)方法，以 Java 编程语言中 short 值的形式检索指定的 JDBC SMALLINT 参数的值。

（5）String getString(int parameterIndex)方法，以 Java 编程语言中 String 值的形式检索指定的 JDBC CHAR、VARCHAR 或 LONGVARCHAR 参数的值。

（6）void registerOutParameter(int parameterIndex, int sqlType)方法，以 parameterIndex 为参数顺序位置将 OUT 参数注册为 JDBC 类型 sqlType。必须在执行存储过程之前调用此方法。由 sqlType 指定的 OUT 参数的 JDBC 类型确定必须用于 get 方法来读取该参数值的 Java 类型。这种 registerOutParameter 应该在参数是 JDBC 类型 NUMERIC 或 DECIMAL 时使用。

（7）void registerOutParameter(int parameterIndex, int sqlType, int scale)方法，功能同上。按顺序位置 parameterIndex 将参数注册为 JDBC 类型 sqlType。scale 是小数点右边所需的位数，该参数必须大于或等于 0。

（8）void setInt(String parameterName, int x)方法，将指定参数设置为给定 Java int 值。

（9）void setString(String parameterName, String x)方法，将指定参数设置为给定 Java String 值。

6. ResultSet 类

该类的几个常量的作用如下。

（1）static int CLOSE_CURSORS_AT_COMMIT，该常量指示调用 Connection.commit()方法时应该关闭 ResultSet 对象。

（2）static int CONCUR_READ_ONLY，该常量指示不可以更新的 ResultSet 对象的并发模式。

（3）static int CONCUR_UPDATABLE，该常量指示可以更新的 ResultSet 对象的并发模式。

（4）static int FETCH_FORWARD，该常量指示将按正向（即从第一个到最后一个）处理结果集中的行。

（5）static int FETCH_REVERSE，该常量指示将按反向（即从最后一个到第一个）处理结果集中的行。

（6）static int FETCH_UNKNOWN，该常量指示结果集中的行的处理顺序未知。

（7）static int HOLD_CURSORS_OVER_COMMIT，该常量指示调用 Connection.commit()方法时不应关闭对象。

（8）static int TYPE_FORWARD_ONLY，该常量指示指针只能向前移动的 ResultSet 对象的类型。

（9）static int TYPE_SCROLL_INSENSITIVE，该常量指示可滚动但通常不受其他的更改影响的 ResultSet 对象的类型。

（10）static int TYPE_SCROLL_SENSITIVE，该常量指示可滚动并且通常受其他的更改影响的 ResultSet 对象的类型。

ResultSet 类的方法数量过百，不能悉数在此罗列，也没有必要。按其功能可以分为两类，即指针移动方法和数据操作方法，这里仅举例说明这两类方法的功能。

（1）boolean absolute(int row)方法，将指针移动到此 ResultSet 对象的给定行。

（2）void afterLast()方法，将指针移动到此 ResultSet 对象的末尾，正好位于最后一行之后。

（3）void beforeFirst()方法，将指针移动到此 ResultSet 对象的开头，正好位于第一行之前。

（4）boolean first()方法，将指针移动到此 ResultSet 对象的第一行。

（5）boolean isAfterLast()方法，检索指针是否位于此 ResultSet 对象的最后一行之后。

（6）boolean isBeforeFirst()方法，检索指针是否位于此 ResultSet 对象的第一行之前。

（7）boolean isFirst()方法，检索指针是否位于此 ResultSet 对象的第一行。

（8）boolean isLast()方法，检索指针是否位于此 ResultSet 对象的最后一行。

（9）boolean last()方法，将指针移动到此 ResultSet 对象的最后一行。

（10）void moveToCurrentRow()方法，将指针移动到当前被记住的指针位置，通常为当前行。

（11）void moveToInsertRow()方法，将指针移动到插入行。将指针置于插入行上时，当前的指针位置会被记住。插入行是一个与可更新结果集相关联的特殊行。它实际上是一个缓冲区，在将行插入到结果集前可以通过调用更新方法在其中构造新行。当指针位于插入行上时，仅能调用更新方法、获取方法以及 insertRow 方法。每次在调用 insertRow 之前调用此方法时，必须为结果集中的所有列分配值。在对列值调用获取方法之前，必须调用更新方法。

（12）boolean next()方法，将指针从当前位置下移一行。ResultSet 指针最初位于第一行之前；第一次调用 next 方法使第一行成为当前行；第二次调用使第二行成为当前行，依此类推。如果开启了对当前行的输入流，则调用 next 方法将隐式关闭它。读取新行时，将清除 ResultSet 对象的警告链。

如果新的当前行有效，则返回 true；如果不存在下一行，则返回 false。

（13）boolean previous()方法，将指针移动到此 ResultSet 对象的上一行。

（14）boolean relative(int rows)方法，按相对行数（或正或负）移动指针。

以上各方法都是与指针移动相关的方法。下面的方法主要的是与记录行的内容操作有关的。

（15）void cancelRowUpdates()方法，取消对 ResultSet 对象中的当前行所做的更新。

（16）void clearWarnings()方法，清除在此 ResultSet 对象上报告的所有警告。

（17）void close()方法，立即释放此 ResultSet 对象的数据库和 JDBC 资源，而不是等待该对象自动关闭时发生此操作。

（18）void deleteRow()方法，从此 ResultSet 对象和底层数据库中删除当前行。

（19）int findColumn(String columnName)方法，将给定的 ResultSet 列名称映射到其 ResultSet 列索引。

（20）Array getArray(int i)方法，以 Java 编程语言中 Array 对象的形式检索此 ResultSet 对象的当前行中指定列的值。

（21）String getString(int columnIndex)方法，以 Java 编程语言中 String 的形式检索此 ResultSet 对象的当前行中指定列的值。

（22）String getString(String columnName)方法，以 Java 编程语言中 String 的形式检索此 ResultSet 对象的当前行中指定列的值。

（23）void insertRow()方法，将插入行的内容插入到此 ResultSet 对象和数据库中。调用此方法时，指针必须位于插入行上。

（24）void refreshRow()方法，用数据库中的最近值刷新当前行。

（25）boolean rowDeleted()方法，检索是否已删除某行。如果删除了行并且检测到删除，则返回 true；否则返回 false。

（26）boolean rowInserted()方法，检索当前行是否已有插入。如果行已有插入并且检测到插入，则返回 true；否则返回 false。

（27）boolean rowUpdated()方法，检索是否已更新当前行。

（28）void updateString(int columnIndex, String x)方法，用 String 值更新指定列。

（29）void updateString(String columnName, String x)方法，用 String 值更新指定列。

7. Date 类

java.sql.Date 与 java.util.Date 配合使用可以方便地处理应用程序中的日期型数据。下面的代码段可以对此做简要说明。

```
    Date d1 = new Date(); //d1 为当前日期，某学生今日在图书馆借阅图书
    int maxDays = 60;//一本书的规定借阅天数 60 天
    Date d2 = new Date(d1.getTime()+60*24*60*60*1000); //d2 为应还书日期
//若要与数据库交互，例如将该日期写入数据库相应字段，需借助 java.sql.Date:
    rs.moveToInsertRow();
    ......
    java.sql.Date d3 = new java.sql.Date(d2.getTime);
    rs.updateDate("应还日期",d3);//将所借之书的应还日期写入数据库
    ......
    rs.insertRow();
```

java.sql.Date 类的常用方法如下。

（1）public Date(long date)构造方法，使用给定毫秒时间值构造一个 Date 对象。如果给定毫秒值包含时间信息，则驱动程序会将时间组件设置为对应于 GMT 的默认时区（运行应用程序的 Java

虚拟机的时区）中的时间。

参数 long date 是自 1970 年 1 月 1 日 00:00:00 GMT 以来不超过 year 8099 的毫秒数。负数指示在 1970 年 1 月 1 日 00:00:00 GMT 之前的毫秒数。

（2）void setTime(long date)方法，使用给定毫秒时间值设置现有 Date 对象。

使用给定毫秒时间值设置现有 Date 对象。如果给定毫秒值包含时间信息，则驱动程序会将时间组件设置为对应于 GMT 的默认时区（运行应用程序的 Java 虚拟机的时区）中的时间。

（3）String toString()方法，格式化日期转义形式 yyyy-mm-dd 的日期。

（4）static Date valueOf(String s)方法，将 JDBC 日期转义形式的字符串转换成 Date 值。要为 SimpleDateFormat 类指定一个日期格式，可以使用“yyyy.MM.dd”格式，而不是使用“yyyy-mm-dd”格式。在 SimpleDateFormat 的上下文中，“mm”表示分钟，而不是表示月份。

8. SQLException 类

下面列举的是 SQLException 类的几个常用方法。

（1）public String getSQLState()方法，检索此 SQLException 对象的 SQLState。SQLState 是标识异常的 XOPEN 或 SQL 99 代码。

（2）public int getErrorCode()方法，检索此 SQLException 对象的特定于供应商的异常代码。

（3）public SQLException getNextException()方法，检索到此 SQLException 对象的异常链接。链接中的 SQLException 对象如果不存在，则返回 null。

（4）public void setNextException(SQLException ex)方法，将 SQLException 对象添加到链接的末尾。参数 ex 是添加到 SQLException 链接的末尾的新异常。

9. 元数据类

Java 定义的元数据（MetaData）有以下 3 种。

- DatabaseMetadata 用于获得关于数据库和数据表的信息。
- ResultSetMetaData 用于获得关于结果集的信息。
- ParameterMetaData 用于获得预处理语句预处理语句对象参数的类型和属性信息。

从元数据类所定义的方法的功能不难发现，这些类在编写通用型的数据库操作程序时是十分有用的。例如，输出时候的表格究竟用多宽，与具体应用的结果集有关。因此，根据结果集元数据，可以灵活定义合适的表格宽度。

下面分别介绍 DatabaseMetaData 类和 ResultSetMetaData 类的主要方法及功能。

首先介绍 DatabaseMetaData 类的常用方法，如下。

（1）public abstract boolean allProceduresAreCallable()方法，检查由 getProcedures()返回的方法是否都可被当前用户调用。

（2）public abstract boolean isReadOnly()方法，检查所访问的数据库是否为只读。

（3）public abstract boolean supportsGroupBy()方法，检查此数据库是否支持 GroupBy 子句的使用。

（4）public abstract boolean supportsMultipleResultSets()方法，检索此数据库是否支持一次调用 execute 方法获得多个 ResultSet 对象。

（5）public abstract boolean supportsBatchUpdates()方法，检索此数据库是否支持批量更新。

（6）public abstract boolean supportsOuterJoins()方法，检索此数据库是否支持某种形式的外连接。

（7）public abstract boolean supportsStorePrecedures()方法，检索此数据库是否支持使用存储过程转义语法的存储过程调用。

（8）public abstract boolean supportsTransactionIsolationLevel()方法，检索此数据库是否支持给

定事务隔离级别。

（9）public abstract boolean supportTransactions()方法，检索此数据库是否支持事务。

（10）public abstract String getURL()方法，检索此 DBMS 的 URL。

（11）public abstract String getUserName()方法，检索数据库的已知的用户名称。

（12）public abstract String getDatabaseProductName()方法，检索数据库产品的名称。

（13）public abstract String getDatabaseProductVersion()方法，检索数据库产品的版本号。

（14）public abstract String getDriverName()方法，检索 JDBC 驱动器的名称。

（15）public abstract String getMaxColumnnameLength()方法，检索此数据库允许用于列名称的最大字符数。

（16）public abstract int getMaxRowSize()方法，检索此数据库允许在单行中使用的最大字节数。

（17）public abstract ResultSet getProcedures(String catalog，String schemaPattern, String procedure NamePattern)方法，检索可在给定目录中使用的存储过程的描述。

（18）public abstract ResultSet getTableTypes()方法，返回数据库所支持的数据表类型。

下面是 ResultSetMetaData 类的常用方法。

（1）public abstract int getColumnCount()方法，返回此 ResultSet 对象中的列数。

（2）public abstract int getColumnDisplaySize(int column)方法，指示指定列的最大标准宽度，以字符为单位。

（3）public abstract String getColumnName(int column)方法，获得指定序号的名称

（4）public abstract int getColumnType(int column)方法， 返回某列的 SQL Type。

（5）public abstract int getPrecision(int column)方法，获取指定列的小数位数。

（6）public abstract int getScale(int column)方法，获取指定列的小数点右边的位数。

（7）public abstract String getTableName(int column)方法，获取指定列所在表的名称。

2.1.5　数据库连接范例

在本节的最后，我们给出连接常用的数据库的代码范例，使读者在具体编程实践中能够以此为参考，进而完成访问不同的数据库，实现不同功能的程序。

以下示例为采用类型 4 驱动模式下的格式串，设所用的数据库统一为 db。

1. 连接 Oracle 数据库（用 thin 模式）

```
Class.forName("oracle.jdbc.driver.OracleDriver");
String url = "jdbc:oracle:thin:@localhost:1521:db";
Connection con = DriverManager.getConnection(url,user,password);
Statement stmt = con.createStatement(
        ResultSet.TYPE_SCROLL_SENSITIVE,ResultSet.CUNCUR_UPDATABLE);
```

2. 连接 MySQL 数据库

```
Class.forName("com.mysql.jdbc.Driver");
String url = "jdbc:mysql://localhost:3306/db";
Connection con = DriverManager.getConnection(url,user,password);
Statement stmt = con.createStatement(
        ResultSet.TYPE_SCROLL_SENSITIVE,ResultSet.CUNCUR_UPDATABLE);
```

3. 连接 Sql Server 数据库

```
Class.forName("com.microsoft.jdbc.sqlserver.SQLServerDriver");
String url = "jdbc:microsoft:sqlserver://localhost:1433;DatabaseName=db";
```

```
String user = "sa";
String password = "";
Connection con = DriverManager.getConnection(url,user,password);
Statement stmt = con.createStatement(
        ResultSet.TYPE_SCROLL_SENSITIVE,ResultSet.CUNCUR_UPDATABLE);
```

4. 连接 Sybase 数据库

```
Class.forName("com.sybase.jdbc.SybDriver");
String url = "jdbc:sybase:Tds:localhost:5007/db";
Properties sysPro = System.getProperties();
sysPro.put("user","myuser");
sysPro.put("password","okay");
Connection con = DriverManager.getConnection(url,sysPro);
Statement stmt = con.createStatement(
        ResultSet.TYPE_SCROLL_SENSITIVE,ResultSet.CUNCUR_UPDATABLE);
```

5. 连接 IBM DB2 数据库

```
Class.forName("com.ibm.db2.jdbc.app.DB2Driver");
String url = "jdbc:db2://localhost:5000/db";
String user = "admin";
String password = "";
Connection con = DriverManager.getConnection(url,user,password);
Statement stmt = con.createStatement(
        ResultSet.TYPE_SCROLL_SENSITIVE,ResultSet.CUNCUR_UPDATABLE);
```

6. 连接 Informix 数据库

```
Class.forName("com.informix.jdbc.IfxDriver");
String url = "jdbc:informix:sqli://localhost:1533/db:INFORMISSERVER = myserver;
        user = myuser;password = okay";
Connection con = DriverManager.getConnection(url);
Statement stmt = con.createStatement(
        ResultSet.TYPE_SCROLL_SENSITIVE,ResultSet.CUNCUR_UPDATABLE);
```

2.2 数据库基本操作

SQL 语言分为 4 大类：数据查询语言 DQL、数据操纵语言 DML、数据定义语言 DDL 和数据控制语言 DCL。每种语言包含数量或多或少的语句，用在不同的应用程序中。在一般的应用程序中使用较多的是对表的创建与管理、视图的操作、索引的操作等，对数据的操作主要有数据插入、删除、更新、查找、过滤、排序等。除此之外，还有获取数据库元数据和结果集元数据等操作。有时用 CRUD 来概指对数据库的常见操作，即表的创建（create）、数据检索（retrieve）、数据更新（update）和数据删除（delete）操作。

2.2.1 数据插入操作

Insert 语句格式如下：

```
INSERT INTO <表名>[(字段名[,字段名]…)] VALUES(常量[,常量]…)
```

说明：

- 若字段名未显式给出，则按照表的列属性顺序依次填入；

- 值类型需与列属性类型一致；
- 表名可为数据表名或视图名。

由于字段的类型不同，在 VALUES 中的值的写法要求也不同。概括起来说有如下几点。

（1）数值型字段，可以直接写数值。

（2）字符型字段，其值要加单引号。

（3）日期型字段，其值要加单引号，同时还要注意年、月、日的次序。

例如，要向表 member 中插入一行数据的 SQL 语句是：

```
INSERT INTO member (name,age,sex,wage,addr) VALUES
    ('LiMing',40,'男',4500,'北京市')
INSERT INTO emp(empno, hiredate)VALUES
    (8888, to_date('2002-09-08','YYYY-MM-DD'))
```

向表中插入 NULL 值需要满足以下几点。

（1）插入 NULL 的列在表中的定义不能为 NOT NULL。

（2）插入 NULL 的列在表的定义不能为主键或作为另外表的外键。

（3）插入 NULL 的列在表的定义里不能有唯一的约束。

事实上，对很多数据库而言，对数据的插入、删除和更新操作都有两种可选的操作模式：直接使用 SQL 语句插入（或更新、删除）模式和通过可更新的结果集对象间接插入（或更新、删除）。切记，我们在创建语句对象时用下面的形式。

```
Statement stmt = con.createStatement(
     ResultSet.TYPE_SCROLL_SENSITIVE,ResultSet.CUNCUR_UPDATABLE);
```

其中，参数 ResultSet.CUNCUR_UPDATABLE 的作用正是为了使该语句生成的结果对象是可更新结果集，它可被用来插入、更新、删除记录内容。这种方式明显比直接使用 SQL 语句的操作更灵活，且更容易与用户界面元素进行交互操作。下面的程序段说明了如何利用可更新结果集进行数据插入。

```
rs.moveToInsertRow();
rs.updateString("name","'LiMing ");
rs.updateInt("age",40);
rs.updateString("sex","男");
rs.updateInt("wage",50000);
rs.updateString("addr","北京市");
rs.insertRow();
```

试比较在上面的操作中若为交互操作引入变量和在 SQL INSERT 语句中的情形，何者更方便是显而易见的。看看下面的 SQL INSERT 语句，体会一下恼人的拼串过程。

```
String sqlins = "INSERT INTO students values(' " + sno +" ', ' " +
        name + " ',' " + sex + " ',' " + birthday + " ',' " +" ',' " + department + "')";
```

2.2.2　数据删除操作

Delete 语句的格式如下。

```
DELETE FROM <表名> WHERE <条件表达式>
```

例如，

```
DELETE FROM table1 WHERE No = 7658
```

从表 table1 中删除一条记录，其字段 No 的值为 7658。

使用可更新结果集的删除操作，参见下面的代码段。

```
stmt = con.createStatement(
    ResultSet.TYPE_SCROLL_SENSITIVE,ResultSet.CONCUR_UPDADABLE);
    con.setAutoCommit(false);
String sqlst = "select * from member";
rs = stmt.executeQuery(sqlst);
    rs.relative(4);//移动到第 4 条记录
rs.deleteRow();//从结果集和底层数据库删除该记录
con.commit();
```

对比发现，一般的删除操作可能与查询数据和浏览数据相关联，可能在浏览之后发现了要删除的行。这样，采用直接 SQL 语句的方法显然不合适，而利用可更新结果集的删除则比较方便、易行。

2.2.3 数据更新操作

数据更新语句的命令格式如下。

```
UPDATE <table_name> SET colume_name = 'xxx'WHERE <条件表达式>
```

例如，

```
UPDATE EMP SET JOB='MANAGER'WHERE NAME='MATIN'
```

对数据表 EMP 中姓名为 MATIN 的职工数据进行了修改，将其工作名称改为 MANAGER。

向数据库发送数据更新的 SQL 语句是通过调用方法 executeUpdate()完成的。

```
String ss="update xsda set age=age+1 where name='yang' ";
stmt.executeUpdate(ss);
```

下面的代码说明使用可更新结果集进行更新操作的方法。

```
rs=stmt.executeQuery("select * from member where age=16");
rs.first() ;
rs.updateInt("wage",3000);
rs.updateRow();
rs.next();
rs.updateInt("wage",4000);
rs.updateRow();
rs.next();
rs.updateString("addr","上海市");
rs.updateRow();
```

上面的代码对连续 3 条记录的 wage 字段和 addr 字段值进行了更新操作。

2.2.4 数据查询操作

查询语句的语句格式如下。

```
SELECT [DISTINCT] {column1,column2,…}
   FROM tablename
WHERE {conditions}
   GROUP BY {conditions}
```

```
    HAVING {conditions}
ORDER BY {conditions}[ASC/DESC];
```

说明：

SELECT 子句用于指定检索数据库中的哪些列，若要检索所有列可以不必列出所有列名，只用*表示即可。

FROM 子句用于指定从哪一个表或者视图中检索数据。

选项 DISTINCT 指明显示结果不重复，无此选项则显示所有记录可能重复。例如，下面的语句只显示姓名不同的记录。

```
select distinct Name from person;
```

WHERE 子句中条件表达式之算符及含义如表 2-2 所示。

表 2-2　　运算符及其含义

运算符	含义
=	等于
<>、!=	不等于
>=	大于或等于
<=	小于或等于
>	大于
<	小于
Between…And…	介于两值之间
In(list)	匹配于列表值
like	匹配于字符样式
Is NULL	测试 NULL

WHERE 子句用于指定查询条件，若条件表达式的值为 true，则检索相应的行，若条件表达式的值为 false，则不会检索该行数据。

GROUP BY 指出记录分组的条件，例如进行分组统计。

HAVING 则是用于限制分组统计的结果。

例如，统计 emp 表中不同部门（depno）、不同岗位（job）的平均工资（AVG（sal））大于 3000 的所有记录的语句如下。

```
SELECT depno,job,AVG(sal) FROM emp
GROUP BY depno,job
HAVING AVG(sal)>3000;
```

注意

（1）HAVING 子句必须跟在 GROUP BY 子句的后面。

（2）ORDER BY 子句指出查询结果排序显示，可为升序（ASC）或可为降序（DESC）排列。

2.2.5　事务处理

观察一个银行储蓄帐户管理的例子，某储户的存折中余额为 1000 元，如果该储户同时使用存折和银行卡取款，系统都提示可取款 1000 元。如果都完成了取款操作，那么银行岂不是亏损了

1000 元？我们当然知道这种情况是不会出现的。这正是归功于数据库的事务处理。

那么，什么是事务呢？Java 中的事务处理机制是怎样的？下面做简要的说明。

所谓事务，概指一系列的数据库操作，这些操作要么全做，要么全不做，是一个不可分割的工作单元，也可以说是数据库应用程序中的一个基本逻辑单元。它可能是一条 SQL 语句、一组 SQL 语句或者一个完整的程序。这体现的是事务的原子性需求，对事务还有其他的需求，如一致性、隔离性、持久性，这些内容在数据库专著中会有详细阐述。

数据库是共享资源，可供多用户使用。多个用户并发地存取数据库时就可能产生多个事务同时存取同一数据的情况。可能出现不正确存取数据，破坏数据库的一致性的情况。

典型的 3 类数据出错。

- 脏读（dirty read）：一个事务修改了某一行数据而未提交时，另一事务读取了该行数据。假如前一事务发生了回退，则后一事务将得到一无效的值。
- 不可重复读（non-repeatable read）：一个事务读取某一数据行时，另一事务同时在修改此数据行。则前一事务在重复读取此行时将得到一个不一致的数据。
- 错误读（phantom read）：也称为幻影读，一事务在某一表中查询时，另一事务恰好插入了满足查询条件的数据行。则前一事务在重复读取满足条件的值时，将得到一个或多个额外的“影子”值。

数据库的并发控制机制就是为了避免出现不正确存取数据，破坏数据库的一致性的情况。主要的并发控制技术是加锁（locking）。加锁机制的基本思想是：事务 T 在对某个数据对象（如表、记录等）操作之前，先向系统发出请求，对其加锁。加锁后，事务 T 就对该数据对象有了一定的控制，在事务 T 释放它的锁之前，其他事务不能更新此数据对象。

JDBC 事务处理可采用隔离级别控制数据读取操作。

JDBC 支持 5 个隔离级别设置，其名字和含义如表 2-3 所示。

表 2-3　　JDBC 支持的隔离级别

static int	TRANSACTION_NONE 不支持事务
static int	TRANSACTION_READ_COMMITED 脏读、不可重复读、错误读取可能出现
static int	TRANSACTION_READ_UNCOMMITED 禁止脏读，不可重复读、错误读取可能出现
static int	TRANSACTION_REPEATABLE_READ 禁止脏读、不可重复读，错误读取可能出现
static int	TRANSACTION_SERIALIZABLE 禁止脏读、不可重复读、错误读取

上面表中的 5 个常量是 Connection 中提供的。同样，Connection 提供了方法进行隔离级别设置。

```
setTransactionIsolation(Connection. TRANSACTION_REPEATABLE_READ)
```

一个事务也许包含几个任务，正像超市里面完成一个事务也要包括几个任务一样。超市里的一个事务对应于一次消费活动的全过程。它是由若干个任务构成的。确定购买项目，登记每个项目，然后计算总额，最后支付。只有当每个任务结束后，事务才结束。如果其中的一个任务失败，则事务失败，前面完成的任务也要恢复。这是基本性质。

Connection 中 3 个方法完成基本的事务管理，如下。

（1）setAutoCommit(boolean true/false)方法，设置自动提交属性 AutoCommit，默认为 true。

（2）rollback()方法，回滚事务。

（3）commit()方法，事务提交。

在调用了 commit()方法之后，所有为这个事务创建的结果集对象都被关闭了，除非通过 createStatement()方法传递了参数 HOLD_CURSORS_OVER_COMMIT

与其功能相对的另一个参数为 CLOSE_CURSORS_AT_COMMIT

在 commit()方法被调用时关闭 ResultSet 对象。

看下面的程序段，说明事务的操作。

```
String url = "jdbc:odbc:Customer";
String userID = "jim";
String password = "keogh";
Statement st1;
Statement st2;
Connection con;
try{
Class.forName("sun.jdbc.odbc.JdbcOdbcDriver");
con = DriverManager.getConnection(url,userID,password);
}
catch(ClassNotFoundException e1){}
catch(SQLException e2){}
try{
con.setAutoCommit(false);
//JDBC 中默认自动提交，即 true
String query1 = "UPDATE Customer SET street = '5 main street'"+
         "WHERE firstName = 'Bob'";
String query2 = "UPDATE Customer SET street = '7 main street'"+
          "WHERE firstName = 'Tom'";
st1 = con.createStatement();
st2 = con.createStatement();
st1.executeUpdate(query1);
st2.executeUpdate(query2);
con.commit();
st1.close();
st2.close();
con.close();
}
catch(SQLException e){
System.err.println(e.getMessage());
if(con!=null){
       try{
          System.err.println("transaction rollback");
          con.rollback();
       }
catch(SQLException e){}
}
}
```

事务中若包含多个任务，当事务失败时，也许其中部分任务不需要被回滚。例如，处理一个订单要完成 3 个任务：更新消费者账户表、定单插入到待处理的定单表、给消费者发一确认电子邮件。如果上述 3 个任务中完成了前 2 个，只是最后一个因为邮件服务器掉线而未完成，那么不需要对整个事务回滚。

如何处理有数量选择与控制的回滚操作？我们需要引进保存点（savepoint）来控制回滚的数量。JDBC 3.0 支持保存点的操作。所谓保存点，就是对事务的某些子任务设置符号标识，用来为回滚操作提供位置指示。

关于保存点的方法主要有以下 3 个。

（1）setSavepoint(“保存点名称”)方法，在某子任务前设置一保存点。

（2）releaseSavepoint(“保存点名称”)方法，释放一指定名称的保存点。

（3）rollback(“保存点名称”)方法，指示事务回滚到指定的保存点。

参见下面的例子，理解保存点的有关操作。

```
String query1;
String query2;
……
try{
st1=con.createStatement();
st2=con.createStatement();
st1.executeUpdate(query1);
Savepoint s1 = con.setSavepoint("sp1");
st2.executeUpdate(query2);
con.commit();
st1.close();
st2.close();
con.releaseSavepoint("sp1");//del save point
con.close();
   }
catch(SQLException e){
try{
        con.rollback(sp1);//roll back to save point
   }
}
```

也可以将 SQL 语句成批放入一个事务中。

```
String url = "jdbc:odbc:Customer";
String userID = "jim";
String password = "keogh";
Statement st;
Connection con;
try{
Class.forName("sun.jdbc.odbc.JdbcOdbcDriver");
con = DriverManager.getConnection(url,userID,password);
}
catch(ClassNotFoundException e1){}
catch(SQLException e2){}
try{
con.setAutoCommit(false);
String query1 = "UPDATE Customer SET street = '5 main street'"+
        "WHERE firstName = 'Bob'";
String query2 = "UPDATE Customer SET street = '7 main street'"+
        "WHERE firstName = 'Tom'";
st = con.createStatement();
st.addBatch(query1);
st.addBatch(query2);
int[]updated=st.executeBatch();
```

```
con.commit();
st.close();
con.close();
}
catch(BatchUpdateException e){
System.out.println("batch error.");
System.out.println("SQL State:"+e.getSQLState());
System.out.println("message: "+e.getMessage());
System.out.println("vendor: "+e.getErrorCode());
    }
```

2.3　数据库存取优化

2.3.1　常用技术

数据库存取优化，换言之，提高数据处理效率是任何基于数据库的应用系统的一个重要任务。数据库接受来自客户端的请求，进行数据访问，这个过程涉及多个环节、用到多种技术。因此，提高数据处理效率也就有了多种角度和多种实现方式。总结起来有如下一些技术可以采用：

- 优化 SQL 语句的执行效率；
- 定义和调用存储过程；
- 采用编译预处理；
- 采用数据库连接池技术；
- 选择合适的 JDBC 驱动程序；
- 优化建立的连接；
- 重用结果集；
- 使用数据源。

事实上，提高效率的方式很多，有硬件的性能提高也有软件性能的优化、有语句级优化和程序级的优化、有数据库连接的方式选择也有具体数据存取的考虑，要根据具体应用系统的情况选择合适的技术。本节重点介绍其中编译预处理、调用存储过程和连接池技术的相关内容。

2.3.2　编译预处理

何谓编译预处理？采用编译预处理是如何提高数据存取效率的？下面对这两个问题进行分析和阐述。

回答第一个问题之前，我们首先深入了解一下 PreparedStatement 类，前面已提及这个类并介绍了这个类的一些常用方法。PreparedStatement 类是 Statement 类的一个子类。PreparedStatement 类与 Statement 类的一个重要区别是：用 Statement 定义的语句是一个功能明确而具体的语句，而用 PreparedStatement 类定义的 SQL 语句中则包含有一个或多个问号（“?”）占位符，它们对应于多个 IN 参数。带着占位符的 SQL 语句被编译，而在后续执行过程中，这些占位符需要用 setXXX 方法设置为具体的 IN 参数值，这些语句被发送至数据库获得执行。下面给出若干编译预处理语句的例子，说明 PreparedStatement 的用法。

首先创建对象：

```
PreparedStatement pstmt = con.prepareStatement("update table1 set x=? where y=?");
```

在对象 pstmt 中包含了语句“update table1 set x=? where y=?”，该语句被发送到 DBMS 进行编译预处理，为执行做准备。

然后为每个 IN 参数设定参数值，即每个占位符“?”对应一个参数值。

设定参数值是通过调用 setXXX 方法实现的，其中 XXX 是与参数相对应的类型，上面例子中参数类型为 long，则用下面的代码为参数设定值。

```
pstmt.setLong(1,123456789);
pstmt.setLong(2,987654321);
```

这里的 1 和 2 是与占位符从左到右的次序相对应的序号。注意它们不是从 0 开始计数的。

最后执行语句

```
Pstmt.executeUpdate();
```

通过一个完整的程序例子说明编译预处理语句的使用方法如下。

【例 2.1】 PreparedStatementDemo.java

```
import javax.sql.*;
import javax.naming.*;
import java.util.*;
import java.sql.*;
public class PreparedStatementDemo{
public static void main(String args[]){
    Connection con=null;
        PreparedStatement ps;
        ResultSet rs=null;
        try
        {
            Class.forName("sun.jdbc.odbc.JdbcOdbcDriver");
            String url="jdbc:odbc:FirstTable";
            con=DriverManager.getConnection(url,"sa","");
        }
        catch(Exception e){}
        try
        {
            String update = "update FirstTable set name = ? where x = ?";
            ps=con.prepareStatement(update);
            ps.setString(1,"hei");
            for(int i = 0;i < 10; i++){
                ps.setInt(2,i);
                int rowCount = ps.executeUpdate();
            }
        }
            ps.close();
            con.close();
        }
         catch(Exception e) {}
    }
}
```

那么，使用编译预处理是如何提高数据存取效率的呢？

下面我们对数据库如何执行 SQL 语句进行简要分析。

当数据库收到一个 SQL 语句后，数据库引擎会解析这个语句，检查其是否含有语法错误，如果语句被正确解析，数据库会选择执行语句的最佳途径。数据库对所执行的语句，以一个存取方案保存在缓冲区中，如果即将执行的语句可以在缓冲区中找到所需的存取方案并执行，就是执行该语句的最佳途径，这将是最理想的情形，因为通过存取方案的重用实现了效率的提高。

分析上面程序中的一个代码段。

```
ps.setString(1,"hei");
for(int i = 0;i < 10; i++){
     ps.setInt(2,i);
     int rowCount = ps.executeUpdate();
}
```

不难发现，在每次程序循环中，Java 程序向数据库发送的是相同的语句，只是参数 x 不同罢了。这使得数据库能够重用同一语句的存取方案，达到了提高效率的目的。

2.3.3　调用存储过程

很多数据库支持存储过程功能，可以在数据库中定义存储过程。在 Java 中则可以调用存储过程完成某些处理，这也是提高数据存取效率的方法。和编译预处理操作提高效率的机制类似，采用存储过程也是基于避免频繁地与数据库交互和更多地重用代码以期减少时间开销从而提高效率的。

关于存储过程的定义的语法，可参阅数据库原理与应用的相关数据资料。这里仅对 Java 中调用存储过程的语法和应用进行讨论。

假设现已在 SQL Server 中建立两个存储过程，一个是无参的，一个是带参数的。

无参数存储过程 getCourseName 用于按课程号查询课程名。

```
create procedure getCourseName as
select distinct courseName from grade,course where grade.courseID = course.courseID
```

有参数存储过程 stat 用于统计指定课程的平均分数和学生数，学生数用函数返回值返回给调用者，平均分数则是通过输出参数传递给调用者。@avgGrade float output 说明参数 @avgGrade 类型为 float，output 指其为输出参数，即从存储过程返回时向调用程序（Java 程序）传值，其作用和返回值近似。若参数为 INOUT 类型，则其既可以作为输入参数还可以作为输出参数。

```
create procedure stat @courseName nchar(20),@avgGrade float output
as
       begin
       declare @count int
       select @count = count(*),@avgGrade = avg(grade) from xsda,grade,course
where xsda.no = grade.no and grade.courseID = course.courseID
and course.courseName like @courseName
select xsda.no as学号,xsda.name as姓名,grade.grade as成绩
from xsda,grade,course
where xsda.no=grade.no and grade.courseID=course.courseID
and course.courseName like @courseName
return @count
end
```

以上定义的存储过程在 Java 程序中调用的操作方法如下。

（1）定义 CallableStatement 对象。

```
CallableStatement cstmt1;
CallableStatement cstmt2;
ResultSet rs1;
ResultSet rs2;
```

（2）调用 prepareCall()方法创建 CallableStatement 对象。

```
cstmt1 = con.prepareCall("{call getCourseName()}");
cstmt2 = con.prepareCall("{?=call stat(?,?)}");
```

占位符“？”从左到右其序号依次为 1、2、3。

（3）调用 registerOutParameter()方法注册返回参数和输出参数，进行类型注册。

```
cstmt2.registerOutParameter(1,java.sql.Types.INTEGER);
cstmt2.registerOutParameter(3,java.sql.Types.FLOAT);
```

注册的目的是使参数 Java 类型与存储过程类型相一致。

（4）调用该对象的方法 setXXX()设置输入参数。

```
cstmt2.setString(2,(String)comb.getSelectedItem() + "%");
```

comb 为一 JcomboBox 对象，在界面接受输入待查询课程名，串尾符“%”说明支持模糊查询。

（5）调用 executeQuery()执行查询。

```
rs1 = cstmt1.executeQuery();
rs2 = cstmt2.executeQuery();
```

（6）处理查询结果。

```
int count = cstmt2.getInt(1);
float avgGrade = Math.rount(cstmt2.getFloat(3)*100f)/100.0f;
//对 avgGrade 保留小数点后 2 位，且做 4 舍 5 入取整处理
//如 Math.round(234.5678f*100f)/100.0f 将返回 234.57
```

2.3.4 采用连接池

提高数据库处理效率的另一个着眼点是数据库连接的管理，这也是其中一个很重要的途径。我们知道，一般情况下，在基于数据库的应用程序中，连接建立、数据存取操作、断开连接这个模式是习以为常的操作模式。然而，恰恰是这个模式存在着明显的问题，同时也给我们提供了改善性能的余地。存在的问题包括：要为每次数据查询请求建立一次数据库连接。连接的次数少时，这种开销可以忽略。但是，当短时间内连接次数很多时，连接所花的时间开销就不能被忽视。例如，对于基于 Web 的数据库应用系统，短时间内几百次的连接数据库是寻常的情况。传统模式下，用户程序必须管理每一个连接，从建立到关闭。这样的重复工作频繁地发生同一个应用系统的不同模块中甚至在同一个程序的不同位置，这必然导致系统性能的低下。

所谓连接池，即预先建立一些连接放置于内存以备使用，当程序中需要数据库连接时，不必自己去建立，只需从内存中取来使用，用完后放回内存即可。连接的建立、断开等管理工作由连接池自身负责，我们可以设置连接池的连接数、每个连接的最大使用次数等来使连接池满足用户的需求。

下面给出的程序代码，用于说明连接池的应用。

【例 2.2】 Pool.java

```
001  package myBean;
```

```

import java.io.*;
import java.sql.*;
import java.util.*;

/**
Java 数据库连接池实现
* **********模块说明**************
*
* getInstance()返回 POOL 唯一实例,第一次调用时将执行构造函数
* 构造函数 Pool()调用驱动装载 loadDrivers()函数;连接池创建 createPool()函数 loadDrivers()装载驱动
* createPool()建连接池 getConnection()返回一个连接实例 getConnection(long time)添加时间限制
* freeConnection(Connection con)将 con 连接实例返回到连接池 getnum()返回空闲连接数
* getnumActive()返回当前使用的连接数
*/
public class Pool {
    private static Pool instance = null; // 定义唯一实例
    private int maxConnect = 100;// 最大连接数
    private int normalConnect = 10;// 保持连接数
    private String password = "";// 密码
    private String url = "jdbc:mysql://localhost/shop";// 连接 URL
    private String user = "root";// 用户名
    private String driverName = "com.mysql.jdbc.Driver";// 驱动类
    Driver driver = null;// 驱动变量
    DBConnectionPool pool = null;// 连接池实例变量
    // 将构造函数定义为私有,不允许外界访问
    private Pool() {
        loadDrivers(driverName);
        createPool();
    }

    // 装载和注册所有 JDBC 驱动程序
    private void loadDrivers(String dri) {
        String driverClassName = dri;
        try {
            driver = (Driver) Class.forName(driverClassName).newInstance();
            DriverManager.registerDriver(driver);
            System.out.println("成功注册 JDBC 驱动程序" + driverClassName);
        } catch (Exception e) {
            System.out.println("无法注册 JDBC 驱动程序:" + driverClassName + ",错误:" + e);
        }
    }

    // 创建连接池
    private void createPool() {
        pool = new DBConnectionPool(password, url, user, normalConnect,
                maxConnect);
        if (pool != null) {
            System.out.println("创建连接池成功");
        } else {
```

```
            System.out.println("创建连接池失败");
        }
    }

    // 返回唯一实例
    public static synchronized Pool getInstance() {
        if (instance == null) {
            instance = new Pool();
        }
        return instance;
    }

    // 获得一个可用的连接,如果没有则创建一个连接,且小于最大连接限制
    public Connection getConnection() {
        if (pool != null) {
            return pool.getConnection();
        }
        return null;
    }

    // 获得一个连接,有时间限制
    public Connection getConnection(long time) {
        if (pool != null) {
            return pool.getConnection(time);
        }
        return null;
    }

    // 将连接对象返回给连接池
    public void freeConnection(Connection con) {
        if (pool != null) {
            pool.freeConnection(con);
        }
    }

    // 返回当前空闲连接数
    public int getnum() {
        return pool.getnum();
    }

    // 返回当前连接数
    public int getnumActive() {
        return pool.getnumActive();
    }

    // 关闭所有连接,撤销驱动注册
    public synchronized void release() {
        // /关闭连接
        pool.release();
        // /撤销驱动
        try {
            DriverManager.deregisterDriver(driver);
            System.out.println("撤销 JDBC 驱动程序 " + driver.getClass().getName());
```

```
            } catch (SQLException e) {
                System.out
                        .println("无法撤销JDBC驱动程序的注册:" + driver.getClass().getName());
            }
        }
    }
//数据池文件
package myBean;
import java.sql.*;
import java.util.*;
import java.util.Date;

public class DBConnectionPool {
    private int checkedOut;
    private Vector<Connection> freeConnections = new Vector<Connection>();
    private int maxConn;
    private int normalConn;
    private String password;
    private String url;
    private String user;
    private static int num = 0;// 空闲的连接数
    private static int numActive = 0;// 当前的连接数

    public DBConnectionPool(String password, String url, String user,
            int normalConn, int maxConn) {
        this.password = password;
        this.url = url;
        this.user = user;
        this.maxConn = maxConn;
        this.normalConn = normalConn;
        for (int i = 0; i < normalConn; i++) { // 初始normalConn个连接
            Connection c = newConnection();
            if (c != null) {
                freeConnections.addElement(c);
                num++;
            }
        }
    }

    // 释放不用的连接到连接池
    public synchronized void freeConnection(Connection con) {
        freeConnections.addElement(con);
        num++;
        checkedOut--;
        numActive--;
        notifyAll();
    }

    // 创建一个新连接
    private Connection newConnection() {
        Connection con = null;
        try {
```

```
            if (user == null) { // 用户,密码都为空
                con = DriverManager.getConnection(url);
            } else {
                con = DriverManager.getConnection(url, user, password);
            }
            System.out.println("连接池创建一个新的连接");
        } catch (SQLException e) {
            System.out.println("无法创建这个 URL 的连接" + url);
            return null;
        }
        return con;
    }

    // 返回当前空闲连接数
    public int getnum() {
        return num;
    }

    // 返回当前连接数
    public int getnumActive() {
        return numActive;
    }

    // 获取一个可用连接
    public synchronized Connection getConnection() {
        Connection con = null;
        if (freeConnections.size() > 0) { // 还有空闲的连接
            num--;
            con = (Connection) freeConnections.firstElement();
            freeConnections.removeElementAt(0);
            try {
                if (con.isClosed()) {
                    System.out.println("从连接池删除一个无效连接");
                    con = getConnection();
                }
            } catch (SQLException e) {
                System.out.println("从连接池删除一个无效连接");
                con = getConnection();
            }
        } else if (maxConn == 0 || checkedOut < maxConn) {
    // 没有空闲连接且当前连接小于最大允许值,最大值为 0 则不限制
            con = newConnection();
        }
        if (con != null) { // 当前连接数加 1
            checkedOut++;
        }
        numActive++;
        return con;
    }

    // 获取一个连接,并加上等待时间限制,时间为毫秒
```

```
    public synchronized Connection getConnection(long timeout) {
        long startTime = new Date().getTime();
        Connection con;
        while ((con = getConnection()) == null) {
            try {
                wait(timeout);
            } catch (InterruptedException e) {
            }
            if ((new Date().getTime() - startTime) >= timeout) {
                return null; // 超时返回
            }
        }
        return con;
    }

    // 关闭所有连接
    public synchronized void release() {
        Enumeration allConnections = freeConnections.elements();
        while (allConnections.hasMoreElements()) {
            Connection con = (Connection) allConnections.nextElement();
            try {
                con.close();
                num--;
            } catch (SQLException e) {
                System.out.println("无法关闭连接池中的连接");
            }
        }
        freeConnections.removeAllElements();
        numActive = 0;
    }
}
//测试类
package myBean;

public class PoolTest {
    public PoolTest() {
    }
    public static void main(String ars[]){
     Pool pool = Pool.getInstance();
     }
}
```

2.4 小　　结

本章首先对 JDBC 的基本概念和组成进行了简要介绍，对其常用的类和接口的具体内容进行了系统阐述。然后详细说明了在 Java 程序中采用 JDBC 技术访问数据库的基本步骤和操作方法。在此基础上，又将讨论引向深入，研究了提高数据存取效率的相关技术。在阐述理论问题的同时，用大量的具体代码来进行示例说明。这有助于理解理论知识，有助于达到学以致用的目的。

2.5 习 题

1. 简述 JDBC 驱动程序的分类和各自特点。
2. 什么是事务？事务有哪些特点？
3. 简述什么是编译预处理，举例说明其使用方法。
4. 举例说明存储过程的定义和调用方法。
5. 什么事数据库连接池？有什么作用？

第 3 章 Java Servlet

本章内容

- Java Servle 概述
- Java Servlet 编程基础
- Java Sevlet 生命周期
- Java Servlet 常用的类
- Java Servlet 应用举例

Java Servlet 是早期用于实现 Web 应用服务的一种技术。本章主要介绍 Java Servlet 的相关概念、基础知识及应用开发示例。通过本章的学习，读者应该了解什么是 Java Servlet 以及 Java Servlet 常用类、接口的基本特点和用法，并掌握如何完成 Java Servlet 的创建和应用。

3.1 概　　述

Java Servlet 是用 Java 编写的运行在服务器端的应用程序。在 JSP 技术出现之前，Servlet 被大量地用于开发动态的 Web 应用程序。即使在 Java EE 项目的开发中，Servlet 仍然被广泛地应用。

3.1.1 什么是 Java Servlet

Java Servlet 是位于 Web 服务器内部的、运行于服务器端的、独立于平台和协议的 Java 应用程序（以下简称 Servlet），可以生成动态的 Web。Servlet 可以动态地扩展 Server 的能力，并采用请求-响应模式提供 Web 服务。由于网络的大部分应用采用的是 HTTP 协议，因此 Servlet 专门提供了一个进行 HTTP 请求处理的类，其可以处理的请求有 doGet()、doPost()、doPut()、service() 等方法。

与传统的从命令行启动的 Java 应用程序不同，Servlet 由 Web 服务器进行加载，该 Web 服务器必须包含支持 Servlet 的 Java 虚拟机。

Servlet 的运行不同于其他应用程序，它需要在 web.xml 中进行描述和注册，如映射执行 Servlet 的名字、配置 Servlet 类、初始化 Servlet 参数等。

3.1.2 Servlet 的特点

Servlet 程序在服务器端运行，动态地生成 Web 页面。与传统的 CGI 和许多其他类似 CGI 的技术相比，Java Servlet 具有更高的效率，使用更方便，功能更强大，具有更好的可移植性，更安全。

1. 高效性

Servlet 相对于传统的 CGI 而言，采用了多线程的处理机制，有效地节省了处理时间和资源分配，提高了处理效率。

2. 开发的方便性

Servlet 提供了大量的实用工具例程，如解码 HTML 表单数据、读取和设置 HTTP 头、处理 Cookie、跟踪会话状态等，用户可以非常方便地学习并在此基础上开发出所需的应用程序。

3. 强大的功能性

Servlet 为用户提供了许多以往 CGI 很难实现的功能，如与 Web 服务器的直接交互、与各程序之间的数据共享、与数据库的连接等。这些强大的功能为用户的 Web 开发提供了很好的支持。

4. 可移植性

Servlet 的定义和开发具有完善的标准。因此，Servlet 不需修改或只需简单调整即可移植到 Apache、Microsoft IIS 等支持 Servlet 的 Web 服务器上。几乎所有的主流服务器都直接或通过插件支持 Servlet。

5. 安全性

Servlet 是由 Java 编写的，所以它可以使用 Java 的安全框架；Servlet API 被实现为类型安全的；另外，容器也会对 Servlet 的安全进行管理。在 Servlet 安全策略中，可以使用编程的安全，也可以使用声明性的安全，声明性的安全由容器进行统一管理。Servlet 的安全性也提高了整个系统的安全性。

3.2 Servlet 编程基础

Servlet 架构由 javax.servlet 和 javax.servlet.http 两个 Java 包组成。在 javax.servlet 包中定义了所有的 Servlet 类都必须实现或扩展的通用接口和类。在 javax.servlet.http 包中定义了采用 HTTP 通信的 HttpServlet 类。

所有的 Servlet 对象都要实现 Servlet 接口，大多数情况下是作为已经实现了 Servlet 接口的 javax.servlet.GenericServlet 和 javax.servlet.http.HttpServlet 这两个抽象类的子类来间接实现 Servlet 接口。

Servlet 的运行不同于 Java Application，而是必须部署在应用服务器上，通过 Servlet 容器载入后进行网络监听和处理。

3.2.1 Servlet 接口

用户编写的 Servlet 程序都必须实现 javax.servlet.Servlet 接口，该接口是 Servlet API 的核心，在这个接口中有 5 个方法必须实现。

（1）init()方法。

格式：public void init(ServletConfig config) throws ServletException

说明：该方法用于初始化一个 Servlet 类实例，并将其加载到内存中。接口规定对任何 Servlet 实例，在一个生命周期中此方法只能被调用一次。如果此方法没有正常结束就会抛出一个 ServletException 异常，而 Servlet 不再执行。随后对它的调用会由 Servlet 容器对它重新载入并再次运行该方法。

（2）service()方法。

格式：public void service(ServletRequest req,ServletResponse res) throws ServletException,IOException

说明：Servlet 成功初始化后，该方法会被调用，用于处理用户请求。该方法在 Servlet 生命周期中可执行很多次，每个用户的请求都会执行一次 service()方法，完成与相应客户端的交互。

（3）destroy()方法。

格式：public void destroy()

说明：该方法用于终止 Servlet 服务，销毁一个 Servlet 实例。

（4）getServletConfig()方法。

格式：public ServletConfig getServletConfig()

说明：该方法可获得 ServletConfig 对象，里面包含该 Servlet 的初始化信息。如，初始化参数和 ServletContext 对象。

（5）getServletInfo()方法。

格式：public String getServletInfo()

说明：此方法返回一个 String 对象，该对象包含 Servlet 的信息，例如开发者、创建日期、描述信息等。

上述方法中的 init()、service()、destroy()方法是 Servlet 的生命周期方法，由 Servlet 自动调用。如，当服务器关闭时，就会自动调用 destroy()方法。

实际上，Servlet 为用户提供了两个更适用于编程的抽象类 javax.servlet.GenericServlet 和 javax.servlet.http.HttpServlet，这两个抽象类间接实现了 Servlet 接口。

GenericServlet 抽象类继承了 Servlet 接口并实现了 javax.servlet.Servlet 接口中除了 service()方法以外的其他所有方法，这样用户只需实现一个 service()方法即可。而且 GenericServlet 类是一个与协议无关的类，不仅限于 HTTP 协议，因此它支持各种应用协议的请求与响应。

HttpServlet 抽象类则是针对 HTTP 协议而定义的，它是 GenericServlet 类的子类，它仅支持基于 HTTP 协议的请求或响应，并且在 HttpServlet 类中还增加了一些针对 HTTP 协议的方法，大大方便了 Web 服务的应用。具体的方法将在下节详细介绍。

首先看下面的 Servlet 程序示例。

【例 3.1】实现简单的页面显示。

```
Helloworld.java:
import javax.servlet.*;
import javax.servlet.http.*;
import java.io.*;
public class Helloworld extends HttpServlet
{
  public void doGet(HttpServletRequest req, HttpServletResponse res) throws
                                                    ServletException,IOException
   {
    res.setContentType("text/html;charset=GBK");
    PrintWriter out=res.getWriter();
    out.println("<html>");
    out.println("<head><title>HelloWorld!</title></head>");
    out.println("<body>");
    out.println("<p>欢迎学习java Servlet</p>");
```

```
    out.println("</body></html>");
    }
  public void doPost(HttpServletRequest req, HttpServletResponse res) throws
                                          ServletException,IOException
  { doGet(req,res);}
}
```

程序说明：

上面的这个 Helloworld 类，继承了 HttpServlet 接口。而 HttpServlet 是一个实现了 Servlet 接口的类，所以这个 Servlet 就间接地实现了 Servlet 的接口，从而可以使用接口提供的服务。

这个程序中的 doGet()方法就是具体的功能处理方法，这个方法可以对以 get 方法发起的请求进行处理。在这里，这个方法的功能就是输出一个 HTML 页面。

本例中并没有出现具体的 init()方法和 destroy()方法，而是由 Servlet 容器以默认的方式对这个 Servlet 进行初始化和销毁动作，用户也可以根据需要重写这两个方法。

3.2.2 Servlet 程序的编译

在【例 3.1】程序中，引入了三个包：java.io 包、javax.servlet 包和 javax.servlet.http 包，其中后两个包不是 j2se 的标准包，而是扩展包。在 Tomcat 安装目录的 lib 文件夹下，有一个 servlet-api.jar，这就是需要的包。在环境变量的 classpath 中添加这个 jar 包后就可以正常编译了。编译成功后会生成一个 HelloWorld.class 文件。

3.2.3 Servlet 的配置

Servlet 编译完以后不能直接运行，还需要存放在指定位置，并在 web.xml 文件中进行配置。在这里，以 Tomcat 为 Servlet 应用服务器为例进行介绍。

1. Servlet 的存放

将 Servlet 编译成功后生成的.class 文件按要求放在 Tomcat 安装目录的指定位置，在本例中将 HelloWorld.class 文件放在 Tomcat 安装目录下的 webapps/ROOT/WEB-INF/classes 目录下（如果不存在 classes 目录可新建一个）。

2. Servlet 的配置

编辑 webapps/ROOT/ WEB-INF 目录下的 web.xml 文件（如该文件不存在则新建）：

```
<web-app xmlns="http://java.sun.com/xml/ns/javaee"
    xmlns:xsi="http://www.w3.org/2001/XMLSchema-instance"
    xsi:schemaLocation="http://java.sun.com/xml/ns/javaee
                http://java.sun.com/xml/ns/javaee/web-app_3_0.xsd"
    version="3.0"  metadata-complete="true">
    <display-name>Welcome to Tomcat</display-name>
    <description>    Welcome to Tomcat  </description>
<!--在该位置添加关于一个 Servlet 的配置信息 -->
    <servlet>
<description> Servlet Example</description>
<display-name>Servlet</ </display-name>
<servlet-name>HelloWorld</servlet-name>
        <servlet-class>HelloWorld</servlet-class>
          <init-param>
              <param-name>user</param-name>
              <param-value>alex</param-value>
```

```
                </init-param>
                <init-param>
                <param-name>address</param-name>
                <param-value>http://www.hrbust.edu.cn</param-value>
                </init-param>
            <load-on-startup>1</load-on-startup>
        </servlet>
        <servlet-mapping>
            <servlet-name>HelloWorld </servlet-name>
            <url-pattern>/servlet/HelloWorld</url-pattern>
    </servlet-mapping>
    <!--一个 Servlet 配置结束-->
    <!--如有多个 Servlet 则继续添加 -->
    <servlet>
    <description> Servlet Example2</description>
    <display-name>Servlet1</ </display-name>
    <servlet-name>Servlet1</servlet-name>
            <servlet-class>myclass.servletExample1</servlet-class>
              </servlet>
        <servlet-mapping>
            <servlet-name>Servlet1 </servlet-name>
            <url-pattern>/example/* </url-pattern>
    </servlet-mapping>
    <!--一个 Servlet 配置结束。-->
    </web-app>
```

说明：

在该配置文件中<servlet>和<servlet-mapping>标识用于对 Servlet 进行配置，这个配置信息可以分为两个部分，第一部分是配置 Servlet 的名称和对应的类，第二部分是配置 Servlet 的访问路径。

<servlet>是对每个 Servlet 进行说明和定义。

<description>是对 Servlet 的描述信息，<display-name>是发布时 Servlet 的名称，这两项在配置是可省略。

<servlet-name>是这个 Servlet 的名称，这个名字可以任意命名，但是要和<servlet-mapping>节点中的<servlet-name>保持一致。

<servlet-class>是 Servlet 对应类的路径，在这里要注意，如果有 Servlet 带有包名，一定要把包路径写完整，否则 Servlet 容器就无法找到对应的 Servlet 类。

<init-param>用于对 Servlet 初始化参数进行设置（没有可省略）。在这里指定了两个参数。参数 user 的值为“alex”，参数 address 的值为“http://www.hrbust.edu.cn”。这样，以后要修改用户名和地址是就不需要修改 Servlet 代码，只需修改配置文件即可。

对这些初始化参数的访问可以在 init()方法体中通过 getInitParameter()方法进行获取。

<load-on-startup>用于指定容器载入 Servlet 时的优先顺序，该数值可为零或正整数。如果多个 Servlet 设定了<load-on-startup>，则在 Servlet 容器启动时按设定数值的由小到大顺序初始化各个 Servlet；如果 Servlet 没有设定<load-on-startup>载入优先级，则 Servlet 容器会在这个 Servlet 被访问时再进行初始化。

<servlet-mapping>是对 Servlet 的访问路径进行映射。

<servlet-name>是这个 Servlet 的名称，要和<servlet >节点中的<servlet-name>保持一致。

<url-pattern>定义了 Servlet 的访问映射路径，这个路径就是在地址栏中输入的路径。

<servlet>和<servlet-mapping>是成对出现，而且 Servlet 容器中有多少个 servlet 类就需要配置多少次。

在第二个 Servlet 配置中的<url-pattern>为“/example/*”，这意味着在请求的路径中包含“/example/a”或“/example/b”等符合“/example/*”的模式，均会访问名字为“Servlet1”的 Servlet。

Servlet 的执行过程：根据在地址栏输入的路径信息找到<servlet-mapping>中<url-pattern>对应的<servlet-name>，对应找到<servlet>中该<servlet-name>对应的<servlet-class>类，从而实例化该 servlet 并执行。

在本例中的<url-pattern>为“/servlet/HelloWorld”（此路径为虚拟路径，通常的写法为/servlet/类名），所以在地址栏中输入 http://127.0.0.1:8080/servlet/HelloWorld，运行结果如图 3-1 所示。

图 3-1　例 3.1 运行结果

3.3　Servlet 的生命周期

每个 Servlet 都有一个生命周期，该生命周期由创建 Servlet 实例的 Servlet 容器进行控制。所谓 Servlet 生命周期，就是指 Servlet 容器创建 Servlet 实例后响应客户请求直至销毁的全过程。Servlet 的生命周期如图 3-2 所示。

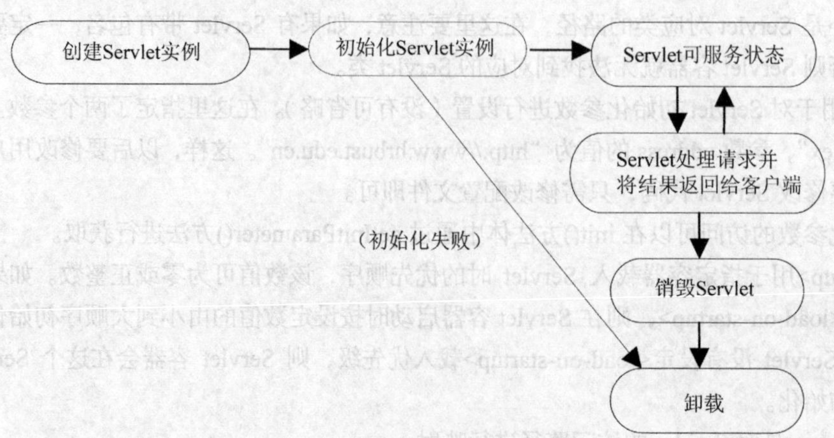

图 3-2　Servlet 的生命周期

Servlet 的生命周期可以分为 4 个阶段：类装载及实例创建阶段、实例初始化阶段、服务阶段以及实例销毁阶段。

1. **类装载及实例创建**

在默认情况下，Servlet 实例是在接收到用户的第一次请求时进行创建的，而且对以后的请求进行复用。如果有 Servlet 实例需要在初始化时就进行一些复杂的操作，如打开文件、初始化网络连接、数据库连接等工作，可以通过配置在服务器启动时就创建实例，配置方法为在声明 servlet 的标签中添加<load- on-startup>1</load-on-startup>标签。

其中<load-on-startup>标记的值必须为数值类型，表示 Servlet 的装载顺序，取值及含义如下。

正数或零，该 Servlet 必须在应用启动时装载，容器必须保证数值小的 Servlet 先装载，如果多个 Servlet 的<load-on-startup>取值相同，由容器决定它们的装载顺序。对于负数或没有指定<load-on-startup>的 servlet 由容器来决定装载的时间，通常为第一个请求到来的时间。

2. **初始化 Servlet 实例 init()**

一旦 Servlet 实例被创建，将会调用 Servlet 的 init(ServletConfig config)方法。init()方法在整个 Servlet 生命周期中只会调用一次，如果初始化成功则进入可服务状态，准备处理用户的请求，否则卸载该 servlet 实例。

在 init()方法中包含了一个参数 config，主要用于传递 Servlet 的配置信息，比如初始化参数等，该对象由服务器进行创建。

3. **服务 services()**

一旦 Servlet 实例成功创建并且初始化，该 Servlet 实例就可以被服务器用来服务于客户端的请求并生成响应。在服务阶段，应用服务器会调用该实例的 service(ServletRequest request, ServletResponse response)方法，request 对象和 response 对象由服务器创建并传给 Servlet 实例。request 对象封装了客户端发往服务器端的信息，response 对象封装了服务器发往客户端的信息。

为了提高效率，Servlet 规范要求一个 Servlet 实例必须能够同时服务于多个客户端请求，即 service()方法运行在多线程的环境下，Servlet 开发者必须保证该方法的线程安全性。关于线程的知识在后续的章节中将进行详细介绍。

4. **销毁 destory()**

当 Servlet 容器将决定结束某个 Servlet 时，将会调用 destory()方法，在 destory（）方法中进行资源的释放，一旦 destory()方法被调用，Servlet 容器将不会再给这个实例发送任何请求，若 Servlet 容器需再次使用该 Servlet，需重新再实例化该 Servlet 实例。

3.4 Servlet API 常用接口和类

在 3.2 节中，我们只介绍了 Servlet 基础接口，而在实际开发中我们常用 Servlet 的其他接口和类来实现 Servlet。本节中将对 javax.servlet 包和 javax.servlet.http 包中的常用接口和类做较为全面地介绍。

3.4.1 ServletConfig 接口

ServletConfig 接口位于 javax.servlet 包内，它是一个由 Servlet 容器使用的 Servlet 配置对象，用于在 Servlet 执行 init()初始化方法时向它传递信息。ServletConfig 接口的主要方法如表 3-1 所示。

表 3-1　　javax.servlet.ServletConfig 接口的主要方法

方法名	方法说明
public String getInitParameter(String name)	返回包含指定初始化参数的值的 String，如果参数不存在，则返回 null
public Enumeration getInitParameterNames()	以 String 对象的枚举形式返回 servlet 的初始化参数的名称，如果 servlet 没有初始化参数，则返回一个空的枚举对象
public ServletContext getServletContext()	返回对调用者在其中执行操作的 ServletContext 的引用
public String getServletName()	返回当前 Servlet 实例的名称

3.4.2　GenericServlet 类

GernericServlet 类位于 javax.servlet 包内，用于定义一般的、与协议无关的 Servlet。GenericServlet 实现了 Servlet 和 ServletConfig 接口，用户可以直接继承 GenericServlet 实现 Servlet，其主要方法如表 3-2 所示。对于继承 ServletConfig 接口的方法，如表 3-1 所示。

表 3-2　　javax.servlet.GenericServlet 类的主要方法

方法名	方法说明
public void destroy()	servlet 容器调用该方法销毁当前 Servlet
public void init(ServletConfig config)	由 servlet 容器调用，对 servlet 进行初始化
public void init()throws ServletException	这是为用户重写 init 提供的便捷方法。用户不用重写 init(ServletConfig)，只需重写此方法即可
public void log(String msg)	将有 servlet 名称的指定消息写入 servlet 日志文件。msg 为要写入的消息
public void log(String message, Throwable t)	将有 servlet 名称的给定 Throwable 异常的解释性消息和堆栈跟踪写入 servlet 日志文件。message 为描述错误或异常的消息，t 为产生的错误或异常
abstract public void service(ServletRequest req, ServletResponse res)	由 servlet 容器调用，允许 servlet 响应某个请求。此方法声明为抽象方法，因此子类必须重写它
public ServletConfig getServletConfig()	返回此 servlet 的 ServletConfig 对象
public ServletContext getServletContext()	返回对此 servlet 在其中运行的 ServletContext 的引用
public String getServletInfo()	返回有关 servlet 的信息，比如作者、版本和版权等。默认情况下，此方法返回一个空字符串

从表 3-2 可知，用户只需重写 service()方法即可实现 Servlet 的编程，从而大大减少程序的代码量和复杂度。

【例 3.2】继承 GenericServlet 实现 Servlet。

主要代码如下。

```
import java.io.*;
import javax.servlet.*;
public class ServletExample1 extends GenericServlet
{
  //重载 GenericServelet 的 service 方法
```

```
    public void service(ServletRequest req, ServletResponse res)throws ServletException,
                                                                      IOException
    {
     doResponse("Hello: ", res);
     }
    //重载 GenericServlet 的 getServletInfo 方法
    public String getServletInfo()
    {
     return "Servlet Example! ";
    }//返回服务程序描述

    public void doResponse(String str,ServletResponse res) throws ServletException,
                                                                     IOException
    {

      PrintWriter out=res.getWriter();
      out.println(str);
      out.println(getServletInfo());
      out.close();
    }
  }
```

运行结果如图 3-3 所示。

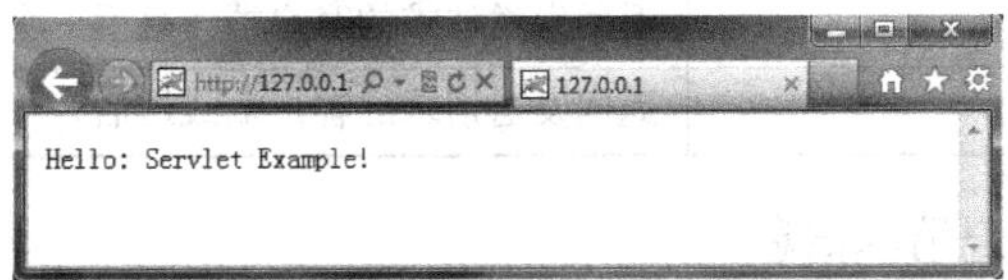

图 3-3　例 3.2 运行结果

3.4.3 ServletRequest 接口

ServletRequest 接口位于 javax.servlet 包内，定义将客户端请求信息提供给某个 servlet 的对象。servlet 容器创建 ServletRequest 对象，并将该对象作为参数传递给该 servlet 的 service()方法。ServletRequest 对象提供包括参数名称、参数值、属性和输入流的数据。其主要方法如表 3-3 所示。

表 3-3　　javax.servlet.ServletRequest 接口的主要方法

方法名	方法说明
public void setAttribute(String name, Object o)	存储此请求中的属性
public Object getAttribute(String name)	以对象形式返回指定属性的值，如果不存在给定名称的属性，则返回 null
public Enumeration getAttributeNames()	返回包含此请求可用属性的名称的枚举对象
public void setCharacterEncoding(String env)	重写此请求正文中使用的字符编码的名称。必须在使用 getReader() 读取请求参数或读取输入之前调用此方法。否则，此方法没有任何效果
public String getCharacterEncoding()	返回此请求正文中使用的字符编码的名称。如果该请求未指定字符编码，则此方法返回 nul
public int getContentLength()	返回请求正文的长度（以字节为单位），如果长度未知，则返回-1
public String getContentType()	返回请求正文的 MIME 类型，如果该类型未知，则返回 null

续表

方法名	方法说明
public String getLocalAddr()	返回接收请求的接口的 IP 地址
public ServletInputStream getInputStream()	使用 ServletInputStream 以二进制数据形式获取请求正文
public Locale getLocale()	基于 Accept-Language 头，返回客户端将用来接收内容的首选 Locale。如果客户端请求没有提供 Accept-Language 头，则此方法返回服务器的默认语言环境
public Enumeration getLocales()	返回 Locale 对象的枚举，这些对象以首选语言环境开头，按递减顺序排列
public String getLocalName()	返回接收请求的 IP 的主机名
public int getLocalPort()	返回接收请求的接口的 IP 端口号
public String getParameter(String name)	以字符串形式返回请求参数的值，如果该参数不存在，则返回 null
public Enumeration getParameterNames()	返回此请求中所包含参数的名称的字符串对象的枚举集合
public String[] getParameterValues(String name)	返回包含给定请求参数拥有的所有值的字符串对象数组，如果该参数不存在，则返回 null
public String getProtocol()	返回请求使用的协议的名称和版本
public String getRemoteAddr()	返回发送请求的客户端或最后一个代理的 IP 地址
public String getRemoteHost()	返回发送请求的客户端或最后一个代理的完全限定名称
public int getRemotePort()	返回发送请求的客户端或最后一个代理的 IP 源端口

【例 3.3】显示部分用户请求信息。

程序代码如下。

```
import java.io.*;
import javax.servlet.*;
public class ServletRequestExample extends GenericServlet
{
  public void service(ServletRequest req, ServletResponse res) throws ServletException, IOException
  {
    ServletOutputStream out=res.getOutputStream();
    out.println("<html><body>");
    out.println("informtion about servlet request:<br>");
    out.println("content length:"+req.getContentLength()+"<br>");
    out.println("content type:"+req.getContentType()+"<br>");  //返回请求正文的MIME类型
    out.println("content protocol:"+req.getProtocol()+"<br>");  //返回请求的协议和版本
    out.println("request CharacterEncode:"+req.getCharacterEncoding()+"<br>");
                                          //返回请求正文中使用的字符编码的名称
    out.println("request servername:"+req.getServerName()+"<br>");
    out.println("request serverport:"+req.getServerPort()+"<br>");
    out.println("request remote address:"+req.getRemoteAddr()+"<br>");
    out.println("request remote host:"+req.getRemoteHost()+"<br>");
    out.println("request parameter name:"+req.getParameter("name")+"<br>");
    out.println("</body></html>");
  }
}
```

运行结果如图 3-4 所示。

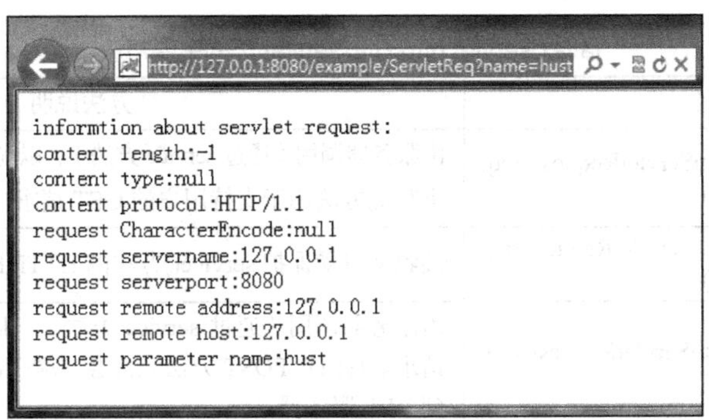

图 3-4　例 3.3 运行结果

3.4.4　ServletResponse 接口

ServletResponse 接口位于 javax.servlet 包内，主要用于向客户端发送信息。其主要方法如表 3-4 所示。

表 3-4　　javax.servlet. ServletResponse 接口的主要方法

方法名	方法说明
public int getBufferSize()	返回用于该响应的实际缓冲区大小。如果未使用任何缓冲，则此方法返回 0
public void setBufferSize(int size)	设置响应正文的首选缓冲区大小
public String getCharacterEncoding()	返回用于此响应中发送的正文的字符编码
public void setCharacterEncoding(String charset)	设置将发送到客户端的响应的字符编码
public String getContentType()	返回用于此响应中发送的 MIME 正文的内容类型
public void setContentType(String type)	设置将发送到客户端的响应的内容类型
public void setLocale(java.util.Locale loc)	设置响应的语言环境
public java.util.Locale getLocale()	返回使用 setLocale 方法指定的此响应的语言环境
public ServletOutputStream getOutputStream()	返回到客户端的输出字节流
public java.io.PrintWriter getWriter()	返回到客户端的输出字符流

3.4.5　HttpServlet 类

HttpServlet 类位于 javax.servlet.http 包内。这个包里包含了许多类和接口，这些类和接口描述并定义了 HTTP 协议下运行的 servlet 类与相应 servlet 容器为此类的实例提供的运行时环境之间的协定。

HttpServlet 类提供了适用于 Web 站点的 Http Servlet 的抽象类。HttpServlet 的子类至少必须重写一个方法，该方法通常是以下这些方法之一。

- doGet()，用于 HTTP GET 请求。
- doPost()，用于 HTTP POST 请求。
- doPut()，用于 HTTP PUT 请求。

- doDelete()，用于 HTTP DELETE 请求。

HttpServlet 类的主要方法如表 3-5 所示。

表 3-5　　javax.servlet.http.HttpServlet 类的主要方法

方法名	方法说明
protected void doGet(HttpServletRequest req, HttpServletResponse resp)	由服务器调用（通过 service 方法），以允许 servlet 处理 GET 请求。重写此方法用于支持用户的 GET 请求
protected void doHead(HttpServletRequest req, HttpServletResponse resp)	接收来自受保护 service()方法的 HTTP HEAD 请求并处理该请求
protected void doPost(HttpServletRequest req, HttpServletResponse resp)	由服务器调用（通过 service 方法），以允许 servlet 处理 POST 请求。HTTP POST 方法允许客户端一次将不限长度的数据发送到 Web 服务器
protected void doPut(HttpServletRequest req, HttpServletResponse resp)	由服务器调用（通过 service 方法），以允许 servlet 处理 PUT 请求。PUT 操作允许客户端将文件放在服务器上，类似于通过 FTP 发送文件
protected void doOptions(HttpServletRequest req, HttpServletResponse resp)	由服务器调用（通过 service 方法），以允许 servlet 处理 OPTIONS 请求。OPTIONS 请求可确定服务器支持哪些 HTTP 方法，并返回相应的头部
protected void doTrace(HttpServletRequest req, HttpServletResponse resp)	由服务器调用（通过 service 方法），以允许 servlet 处理 TRACE 请求。TRACE 将随 TRACE 请求一起发送的头部返回给客户端，以便在调试中使用它们。无需重写此方法
protected void service(HttpServletRequest req, HttpServletResponse resp)	接收来自 public service 方法的标准 HTTP 请求，并将它们分发给此类中定义的 doXXX 方法。此方法是 javax.servlet.Servlet#service 方法的特定于 HTTP 的版本。无需重写此方法
protected long getLastModified(HttpServlet Request req)	返回上次修改 HttpServletRequest 对象的时间

3.4.6　HttpServletRequest 接口

HttpServletRequest 接口位于 javax.servlet.http 包内，继承了 ServletRequest 接口，但只支持 HTTP 协议。servlet 容器创建 HttpServletRequest 对象，并将该对象作为参数传递给 servlet 的 service 方法（doGet、doPost 等）。

其主要方法如表 3-6 所示。

表 3-6　　javax.servlet.http. HttpServletRequest 接口的主要方法

方法名	方法说明
public Cookie[] getCookies()	返回包含客户端随此请求一起发送的所有 Cookie 对象的数组。如果没有发送任何 Cookie，则此方法返回 null
public long getDateHeader(String name)	以表示 Date 对象的 long 值的形式返回指定请求头部的值
public String getHeader(String name)	返回指定请求头的值
public Enumeration getHeaderNames()	返回此请求包含的所有头名称的枚举
public Enumeration getHeaders(String name)	返回指定请求头的所有值
public int getIntHeader(String name)	以 int 的形式返回指定请求头的值
public String getMethod()	返回用于发出此请求的 HTTP 方法的名称
public String getPathInfo()	返回与客户端发出此请求时发送的 URL 相关联的额外路径信息

续表

方法名	方法说明
public String getQueryString()	返回包含在请求 URL 中路径后面的查询字符串
public String getRequestedSessionId()	返回客户端指定的会话 ID
public String getRequestURI()	返回此请求的 URL 的一部分，从协议名称一直到 HTTP 请求的第一行中的查询字符串
public HttpSession getSession()	返回与此请求关联的当前会话，如果该请求没有会话，则创建一个会话
public String getContextPath()	返回请求 URI 指示请求上下文的那一部分

【例 3.4】显示 HTTP 请求头的部分信息。

程序代码如下：

```
import java.io.*;
import java.util.*;
import javax.servlet.*;
import javax.servlet.http.*;
public class RequestHeaderExample extends HttpServlet {
    public void doGet(HttpServletRequest request, HttpServletResponse response)
    throws IOException, ServletException
    {   PrintWriter out = response.getWriter();
        Enumeration e = request.getHeaderNames();
        while (e.hasMoreElements()) {
        String name = (String)e.nextElement();
         String value = request.getHeader(name);//返回给定头部域的值
name="<font color=red>"+name+"</font>";//将头名称设置为红颜色显示
out.println(name + " = " + value);
         out.println();
        }
}
public void doPost(HttpServletRequest request, HttpServletResponse response)
    throws IOException, ServletException
 {
          doGet(request,response);
 }
}
```

运行结果如图 3-5 所示。

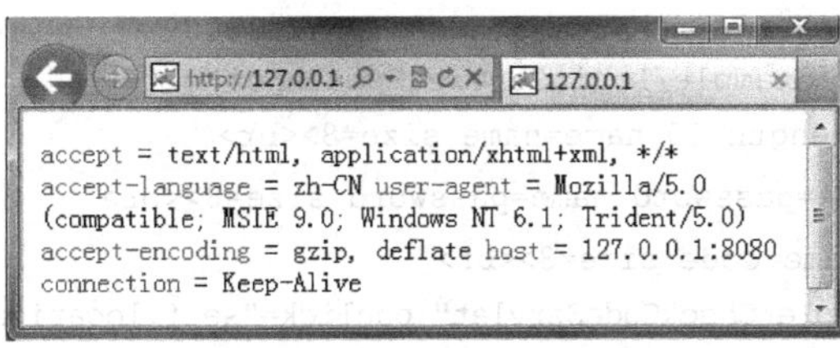

图 3-5　例 3.4 运行结果

3.4.7　HttpServletResponse 接口

HttpServletResponse 接口位于 javax.servlet.http 包内，继承了 ServletResponse 接口，但只支持 HTTP 协议。该接口的主要方法如表 3-7 所示。

表 3-7　　javax.servlet.http. HttpServletResponse 的主要方法

方法名	方法说明
public void addCookie(Cookie cookie)	将指定 Cookie 添加到响应
public void addHeader(String name, String value)	用给定名称和值添加响应头。此方法允许响应头有多个值
public void addIntHeader(String name, int value)	用给定名称和整数值添加响应头。此方法允许响应头有多个值
public boolean containsHeader(String name)	返回一个 boolean 值，指示是否已经设置指定的响应头
public String encodeRedirectURL(String url)	对指定 URL 进行编码
public void sendRedirect(String location)	使用指定重定向位置 URL 将临时重定向响应发送到客户端
public void setHeader(String name, String value)	用给定名称和值设置响应头。如果已经设置了响应头，则新值将重写以前的值
public void setIntHeader(String name, int value)	用给定名称和值设置响应头。如果已经设置了响应头，则新值将重写以前的值
public void setStatus(int sc)	设置此响应的状态代码

3.5　Servlet 的应用举例

为了让用户对 Servlet 的应用有一个更为完整的了解，下面通过一个用户身份验证的例子来详细说明 Servlet 的设计与实现过程。

程序功能：用户登录的身份验证。

程序模块：程序共分 3 个部分，用户登录页面 login.html，登录页面验证码生成类 CheckCodeServlet.class，用户身份验证类 LoginServlet.class。

（1）用户登录页面 login.html。

在这个登录页面中，只包含 3 项内容：用户名、密码和验证码。其中验证码由 CheckCodeServlet.class 类自动生成。在这里只给出 HTML 页面的代码，有关 HTML 语言的详细内容请参考其他相关文献。

login.html 代码如下。

```
<HTML>
<HEAD>
<TITLE>用户登录</TITLE>
</HEAD>
<BODY bgColor=#ffffff leftMargin=0 text=#000000  topMargin=30><center>
<form action="/example/LoginServlet" method="get">
姓名<input maxlength=10 name=name size=8><br>
密码<input  type=password name=password size=8><br>
验证码<input  name=code size=8><br>
<img src="/example/CheckCodeServlet" onclick="self.location.reload();"/><br>
<input name=Submit type=submit value=提交>
<input name=Submit2 type=reset value=重置>
</form>
</BODY>
</HTML>
```

（2）验证码生成类 CheckCodeServlet.class。

该类用于在登录页面生成一个由 4 个数字或字符组成的验证码图片。

设计思想：首先在一个由数字和字母组成的字符串中随机获取 4 个字符形成验证码字符串；然后利用 drawString()方法将验证码字符串画到图像对象上；再将这个图像对象用 write()方法输出到客户端。同时还要将验证码字符串放入到 session 中，以便在身份验证页面进行验证码的一致性比较。

需要注意的是：在输出时，要将 ContentType 设置为“image/jpeg”类型，同时将 Cache 设为“no-cache”。

CheckCodeServlet.java 代码

```
import java.awt.Color;
import java.awt.Font;
import java.awt.Graphics;
import java.awt.image.BufferedImage;
import java.io.IOException;
import java.io.OutputStream;
import javax.imageio.ImageIO;
import javax.servlet.*;
import javax.servlet.http.*;
public class CheckCodeServlet extends HttpServlet{
    protected void doGet(HttpServletRequest req, HttpServletResponse resp) throws
                                               ServletException,IOException{
    resp.setContentType("image/jpeg");
    OutputStream out=resp.getOutputStream();
try{
        resp.setHeader("programa","no-cache");
resp.setHeader("Cache-Control","no-cache");
resp.setDateHeader("Expires",0);
BufferedImage image=new BufferedImage(50,18,BufferedImage.TYPE_INT_RGB);
Graphics g=image.getGraphics();
g.setColor(Color.LIGHT_GRAY);
g.fillRect(0,0,50,18);
g.setColor(Color.LIGHT_GRAY);
g.drawRect(0,0,50,18);
String str="0123456789ABCDEFGHIJKLMNOPQRSTUVWXYZ";
String code="";
for(int i=0;i<4;i++)
{
int k=(int)(Math.random()*36);
char c=str.charAt(k);
code+=c;
}
HttpSession session=req.getSession();
session.setAttribute("code",code);
g.setColor(Color.BLACK);
Font font=new Font("DIALOG",Font.ITALIC,15);
g.setFont(font);
g.drawString(code,3,15);
ImageIO.write(image,"JPEG",out);
out.flush();
out.close();
}finally{out.close();}
```

```
    }
protected void doPost(HttpServletRequest req, HttpServletResponse resp) throws
                                              ServletException,IOException
{doGet(req,resp);}
}
```

（3）用户身份验证类 LoginServlet.class。

该类用于对登录页面提交的信息进行验证。为了降低程序复杂度，待验证的用户信息没有从数据库中进行获取，而是以类的初始化参数方式进行传递。

LoginServlet.java 代码

```
import java.io.*;
import javax.servlet.*;
import javax.servlet.http.*;
public class LoginServlet extends HttpServlet
{protected void doGet(HttpServletRequest req, HttpServletResponse resp) throws
                                              ServletException,IOException
{   resp.setContentType("text/html;charset=gbk");
    PrintWriter out=resp.getWriter();
try{
    String myUserName=this.getInitParameter("name");
    String myPassWord=this.getInitParameter("password");
    HttpSession session=req.getSession();
    String scode=(String)session.getAttribute("code");
    String userName=req.getParameter("name");
    String passWord=req.getParameter("password");
    String code=req.getParameter("code");
    out.println("<html><body>");
    out.println("<br/>");
    if(!code.toUpperCase().equals(scode)){out.println("验证码错误！");}
    else if(userName.equals(myUserName)&&passWord.equals(myPassWord))
        {out.println("登录成功！");}
            else{ out.println("登录失败！");}
}
    finally{out.close();}
}
protected void doPost(HttpServletRequest req, HttpServletResponse resp) throws
ServletException,IOException{
doGet(req,resp);}
}
```

运行结果如图 3-6、图 3-7 所示。

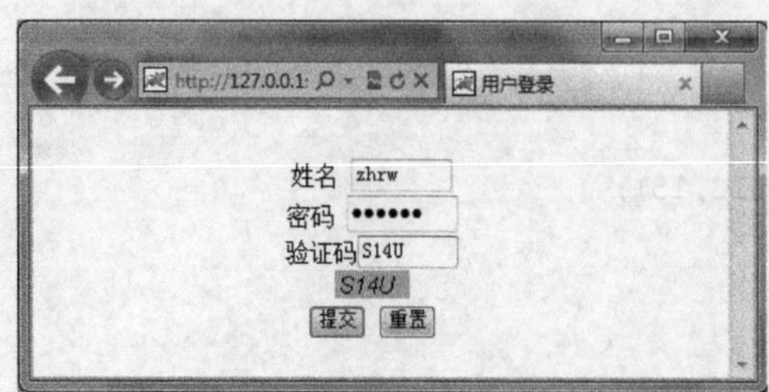

图 3-6　用户登录

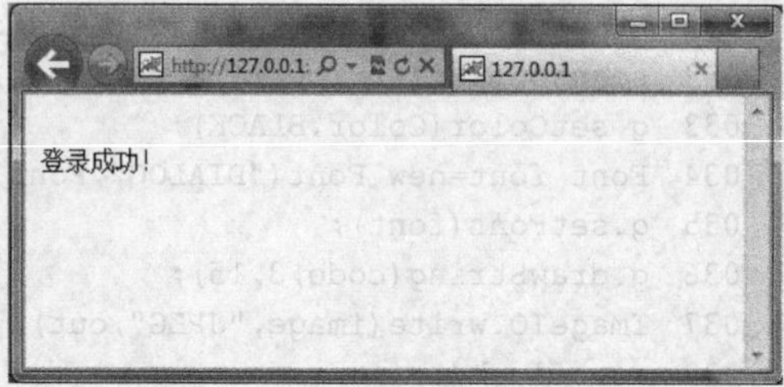

图 3-7　登录成功

3.6 小　　结

本章首先介绍了 Servlet 的一些基础知识，包括 Servlet 技术的简介、功能、特点；接下来举例描述了 Servlet 的开发过程和运行环境及相关的配置；然后对 Servlet 的生命周期和工作原理做了一个概要介绍；后面部分重点介绍了 Servlet 编程常用的接口和类功能及用法，并对一些重要方法做了程序示例的演示；最后通过 Servlet 开发了用户身份验证这个实例。通过对本章的学习，读者可以熟悉 Servlet 并掌握 Servlet 的开发和使用，为以后深入地学习打好基础。

3.7 习　　题

1. 什么是 Java Servlet，有何特点？
2. Java Servlet 有哪几个生命周期。请简述 Java Servlet 的注册过程。
3. Java Servlet 针对 HTTP 协议提供的专门类和接口有哪些？

第 4 章 JSP

本章内容

- JSP 概述
- JSP 的基本语法
- JSP 中的隐含对象
- EL 表达式和标签

JSP 是在 Java Servlet 技术基础上发展起来的用于开发 Web 应用的语言。本章主要介绍 JSP 的相关概念、基础知识和 JSP 的应用。通过本章的学习，读者应该了解什么是 JSP 以及 JSP 的开发和使用方法。

4.1 JSP 概述

4.1.1 什么是 JSP

JSP（Java Server Page）是由 Sun Microsystems 公司倡导、许多公司参与一起建立的一种动态技术标准。它是在 Servlet 技术基础上发展起来的，通过在传统的网页 HTML 文件中加入 Java 程序片段（Scriptlet）和 JSP 标签，构成的一个 JSP 网页。Java 程序片段完成的所有操作都在服务器端执行，执行结果通过网络传送给客户端，这样大大降低了对客户浏览器的要求，即使客户浏览器端不支持 Java，也可以访问 JSP 网页。

JSP 页面第一次被访问时，会由 JSP 引擎自动编译成 Servlet，然后开始执行。以后每次调用时，都是直接执行编译好的 Servlet 而不需要重新编译。从这一点来看，JSP 与 Java Servlet 从功能上完全等同，只是 JSP 的编写和运行更加简单和方便。

JSP 的这种模式允许将工作分成两部分：组件开发和页面设计，使得业务逻辑和数据处理分开，提高了开发的效率和安全性。

JSP 与微软公司的 ASP 技术非常相似，两者都具有在 HTML 代码中混合某种程序代码、由语言引擎解释执行程序代码的能力。在 ASP 或 JSP 环境下，HTML 代码主要负责描述信息的显示样式，而程序代码则用来描述处理逻辑。程序代码在服务器端被执行，执行结果重新嵌入到 HTML 代码中，然后一起发送给浏览器。JSP 和 ASP 都是面向 Web 服务器的技术，客户端浏览器不需要附加任何的软件支持。

但 JSP 和 ASP 也有许多不同，其最明显区别在于两者的编程语言。JSP 使用的是 Java，ASP

使用的是 VBScript 之类的脚本语言。而且，这两种语言的引擎也使用完全不同的方式处理嵌入的代码。在 ASP 中，VBScript 代码是由 ASP 引擎解释执行；在 JSP 下，Java 代码会被编译成 Servlet 并由 Java 虚拟机执行，其编译过程只在对 JSP 页面的第一次请求时进行。

4.1.2　JSP 的特点

JSP 技术具有以下特点。

1．跨平台性

作为 Java 应用平台的一部分，JSP 同样具有 Java 语言“一次编写，到处执行”的特性，这表现在一个 JSP 程序能够运行在任何支持 JSP 的应用服务器上，而不需要做修改。

2．实现角色的分离

使用 JSP 技术，Web 页面的开发人员可以使用 HTML 或 XML 标记来设计页面的显示格式，程序开发人员使用 JSP 标记或脚本代码来产生页面上的动态内容。这些产生内容的逻辑被封装在标记和 JavaBean 组件中，并在服务器端由 JSP 引擎解释 JSP 执行，将产生的结果以 HTML 或 XML 页面的形式发送回浏览器。这种方式将页面设计人员和程序开发人员的工作进行了有效分离，并且提高了开发效率。

3．组件的可重用

JavaBean 组件是 JSP 中的一个重要组成部分，程序通过 JavaBean 组件来执行所要求的更为复杂的处理。开发人员能够共享和交换执行这些组件，或者使得这些组件为更多的使用者所用，加快了应用程序的总体开发进程。

4．采用标记简化页面开发

在 JSP 技术中为 Web 页面设计人员提供了一种新的标记：JSP 标记。JSP 通过封装技术将一些常用功能以 JSP 标准标记的形式提供给页面设计人员，他们就可以像用 HTML 标记一样使用这些 JSP 标记，而不需要关心该标记如何实现。

同时，JSP 技术也允许程序开发人员自定义 JSP 标记库，第 3 方开发人员和其他人员可以根据需要建立自己的标记库，从而通过开发定制标记库的方式进行功能扩充。

通过封装成标记的形式，不仅简化了页面开发，而且可以将一些复杂而且需多次使用的功能封装在标记中实现了功能的重用，提高工作效率。

4.1.3　JSP 举例

下面是一个简单的 JSP 代码，实现从 1 到 100 的累加。通过该示例了解 JSP 页面的结构和用法。

【例 4.1】求 1 到 100 的累加和。

```
exmaple4_1.jsp
<%@ page contentType="text/html;charset=gb2312"%>
 <html>
<body>
<%  int sum=0;
    int n=100;
    for (int i=1;i<=n;i++)
     sum+=i;
    out.print("<br>"+"从 1 到 100 的累加和是: "+sum);
%>
<br>通过表达式显示累加和结果: <%=sum%>
```

```
</body>
</html>
```

从上面的代码中可以看出，JSP 页面是由 HTML 标记、JSP 指令和嵌入到 HTML 标记中的 JSP 脚本代码构成。

HTML 标记主要进行网页的显示，本例中使用了<html>、<body>、
等 3 个 HTML 标记，其中
标记实现换行输出。

JSP 指令用于告诉 JSP 容器如何处理 JSP 网页，本例中使用了 page 指令用于指定该网页使用 gb2312 作为编码格式。

JSP 脚本代码实现了从 1 到 100 的累加，它包含在由<%%>标记括起来的区域中，其语句用法与 Java 语言完全一致。

JSP 文件是以.jsp 作为扩展名。本例中将其保存为 example4_1.jsp，然后将该文件直接放在 Tomcat 的 root 目录下即可运行。打开浏览器，在地址栏输入：

http://127.0.0.1:8080/example4_1.jsp，其运行结果如图 4-1 所示。

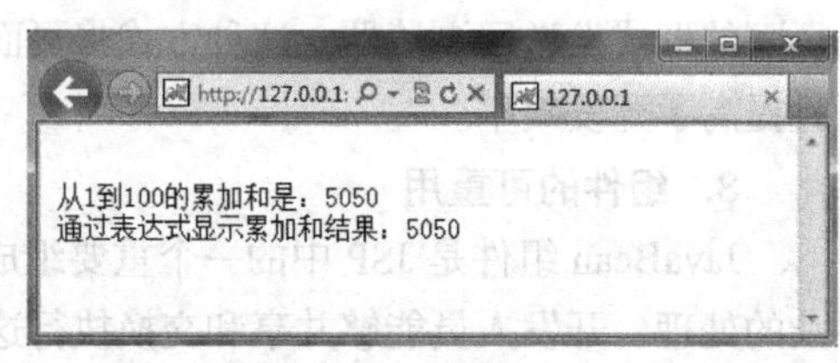

图 4-1　例 4.1 运行结果

从上例中不难发现，JSP 的开发和运行比起 Java Servlet 要简单很多，主要有以下几点。

1. 编程方式不同

Java Servlet 是一个完整的 Java 应用程序，有类和方法；而 JSP 是在 HTML 页面中嵌入的代码片段，不需要有严格的类和方法定义。

2. 编译与部署过程不同

Java Servlet 需要先编译，然后将生成的类文件部署在指定路径下，并且需要在配置文件中进行注册才能运行；而 JSP 不需要事先编译，而是将.jsp 文件直接放在相应的目录下，也不需注册就可以运行。

3. 运行速度不同

由于 Java Servlet 事先编译完成，一旦被访问，可以直接运行；而 JSP 是源代码存放，所以在首次访问时需要经过编译才能运行，因而首次执行速度会比较慢，但后面的访问速度就恢复到正常。

JSP 本质上就是 Java Servlet，其 Java Servlet 源代码和编译后的类文件保存在/Tomcat/work/Catalina/localhost/_/org/apache/jsp 目录下，有兴趣的读者可以对比一下系统生成的.jsp 文件与例子中的.jsp 文件在内容上有哪些相同和不同之处。

4.2　JSP 基本语法

4.2.1　JSP 页面的基本组成

一个 JSP 页面有 4 种元素组成：HTML 标记、JSP 标记、JSP 脚本代码和注释。

1. HTML 标记

HTML 标记在 JSP 页面中作为静态的内容，由浏览器识别并执行。在 JSP 的开发中，HTML 标记主要负责页面的布局和美观效果的设计，是一个网页的框架。

2. JSP 标记

JSP 标记是在 JSP 页面中使用的一种特殊标记，用于告诉 JSP 容器如何处理 JSP 网页或控制 JSP 引擎完成某种功能。根据应用作用的不同，JSP 标记分为 JSP 指令标记和 JSP 动作标记。

3. JSP 脚本代码

JSP 脚本代码是嵌入到 JSP 页面中的 Java 代码，简称 JSP 脚本，在客户端浏览器中是不可见的。它们需要被服务器执行，然后由服务器将执行结果与 HTML 标记一起发送给客户端进行显示。通过执行 JSP 脚本，可以在该页面生成动态的内容。

4. JSP 注释

JSP 页面中的注释是由程序员插入的用于解释 JSP 源代码的句子或短语。注释通常以简单明了的语句解释代码所执行的操作，其并不参与运行。

由于本书的重点在于 Java 语言的相关知识，因此对于 HTML 语言的部分不做介绍，请参阅其他书籍。

下面，分别对 JSP 页面的各个部分进行详细介绍。

4.2.2 JSP 指令标记

JSP 标记分为两类：JSP 指令标记和 JSP 动作标记。JSP 的指令标记是由 JSP 服务器解释并处理的用于设置 JSP 页面的相关属性或执行动作的一种标记，在一个指令标记中可以设置多个属性，这些属性的作用域范围是整个页面。

在 JSP 中主要包括 3 种指令标记，分别是 page 指令、include 指令和 taglib 指令。指令的通用格式为：

```
<%@指令名称 属性 1="属性值"属性 2="属性值"……%>
```

在起始符号“<%@”之后和结束符号“%>”之前，可以加空格，也可以不加，但是在起始符号中的“<”和“%”之间、“%”和“@”之间，以及结束符号中的“%”和“>”之间不能有任何的空格。

JSP 也提供了对应的 XML 语法形式为：

```
<jsp:directive.指令名称 属性 1="属性值"属性 2="属性值"……/>
```

下面分别对这 3 种指令标记进行介绍。

1. page 指令

page 指令作用于整个 JSP 页面，它定义了与页面相关的一些属性，这些属性将被用于和 JSP 服务器进行通信。

page 指令的语法如下：

```
<%@ page 属性 1="属性值"属性 2="属性值"……%>
```

其 XML 形式为：`<jsp:directive.page 属性 1="属性值"属性 2="属性值"……/>`

page 指令有 13 个属性，具体说明如下。

（1）language="scriptingLanguage"。

该属性用于指定在脚本元素中使用的脚本语言，默认值是 java。在 JSP 2.0 规范中，该属性的值只能是 java，以后可能会支持其他语言，例如 C、C++等。

（2）extends="className"。

该属性用于指定 JSP 页面转换后的 Servlet 类所继承的父类，属性的值是一个完整的类名。通常不需要使用这个属性，JSP 容器会提供转换后的 Servlet 类的父类。

（3）import="importList"。

该属性用于声明在 JSP 页面中可以使用的 Java 类。属性的值和 Java 程序中的 import 声明类似，该属性的值是以逗号分隔的导入列表，例如，

```
<%@ page import="java.util.*" %>
```

也可以重复设置 import 属性，如下。

```
<%@ page import="java.util.Vector" %>
<%@ page import="java.io.*" %>
```

要注意的是，page 指令中只有 import 属性可以重复使用。如果不写该属性，import 默认引入 4 个包：java.lang.*，javax.servlet.*，javax.servlet.jsp.*和 javax.servlet.http.*。

（4）session="true|false"。

该属性用于指定在 JSP 页面中是否可以使用 session 对象，默认值是 true。

（5）buffer="none|sizeKB"

该属性用于指定 out 对象（类型为 JspWriter）使用的缓冲区大小，如果设置为 none，将不使用缓冲区，所有的输出直接通过 ServletResponse 的 PrintWriter 对象写出。该属性的值以 KB 为单位，默认值是 8KB。

（6）autoFlush="true|false"。

该属性用于指定当缓冲区满的时候，缓存的输出是否应该自动刷新。如果设置为 false，当缓冲区溢出的时候，一个异常将被抛出。默认值为 true。

（7）isThreadSafe="true|false"。

该属性用于指定对 JSP 页面的访问是否是安全的线程。如果设置为 true，则向 JSP 容器表明这个页面可以同时被多个客户端请求访问。如果设置为 false，则 JSP 容器将对转换后的 Servlet 类实现 SingleThreadModel 接口。默认值是 true。

（8）info="info_text"。

该属性用于指定页面的相关信息，该信息可以通过调用 Servlet 接口的 getServletInfo()方法来得到。

（9）errorPage="error_url"。

该属性用于指定当 JSP 页面发生异常时，将转向哪一个错误处理页面。要注意的是，如果一个页面通过使用该属性定义了错误页面，那么在 web.xml 文件中定义的任何错误页面将不会被使用。

（10）isErrorPage="true|false"。

该属性用于指定当前的 JSP 页面是否是另一个 JSP 页面的错误处理页面。默认值是 false。

（11）contentType="type"。

该属性用于指定响应的 JSP 页面的 MIME 类型和字符编码，也是中文页面中必然要设置的属性。例如，

```
<%@ page contentType="text/html; charset=gb2312" %>
```

（12）pageEncoding="peinfo"。

该属性指定 JSP 页面使用的字符编码。如果设置了这个属性，则 JSP 页面的字符编码使用该属性指定的字符集，如果没有设置这个属性，则 JSP 页面使用 contentType 属性指定的字符集，如果这两个属性都没有指定，则使用字符集“ISO-8859-1”。

（13）isELIgnored="true|false"。

该属性用于定义在 JSP 页面中是否执行或忽略 EL 表达式。如果设置为 true，EL 表达式将被容器忽略，如果设置为 false，EL 表达式将被执行。默认的值依赖于 web.xml 的版本，对于一个 Web 应用程序中的 JSP 页面，如果其中的 web.xml 文件使用 Servlet 2.3 或之前版本的格式，则默认值是 true，如果使用 Servlet 2.4 版本的格式，则默认值是 false。

以上的属性中最常用的是 contentType 属性，通常在中文 JSP 页面中使用这一属性来保证页面显示的正确性。

无论将 page 指令放在 JSP 文件的哪个位置，它的作用范围都是整个 JSP 页面。然而，为了 JSP 程序的可读性，以及养成良好的编程习惯，应该将 page 指令放在 JSP 文件的顶部。

2. include 指令

include 指令用于在 JSP 页面中静态包含一个文件，该文件可以是 JSP 页面、HTML 网页、文本文件或一段 Java 代码。使用了 include 指令的 JSP 页面在转换时，JSP 服务器会在指令出现的位置插入所包含文件的文本或代码。include 指令的语法如下。

```
<%@ include file="relativeURL" %>
```

XML 语法格式的 include 指令如下。

```
<jsp:directive.include file="relativeURL"/>
```

file 属性值为相对于当前 JSP 文件的 URL。

下例是一个使用 include 指令的例子。

【例 4.2】include 指令的使用。

```
example4_2.jsp
<%@ page contentType="text/html;charset=gb2312" %>
<html>
<head><title>欢迎你</title></head>
<body>
欢迎你，现在的时间是
<%@ include file="date.jsp" %>
</body>
</html>
date.jsp:
<%
out.println(new java.util.Date().toLocaleString());
%>
```

访问 example4_2.jsp 页面，将输出下面的信息。

欢迎你，现在的时间是 2013-4-8 16:12:22

由于 include 指令是一种静态文件包含指令，在被包含的文件中最好不要使用 <html>、</html>、<body>、</body>等 HTML 标记，因为这可能会与原 JSP 文件中的相同标记出现重复，有时会导致错误。另外，由于原文件和被包含的文件可以互相访问彼此定义的变量和方法，所以在包含文件时要格外小心，避免在被包含的文件中定义了同名的变量和方法，而导致转换时出错；或者不小心修改了另外文件中的变量值，而导致出现不可预料的结果。

3. taglib 指令

taglib 指令允许页面使用用户自定义的标记。taglib 指令的语法如下。

```
<%@ taglib (uri="tagLibraryURI" | tagdir="tagDir") prefix="tagPrefix" %>
```

XML 语法的格式如下。

```
<jsp:directive.taglib (uri="tagLibraryURI" | tagdir="tagDir") prefix="tagPrefix"/>
```

taglib 指令有 3 个属性：

（1）uri。

该属性唯一地标识和前缀（prefix）相关的标签库描述符，可以是绝对或者相对的 URI。这个 URI 被用于定位标记库描述符的位置。

（2）tagdir。

该属性指示前缀（prefix）将被用于标识安装在/WEB-INF/tags/目录或其子目录下的标签文件。一个隐含的标签库描述符被使用。下面 3 种情况将发生转换（translation）错误。

① 属性的值不是以/WEB-INF/tags/开始。

② 属性的值没有指向一个已经存在的目录。

③ 该属性与 uri 属性一起使用。

（3）prefix。

定义一个 prefix:tagname 形式的字符串前缀，用于区分多个自定义标签。以 jsp:、jspx:、java:、javax:、servlet:、sun:和 sunw:开始的前缀会被保留。前缀的命名必须遵循 XML 名称空间的命名约定。在 JSP 2.0 规范中，空前缀是非法的。

关于自定义标记的详细用法请参看下一节的介绍。

4.2.3 JSP 动作标记

JSP 的动作标记是 JSP 的另一种标记，它利用 XML 语法格式来控制 JSP 服务器实现某种功能。其遵循 XML 元素的语法格式，有起始标记、结束标记、空标记等，也可以有属性。

在 JSP 2.0 的规范中定义了一些标准的动作，这些标准动作通过标记来实现，它们影响 JSP 运行时的行为和对客户端请求的响应，这些动作由 JSP 服务器来实现。在页面被转换为 Servlet 时，由 JSP 服务器用预先定义好的对应于该标记的 Java 代码来代替它。

JSP2.0 规范中定义了 20 个标准的动作标记，常用的 JSP 动作标记如下。

<jsp:include>：在页面被请求时动态引入一个文件。

<jsp:forward>：把请求转到一个新的页面。

<jsp:plugin>：用于产生与客户端浏览器相关的 HTML 标记（<OBJECT>或<EMBED>）。

<jsp:useBean>：实例化一个 JavaBean。

<jsp:setProperty>：设置一个 JavaBean 的属性。

<jsp:getProperty>：获得一个 JavaBean 的属性。

<jsp:useBean>、<jsp:setProperty>和<jsp:getProperty>这 3 个动作元素用于访问 JavaBean，这里不做具体介绍。

1. <jsp:param>

这个动作元素被用来以“名-值对”的形式为其他标记提供附加信息，如传递参数等。它和<jsp:include>、<jsp:forward>、<jsp:plugin>一起使用。它的语法格式如下。

```
<jsp:param name="name" value="value" />
```

它有两个必备的属性 name 和 value。

name：给出参数的名字。

value：给出参数的值，可以是具体的值也可以是一个表达式。

具体用法详见其他动作标记。

2. <jsp:include>

这个动作标记用于在当前页面中动态包含一个文件，一旦被包含的文件执行完毕，请求处理将在调用页面中继续进行。被包含的页面不能改变响应的状态代码或者设置报头，这防止了对类似 setCookie()这样的方法的调用，任何对这些方法的调用都将被忽略。

<jsp:include>动作可以包含一个静态文件，也可以包含一个动态文件。如果是一个静态文件，则直接输出到客户端由浏览器进行显示；如果是一个动态文件，则由 JSP 服务器负责执行，并将结果返回给客户端。

<jsp:include>动作标记的语法如下。

不带传递参数：

```
<jsp:include page="url"flush="true|false"/>
```

带传递参数：

```
<jsp:include page="url"flush="true|false">
{ <jsp:param…. /> }*
</jsp:include>
```

<jsp:include>动作有两个属性 page 和 flush，各自含义如下。

（1）page 属性。

该属性指定被包含文件的相对路径，该路径是相对于当前 JSP 页面的 URL。

（2）flush 属性。

该属性是可选的。如果设置为 true，当页面输出使用了缓冲区，那么在进行包含工作之前，先要刷新缓冲区。如果设置为 false，则不会刷新缓冲区。该属性的默认值是 false。

<jsp:include>动作可以在它的内容中包含一个或多个<jsp:param>标记，为包含的页面提供参数信息。被包含的页面可以访问 request 对象，该对象包含了原始的参数和使用<jsp:param>元素指定的新参数。如果参数的名称相同，原来的值保持不变，新的值其优先级比已经存在的值要高。例如，请求对象中有一个参数为 param=value1，然后又在<jsp:param>元素中指定了一个参数 param=value2，在被包含的页面中，接收到的参数为 param=value2, value1，调用 javax.servlet.ServletRequest 接口中的 getParameter()方法将返回 value2。如需获取所有返回值，可以使用 getParameterValues()方法。

<jsp:include>动作标记和 include 指令的主要区别如表 4-1 所示。

表 4-1 <jsp:include>和 include 指令的区别

语法	相对路径	发生时间	包含的对象	描述
<%@ include file="url" %>	相对于当前文件	转换期间	静态	包含的内容被 JSP 容器分析
<jsp:include page="url" />	相对于当前页面	请求处理期间	静态和动态	包含的内容不进行分析，但在相应的位置被包含

要注意，表 4-1 中 include 指令包含的对象为静态，并不是指 include 指令只能包含像 HTML 这样的静态页面，include 指令也可以包含 JSP 页面。所谓静态和动态指的是：include 指令将 JSP

页面作为静态对象，将页面的内容（文本或代码）在 include 指令的位置处包含进来，这个过程发生在 JSP 页面的转换阶段。而<jsp:include>动作把包含的 JSP 页面作为动态对象，在请求处理期间，发送请求给该对象，然后在当前页面对请求的响应中包含该对象对请求处理的结果，这个过程发生在执行阶段（即请求处理阶段）。

当采用 include 指令包含资源时，相对路径的解析在转换期间发生（相对于当前文件的路径来找到资源），资源的内容（文本或代码）在 include 指令的位置处被包含进来，两者合并成为一个整体，被转换为 Servlet 源文件进行编译。因此，如果其中一个文件有修改就需重新进行编译。而当采用<jsp:include>动作包含资源时，相对路径的解析在请求处理期间发生（相对于当前页面的路径来找到资源），当前页面和被包含的资源是两个独立的个体，当前页面将请求发送给被包含的资源，被包含资源对请求处理的结果将作为当前页面对请求响应的一部分发送到客户端。因此，对其中一个文件的修改不会影响另一个文件。

3. <jsp:forward>

这个动作允许在运行时将当前的请求转发给另一个 JSP 页面或者 Servlet，请求被转向到的页面必须位于同 JSP 发送请求相同的上下文环境中。

这个动作会终止当前页面的执行，如果页面输出使用了缓冲，在转发请求之前，缓冲区将被清除；如果在转发请求之前，缓冲区已经刷新，将抛出 IllegalStateException 异常。如果页面输出没有使用缓冲，而某些输出已经发送，那么试图调用<jsp:forward>动作，将导致抛出 IllegalStateException 异常。这个动作的作用和 RequestDispatcher 接口的 forward()方法的作用是一样的。

<jsp:forward>动作的语法格式如下。

不带参数：

```
<jsp:forward page="url"/>
```

带参数：

```
<jsp:forward page="url">
{ <jsp:param… /> }*
</jsp:forward>
```

<jsp:forward>动作只有一个 page 属性。page 属性指定请求被转向的页面的相对路径，该路径是相对于当前 JSP 页面的 URL，也可以是经过表达式计算得到的相对 URL。

下面是使用<jsp:forward>动作的一段程序片段。

```
<%String command=request.getParameter("command");
if(command.equals("reg")){%>
<jsp:forward page="reg.jsp"/>
<%}
else if(command.equals("logout")){%>
<jsp:forward page="logout.jsp"/>
<%}
else{%>
<jsp:forward page="login.jsp"/>
<%}
%>
```

该程序根据接收的 command 字符串结果转向对应的 JSP 页面。

4. <jsp:plugin>，<jsp:params>和<jsp:fallback>

<jsp:plugin>动作用于产生与客户端浏览器相关的 HTML 标记（<OBJECT>或<EMBED>），从

而导致在需要时下载 Java 插件(Plug-in),并在插件中执行指定的 Applet 或 JavaBean。<jsp:plugin>动作将根据客户端浏览器的类型被替换为<object>或<embed>标记。在<jsp:plugin>动作的内容中可以使用另外两个标记：<jsp:params>和<jsp:fallback>。

<jsp:params>是<jsp:plugin>动作的一部分，并且只能在<jsp:plugin>动作中使用。<jsp:params>动作包含一个或多个<jsp:param>动作，用于向 Applet 或 JavaBean 提供参数。

<jsp:fallback>是<jsp:plugin>动作的一部分，并且只能在<jsp:plugin>动作中使用，主要用于指定在 Java 插件不能启动时显示给用户的一段文字。如果插件能够启动，但是 Applet 或 JavaBean 没有发现或不能启动，那么浏览器会有一个出错信息提示。

<jsp:plugin>动作的语法如下。

```
<jsp:plugin type="bean|applet" code="objectCode" codebase="objectCodebase"
{ align="alignment" } { archive="archiveList" } { height="height" } { hspace="hspace" }
{ jreversion="jreversion" } { name="componentName" } { vspace="vspace" }
{ width="width" } { nspluginurl="url" } { iepluginurl="url" }>
{ <jsp:params>
{ <jsp:param name="paramName" value= "paramValue" /> }+
</jsp:params> }
{ <jsp:fallback> arbitrary_text </jsp:fallback> }
</jsp:plugin>
```

<jsp:plugin>动作的属性含义如表 4-2 所示。

表 4-2　<jsp:plugin>动作的属性含义

<table>
<tr><th>属性名</th><th>属性值</th><th>说明</th></tr>
<tr><td>type</td><td>bean|applet</td><td>声明组件的类型，是 JavaBean 还是 Applet</td></tr>
<tr><td>code</td><td>组件类名</td><td>要执行的组件的完整的类名，以.class 结尾</td></tr>
<tr><td>codebase</td><td>类路径</td><td>指定要执行的 Java 类所在的目录</td></tr>
<tr><td>align</td><td>left| right| bottom| top| texttop|middle| absmiddle|baseline| absbottom</td><td>指定组件对齐的方式</td></tr>
<tr><td>archive</td><td>文件列表</td><td>声明待归档的 Java 文件列表</td></tr>
<tr><td>height</td><td>高度值</td><td>声明组件的高度，单位为像素</td></tr>
<tr><td>width</td><td>宽度值</td><td>声明组件的宽度，单位为像素</td></tr>
<tr><td>hspace</td><td>左右空间空白值</td><td>声明组件的左右空白空间，单位为像素</td></tr>
<tr><td>vspace</td><td>上下空间空白值</td><td>声明组件的上下空白空间，单位为像素</td></tr>
<tr><td>jreversion</td><td>版本号</td><td>声明组件运行时需要的 JRE 版本</td></tr>
<tr><td>name</td><td>组件名称</td><td>声明组件的名字</td></tr>
<tr><td>nspluginurl</td><td>URL 地址</td><td>声明对于网景浏览器，可以下载 JRE 插件的 URL</td></tr>
<tr><td>iepluginurl</td><td>URL 地址</td><td>声明对于 IE 浏览器，可以下载 JRE 插件的 URL</td></tr>
</table>

【例 4.3】<jsp:plugin>动作的应用示例。

```
example4_3.jsp
<%@ page contentType="text/html;charset=gb2312" %>
<jsp:plugin type="applet" code="TestApplet.class" width="600" height="400">
<jsp:params>
<jsp:param name="font" value="楷体_GB2312"/>
</jsp:params>
```

```
<jsp:fallback>您的浏览器不支持插件</jsp:fallback>
</jsp:plugin>
TestApplet.java
import java.applet.*;
import java.awt.*;
public class TestApplet extends Applet
{
String strFont;
public void init()
{
strFont=getParameter("font");
}
public void paint(Graphics g)
{
Font f=new Font(strFont,Font.BOLD,30);
g.setFont(f);
g.setColor(Color.blue);
g.drawString("这是使用<jsp:plugin>动作元素的例子",0,30);
}
}
```

请读者自己运行该示例，观察运行结果。

4.2.4 JSP 脚本

在 JSP 页面中，其脚本包括 3 种元素：声明、JSP 表达式和脚本程序。通过这些脚本，就可以在 JSP 页面中声明变量、定义方法或进行各种表达式的运算。

1. JSP 声明

JSP 声明用于定义页面范围内的变量、方法或类，让页面的其余部分能够访问它们。声明的变量和方法是该页面对应 Servlet 类的成员变量和成员方法，声明的类是 Servlet 类的内部类。

声明并不在 JSP 页内产生任何输出。它们仅仅用于定义，而不生成输出结果。要生成输出结果，还需要用 JSP 表达式或脚本片断。

JSP 声明格式：

```
<! 变量声明|方法声明|类声明 %>
```

【例 4.4】JSP 声明示例。

```
example4_4.jsp
<%@page contentType="text/html;charset=GB2312"%>
<HTML>
<BODY>
<%! int number=0;
synchronized void countNumber(){number++;}
%>
<% countNumber(); %>
<P>
欢迎访问本页面，您是第<%=number%>位访问者。
</BODY>
</HTML>
```

运行结果如图 4-2 所示。

代码说明：

本例中声明了一个变量 number 和一个方法 countNumber()。当用户访问该页面时，会显示其是第几位访问者。其中，变量 number 为声明变量，相当于 Java 中的静态变量，只初始化一次，以后就被访问该页面的所有访问用户所共享。声明方法 countNumber()的功能是对共享变量 number 进行加 1 操作，为保证线程安全，在方法名前用关键字 synchronized 进行了修饰。对方法的调用则通过脚本代码来实现。本示例实现了一个简单的当前页面访问量计数器功能，但由于服务器重启后变量 number 的值就会清零，因此可以将该值写入一个文件中以实现累计的功能，有兴趣的读者可以尝试一下。

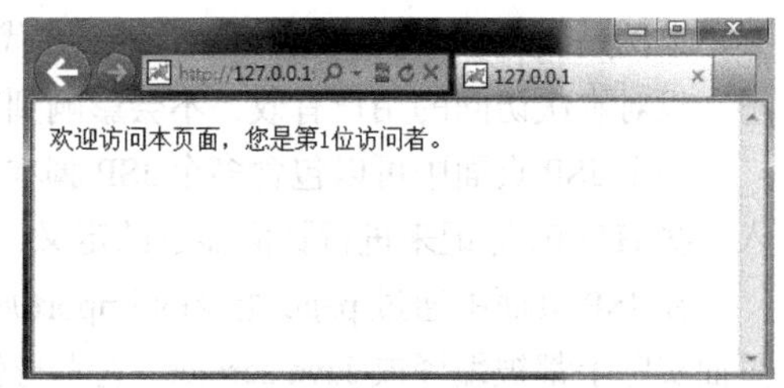

图 4-2 例 4.4 运行结果

2. JSP 表达式

JSP 表达式用于向页面输出表达式计算的结果，其功能与输出语句相当，但格式更简便。

表达式的语法形式如下：

```
<%=表达式%>
```

其 XML 格式为：

```
<jsp:expression>表达式</expression>
```

在一个表达式中可以包含下列内容。

数字和字符串；算术运算符；基本数据类型的变量；声明类的对象；在 JSP 中声明方法的调用；声明类所创建对象的方法调用；

从上述的内容可以看出，表达式中可以包含任何 Java 表达式，只要表达式可以求值。JSP 表达式中的“<%=”是一个完整的符号，各符号之间不能有空格，而且表达式中不能插入语句，也不能以分号结束。

由于表达式格式简单，书写方便，而且很容易嵌入到 HTML 标记中，所以得到了广泛应用。上例中就使用了 JSP 表达式来显示访问者数量，这里就不进行单独举例了。但对于一些比较复杂的输出，表达式还无法代替输出语句。

3. JSP 脚本

JSP 脚本就是一段包含在“<%”和“%>”之间的 Java 代码片断，代码中含有一个或多个完整而有效的 Java 语句。当服务器接收到客户端的请求时，由 JSP 服务器执行 JSP 脚本并进行输出。JSP 脚本是 JSP 动态交互的核心部分，其语法形式为：

```
<%Java 代码%>
```

XML 的语法形式为<jsp:scriptlet>Java 代码</jsp:scriptlet>。

例如，

```
<%
int sum=0;
for(int i=0;i<=10;i++)
{
sum+=i;
}
out.println("sum is"+sum);
%>
```

本例是实现从 1 到 10 的累加，其中在代码段里定义了一个变量 sum，这个变量是一个局部变量，只对本次访问的用户有效，不会影响到其他用户。

一个 JSP 页面中可以包含多个 JSP 脚本，各脚本按照先后顺序进行执行。在脚本之间可以插入一些 HTML 标记来进行页面显示的定义，从而实现页面显示和代码设计的分离。

在 JSP 页面中通过 page 指令的 import 属性，可以在脚本代码内调用所有 Java API。因为 JSP 页面实际上都被编译成 Java servlet，它本身就是一个 Java 类，所以在 JSP 中可以使用完整的 Java API，几乎没有任何限制。

JSP 脚本中定义的变量是局部变量，只对当前对象有效；而 JSP 声明中定义的变量是成员变量，相当于 Java 中的静态变量，对访问该页面的所有对象有效。所以在程序设计时要根据具体情况进行恰当地选择。

4.2.5 JSP 的注释

为方便开发人员对页面代码的阅读和理解，JSP 页面提供了多种注释，这些注释的语法规则和运行的效果有所不同，下面介绍 JSP 中的各种注释。

1. HTML 注释

HTML 注释是由“<!--”和“-->”标记所创建的。这些标记出现在 JSP 中时，它们将不被改动地出现在生成的 HTML 代码中，并发送给浏览器。在浏览器解释这些 HTML 代码时忽略显示此注释。但查看 HTML 源代码时可见。

其语法形式为：

```
<!--注释内容-->
```

2. 隐藏注释

隐藏注释也称为 JSP 注释，其不会包含在回送给浏览器的响应中，只能在原始的 JSP 文件中看到。

其语法形式为：

```
<%--注释内容--%>
```

JSP 服务器会忽略此注释的内容。由于在编译 JSP 页面时就忽略了此种注释，因此在 JSP 翻译成的 Servlet 中就看不到隐藏注释。

3. 脚本注释

脚本注释是指包含在 Java 代码中的注释，这种注释和 Java 中的注释是相同的。而且，该注释不仅在 JSP 文件中能看到，而且在 JSP 翻译成的 Servlet 中也能看到。

其语法形式如下。

```
单行注释：//注释内容
多行注释：/*注释内容*/
```

4. 注释举例

下面通过一个示例来说明注释的使用方法和适用范围。

【例 4.5】输入一个数字，计算这个数的平方。

```
example4_5.jsp:
<%@ page contentType="text/html;charset=gb2312"%>
<HTML>
```

```
<HEAD>JSP 注释示例</HEAD>
<BODY>
<!--这是 HTML 注释，不在浏览器页面中显示-->
欢迎学习 JSP!
<P> 请输入一个数:
<BR>
 <!-- 以下是一个 HTML 表单，用于向服务器提交这个数 -->
  <FORM action="example4_2.jsp" method=post name=form>
       <INPUT type="text" name="num">
        <BR>
       <INPUT TYPE="submit" value="提交" >
  </FORM>
 <%--获取用户提交的数据--%>
  <% String number=request.getParameter("num");
     double result=0;
  %>
<%--判断字符串是否为空，如果为空则初始化--%>
      <% if(number==null)
          {number="0"; }
      %>
  <%--计算这个数的平方--%>
       <% try{ result=Double.valueOf(number).doubleValue();//将字符串转换为 double 类型
                result=result*result;                    //计算这个数的平方
                out.print("<BR>"+number+" 的平方为: "+result);
              } catch(NumberFormatException e)
             {out.print("<BR>"+"请输入数字字符");
             }
      %>
</BODY>
</HTML>
```

请用户自行运行 example4_5.jsp，对比/Tomcat /work/Catalina/localhost/_/org/apache/jsp 目录下的 example4_005f5_jsp.java 以及运行后的网页源代码，找出其中各个注释显示的不同。

4.3 JSP 中的隐含对象

为了方便程序开发和信息交互，JSP 提供了 9 个隐含对象，这些对象不需要声明就可以在 JSP 脚本和 JSP 表达式中使用，大大提高了程序的开发效率。

隐含对象特点如下。

- 由 JSP 规范提供，不需编写者进行实例化。
- 通过 Web 容器实现和管理。
- 所有 JSP 页面均可使用。
- 可以在 JSP 脚本和 JSP 表达式中使用。

这些对象可分为如下 4 类。

（1）输出输入对象：request 对象、response 对象、out 对象。

（2）与属性作用域相关对象：pageContext 对象、session 对象、application 对象。

（3）Servlet 相关对象：page 对象、config 对象。

（4）错误处理对象：exception 对象。

4.3.1 out 对象

out 对象是 javax.servlet.jsp.jspWriter 类的实例，是向客户端输出内容常用的对象，与 Java 中的 System.out 功能基本相同。JSP 可以通过 page 指令中的 buffer 属性来设置 out 对象缓存的大小，甚至关闭缓存。

out 对象的主要方法如表 4-3 所示。

表 4-3　　out 对象的主要方法

方法名	方法说明
print()或 println()	输出数据
newLine()	输出换行字符
flush()	输出缓冲区数据
close()	关闭输出流
clear()	清除缓冲区中数据，但不输出到客户端
clearBuffer()	清除缓冲区中数据，输出到客户端
getBufferSize()	获得缓冲区大小
getRemaining()	获得缓冲区中没有被占用的空间
isAutoFlush()	是否为自动输出

out 对象的使用非常广泛，在这里只举一个例子来展示 out 对象的主要方法。

【例 4.6】out 对象应用举例。

```
example4_6.jsp:
<%@ page contentType="text/html;charset=GBK"%>
<html>
<body>
<% for (int i = 1; i < 4; i++)
{out.println("<h"+i+">JSP 页面显示</h"+i+">");}
out.println("<p>缓冲区的大小: " + out.getBufferSize());//获得缓冲区的大小
out.println("<p>缓冲区剩余空间的大小: " + out.getRemaining());//获得剩余的空间大小
out.flush();
out.clear();//清除缓冲区里的内容
//out.clearBuffer();
%>
</body>
</html>
```

运行结果如图 4-3 所示。

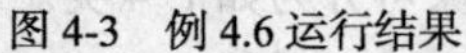
图 4-3　例 4.6 运行结果

4.3.2 request 对象

request 对象在 JSP 页面中代表来自客户端的请求，通过它可以获得用户的请求参数、请求类型、请求的 HTTP 头等客户端信息。它是

javax.servlet.http.HttpServletRequest 接口类的实例。

request 对象是实现信息交互的一个重要对象，它的方法很多，在这里只列举常用的一些方法。

（1）获取访问请求参数的方法如表 4-4 所示。

表 4-4 request 对象获取请求参数的方法

方法名	方法说明
String getParameter(String name)	获得 name 的参数值
Enumeration getParameterNames()	获得所有的参数名称
String [] getParameterValues(String name)	获得 name 的所有参数值
Map getParameterMap()	获得参数的 Map

（2）管理属性的方法如表 4-5 所示。

表 4-5 request 对象管理属性的方法

方法名	方法说明
Object getAttribute(String name)	获得 request 对象中的 name 属性值
void setAttribute(String name,Object obj)	设置名字为 name 的属性值 obj
void removeAttribute(String name)	移除 request 对象的 name 属性
Enumeration getAttributeNames()	获得 request 对象的所有属性名字
Cookie [] getCookies()	获得与请求有关的 cookies

（3）获取 HTTP 请求头的方法如表 4-6 所示。

表 4-6 request 对象获取 HTTP 请求头的方法

方法名	方法说明
String getHeader(String name)	获得请求头中 name 头的值
Enumeration getHeaders(String name)	获得请求头中 name 头的所有值
int gtIntHeader(String name)	获得请求头中 name 头的整数类型值
long getDateHeader(String name)	获得请求头中 name 头的日期类型值
Enumeration getHeaderNames()	获得请求头中的所有头名称

（4）获取客户端信息的方法如表 4-7 所示。

表 4-7 request 对象获取客户端信息的方法

方法名	方法说明
String getProtocol()	获得请求所用的协议名称
String getRemoteAddr()	获得客户端的 IP 地址
String getRemoteHost()	获得客户端的主机名
int getRemotePort()	获得客户端的主机端口号
String getMethod()	获得客户端的传输方法，get 或 post 等
String getRequestURI()	获得请求的 URL，但不包括参数字符串
String getQueryString()	获得请求的参数字符串（要求 get 传送方式）
String getContentType()	获得请求的数据类型
int getContentLength()	获得请求数据的长度

（5）其他常用方法如表 4-8 所示。

表 4-8　　request 对象的其他方法

方法名	方法说明
String getServerName()	获得服务器的名称
String getServletPath()	获得请求脚本的文件路径
int getServerPort()	获得服务器的端口号
String getRequestedSessionId()	获得客户端的 SessionID
void setCharacterEncoding(String code)	设定编码格式
Locale getLocale()	获得客户端的本地语言区域

【例 4.7】request 对象请求示例。

```
example4_7.jsp
<%@ page contentType="text/html;charset=gb2312"%>
<html>
<head>
<title>request 请求举例 </title>
</head>
<body>
<form action="" method="post">
  <input type="text" name="req">
  <input type="submit" value="提交">
</form>
获得请求方法：<%=request.getMethod()%><br>
获得请求的 URL：<%=request.getRequestURI()%><br>
获得请求的协议：<%=request.getProtocol()%><br>
获得请求的文件名：<%=request.getServletPath()%><br>
获得服务器的 IP：<%=request.getServerName()%><br>
获得服务器的端口：<%=request.getServerPort()%><br>
获得客户端 IP 地址：<%=request.getRemoteAddr()%><br>
获得客户端主机名：<%=request.getRemoteHost()%><br>
<%request.setCharacterEncoding("gb2312");%>
获得表单提交的值：<%=request.getParameter("req")%><br>
</body>
</html>
```

运行结果如图 4-4、图 4-5 所示。

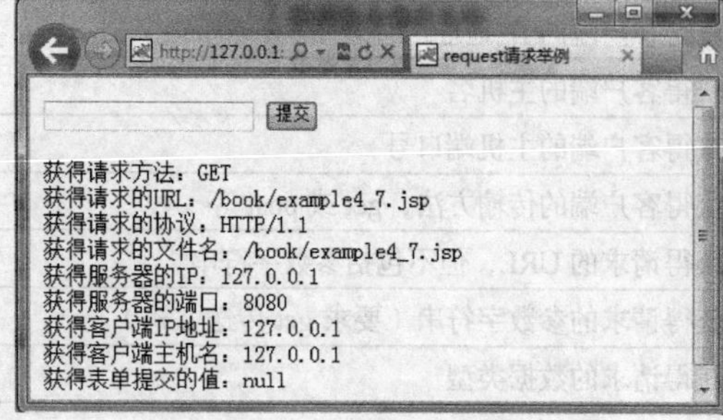

图 4-4　无表单提交内容结果

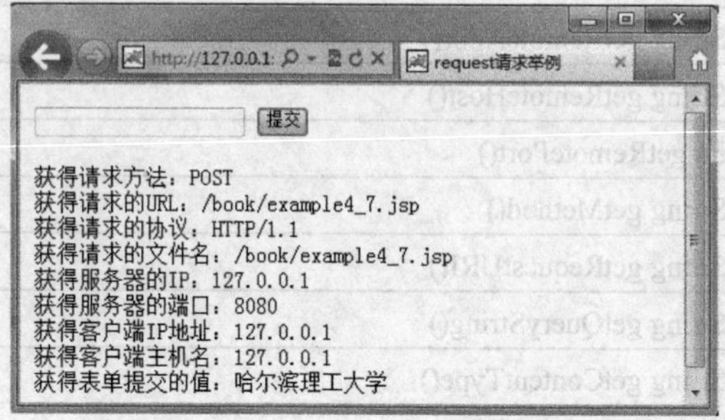

图 4-5　有表单提交内容结果

4.3.3　response 对象

response 对象与 request 对象相对应，其主要作用是用于响应客户端请求。它是 javax.servlet.http.HttpServletResponse 接口类的实例，它封装了 JSP 产生的响应，并发送到客户端以响应客户端的请求。和 request 对象一样，response 的方法也有很多，在这里只列举常用的方法。

1. 设置 HTTP 响应报头的方法

HTTP 协议采用了请求/响应模型。客户端向服务器发送一个请求，服务器以一个状态行作为响应，相应的内容包括消息协议的版本，成功或者错误编码加上包含服务器信息、实体元信息以及可能的实体内容。response 可以根据服务器要求设置相关的响应报头内容返回给客户端。

常用的 HTTP 响应报文头内容如表 4-9 所示。

表 4-9　　HTTP 响应报文头

应答头	说明
Content-Encoding	文档的编码（Encode）方法
Content-Length	表示内容长度
Content-Type	表示后面的文档属于什么 MIME 类型
Date	当前的 GMT 时间
Expires	应该在什么时候认为文档已经过期，从而不再缓存它
Last-Modified	文档的最后改动时间
Location	表示客户应当到哪里去提取文档
Refresh	表示浏览器应该在多少时间之后刷新文档，以秒计

对应这些报文头内容，response 对象提供了相应的方法来完成响应的设置。这些方法如表 4-10 所示。

表 4-10　　response 响应报头的方法

方法名	方法说明
void addHeader(String name,String value)	添加字符串类型值的 name 头到报文头
void addIntHeader(String name,int value)	添加整数类型值的 name 头到报文头
void addDateHeader(String name,long value)	添加日期类型值的 name 头到报文头
void setHeader(String name,String value)	指定字符串类型的值到 name 头，如已存在则新值覆盖旧值
void setIntHeader(String name,int value)	指定整数类型的值到 name 头，如已存在则新值覆盖旧值
void setDateHeader(String name,long value)	指定日期类型的值到 name 头，如已存在则新值覆盖旧值
boolean containsHeader(name)	检查是否含有 name 名称的头
void setContentType(String type)	设定对客户端响应的 MIME 类型
void setContentLength(int leng)	设定响应内容的长度
void setLocale(Locale loc)	设定响应的地区信息

设置 HTTP 报文头最常用的方法是 setHeader 方法，其两个参数分别表示 HTTP 报文头的名字和值。例如，可以使用 response.setHeader("refresh", "1")实现当前页面每过 1 秒刷新一次。

2. 用于 URL 重定向的方法

response 对象可以实现页面的重定向，与 forward 类似可以根据需要将页面重定向到其他的页面。其提供的主要方法如表 4-11 所示。

表 4-11　　response 对象的 URL 重定向方法

方法名	方法说明
Void sendRedirect(String location)	进行页面重定向，可使用相对 URL
String encodeRedirectURL(String url)	对使用 sendRedirect()方法的 URL 进行编码
Void sendError(int number)	向客户端发送指定的错误响应状态码
Void sendError(int number,String msg)	向客户端发送指定的错误响应状态码和描述信息
Void setStatus(int number)	设定页面响应的状态码

需要注意的是，response 重定向和 forward 跳转都能实现从一个页面跳转到另一个页面，但两者也有很多不同。

（1）response 重定向。

① 执行完当前页面的所有代码，再跳转到目标页面。

② 跳转到目标页面后，浏览器的地址栏中 URL 会改变。

③ 它是在浏览器端重定向。

④ 可以跳转到其他服务器上的页面。

（2）forward 跳转。

① 直接跳转到目标页面，当前页面后续的代码不再执行。

② 跳转到目标页面后，浏览器的地址栏中 URL 不会改变。

③ 它是在服务器端重定向。

④ 不能跳转到其他服务器上的页面。

3. 其他方法

除了以上介绍的常用方法外，response 对象还提供了一些关于输出缓冲区的相关方法。通过这些方法，response 对象可以根据需要进行输出缓冲区的大小设置、清空缓冲区等操作，具体方法如表 4-12 所示。

表 4-12　　response 对象的其他方法

方法	方法说明
ServletOutputStream getOutputStream()	获得返回客户端的输出流
void flushBuffer()	强制将缓冲区内容发送给客户端
int getBufferSize()	获得使用缓冲区的实际大小
void setBufferSize(int size)	设置响应的缓冲区大小
void reset()	清除缓冲区的数据和报头以及状态码

4.3.4　session 对象

HTTP 协议是一种无状态协议，当完成用户的一次请求和响应后就会断开连接，此时服务器端不会保留此次连接的有关信息。当用户进行下一次连接时，服务器无法判断这一次连接和以前的连接是否属于同一用户。为解决这一问题，JSP 提供了一个 session 对象，让服务器和客户端之间一直保持连接，直到客户端主动关闭或超时（一般为 30 分钟）无反应才会取消这次会话。

利用 session 的这一特性，可以在 session 中保存用户名、用户权限、订单信息等需要持续存在的内容，实现同一用户在访问 Web 站点时在多个页面间共享信息。

session 对象是 javax.servlet.http.HttpSession 类的一个实例，用于存储有关会话的属性。session

对象的主要方法如表 4-13 所示。

表 4-13　　session 对象的常用方法

方法名	方法说明
void setAttribute(Object name,Object value)	在 session 中保存指定名称 name 的属性值 value
Object getAttribute(Object name)	获取指定名称 name 的属性值
Enumeration getValueNames()	获取 session 中所有属性名
String getID()	获取 session 的唯一标识
void invalidate()	撤销 session 对象，删除会话中的全部内容
boolean isNew()	检测当前 session 对象是否新建立
long getCreationTime()	返回建立 session 对象的时间（毫秒）
long getLastAccessedTime()	返回客户端最后一次发出请求的时间（毫秒）
int getMaxInactiveInterval()	返回客户端 session 不活动的最大时间间隔（秒），超过该时间将取消本次 session 会话
void setMaxInactiveInterval(int interval)	设置 session 不活动的最大时间间隔（秒）

注意

如要在 JSP 网页中使用 session 对象，需要将 page 指令的 session 属性设为 true，否则使用 session 对象会产生编译错误。

当客户首次访问 Web 站点的 JSP 页面时，JSP 容器会产生一个 session 对象，并分配一个唯一的字符串 ID，保存到客户端的 Cookie 中，服务器就通过该 sessionID 作为识别客户的唯一标识。只要该客户没有关闭浏览器且没有超时访问，客户在该服务器的不同页面之间进行转换或从其他服务器再次切换回该服务器，都会使用同一 sessionID。只有客户主动撤销 session 对象、关闭浏览器或超时没有访问，分配给客户的 session 对象才会取消。

session 对象中的常用方法是 setAttribute()和 getAttribute()，用于实现会话中的一些可持续信息，例如用户名、访问权限的跨页共享。正是由于这一点，使得 session 对象在身份认证、在线购物等应用中得到广泛使用。下面通过一个简单的例子看一下 session 的应用。

login.jsp 用于显示 sessionID，并将用户信息写入 session，check.jsp 用于显示用户信息，logout.jsp 注销 session 中的用户信息。

```
login.jsp:
<%@ page contentType="text/html;charset=GBK"%>
<% String name="";
if(!session.isNew())
{name=(String)session.getAttribute("username");
if(name==null) name="";
}%>
<p>欢迎访问！</p>
<p>Session ID:<%=session.getId()%></p>
<form name="loginForm" method="post" action="check.jsp">
用户名:
<input type="text" name="username" value=<%=name%>>
<input type="Submit"name="Submit"value="提交">
</form>
check.jsp:
```

```
<%@ page contentType="text/html;charset=GBK"%>
<%String name=null;
name=request.getParameter("username");
if(name!=null)
session.setAttribute("username",name);%>
<p>当前用户为: <%=name%> </P>
<a href="login.jsp">登录</a>   <a href="logout.jsp">注销</a>
logout.jsp:
<%@ page contentType="text/html;charset=GBK"%>
<%String name=(String)session.getAttribute("username");
session.invalidate();
%>
<%=name%>,再见!
```

运行结果如图 4-6、图 4-7、图 4-8 所示。

图 4-6　用户登录

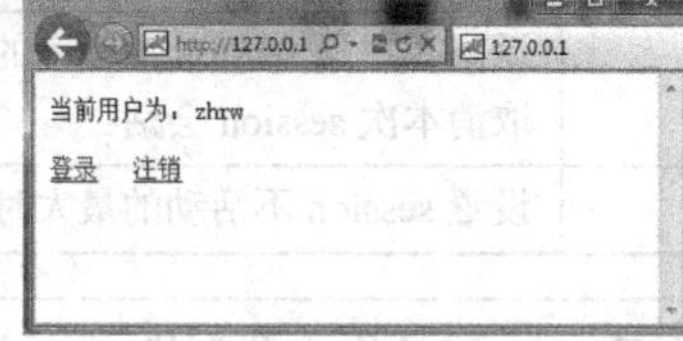

图 4-7　登录成功

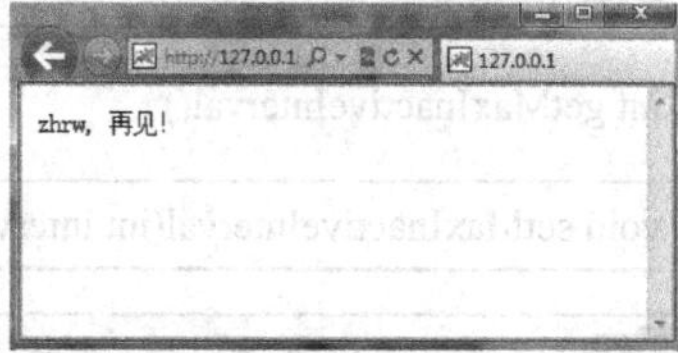

图 4-8　退出登录

4.3.5　application 对象

application 对象用于保存应用程序在服务器上的全局数据。服务器启动时就会创建一个 application 对象，只要没有关闭服务器，该对象就一直存在。而且与 session 对象分别对应各自的客户不同，所有访问该服务器的客户共享同一个 application 对象。

application 对象是 javax.servlet.ServletContext 类的实例，其主要方法如表 4-14 所示。

表 4-14　application 对象的主要方法

方法名	方法说明
Object getAtrribute(Object,name)	获得 application 对象中 name 名称的属性值
void setAttribute(Object name,Object value)	设置 application 对象中 name 名称的属性值
Enumeration getAttributeNames()	获得 application 对象中所有的属性名称
void removeAttribute(String name)	删除 name 名称的属性及其属性值
ServletContext getContext(String uripath)	获得指定 WebApplication 的 application 对象
String getInitParameter(String name)	获得 name 名称的初始化参数值
Enumeration getInitParameterNames()	获得所有应用程序初始化参数的名称
String GetServerInfo()	获得服务器信息
String getMimeType()	获得指定文件的 MIME 类型
String getRealPath(path)	将 path 转换成文件系统路径名
String getResource(path)	获得指定 path 的 URL 地址
void log(message)	向日志中写消息
RequestDispatcher getRequestDispatcher(path)	获得指定 path 的请求分发器
int getMajorVersion()	获得 Servlet 的主要版本

下面这个示例片段是通过 application 来实现网站访问量的计数功能。

```
<%! synchronized void count(){
Integer number=(Integer)application.getAtrribute("CountNumber");
if (number==null){
number=new Integer(1);
application.setAttribute("CountNumber",number);
}
else{
number=ner Integer(number.intValue()+1);
application.setAttribute("CountNumber",number);
}
}%>
<%
if(session.isNew()){
count();
out.println("<p>欢迎访问本网页！");
}%>
<p>您是第<%=((Integer)application.getAtrribute("CountNumber")).intValue()%>位访问本网页的客户。
```

4.3.6　其他对象

在 JSP 的隐含对象中，pageContext、page、config 和 exception 对象是不经常使用的，下面分别对这几个对象进行简要介绍。

1. pageContext 对象

pageContext 对象是一个比较特殊的对象，它相当于页面中所有其他对象功能的集合，使用它可以访问到本页中的所有的对象。

pageContext 对象是 javax.servlet.jsp.PageContext 类的实例，其主要方法是获得其他隐含对象和对象属性，分别如表 4-15 和表 4-16 所示。

表 4-15　pageContext 对象的常用方法

方法名	方法说明
JspWriter getOut()	获得当前页面的输出流，即 out 对象
Object getPage()	获得当前页面的 Servlet 实体(instance)，即 page 对象
ServletRequest getRequest()	获得当前页面的请求，即 request 对象
ServletResponse getResponse()	获得当前页面的响应，即 response 对象
HttpSession getSession()	获得当前页面的会话，即 session 对象
ServletConfig getServletConfig()	获得当前页面的 ServletConfig 对象，即 config 对象
ServletContext getServletContext()	获得当前页面的执行环境，即 application 对象
Exception getException()	获得当前页面的异常，即 exception 对象

表 4-16　pageContext 对象对属性的处理方法

方法名	方法说明
Object getAttribute(String name, int scope)	获得 name 名称，范围为 scope 的属性值
Enumeration getAttributeNamesInScope(int scope)	获得所有属性范围为 scope 的属性名称

续表

方法名	方法说明
void setAttribute(String name, Object value, int scope)	设置属性对象的名称为 name、值为 value、范围为 scope
int getAttributesScope(String name)	获得属性名称为 name 的属性范围
void removeAttribute(String name)	移除属性名称为 name 的属性对象
void removeAttribute(String name, int scope)	移除属性名称为 name，范围为 scope 的属性对象
Object findAttribute(String name)	寻找在所有范围中属性名称为 name 的属性对象

其中，scope 可以设置为如下 4 个范围参数，分别代表 4 种范围：PAGE_SCOPE、REQUEST_SCOPE、SESSION_SCOPE 和 APPLICATION_SCOPE。

2. page 对象

page 对象表示的是 JSP 页面本身，它代表 JSP 被编译成的 Servlet,可以使用它来调用 Servlet 类中所定义的方法，等同于 Java 中的 this。

3. config 对象

config 对象代表当前 JSP 配置信息，其方法如表 4-17 所示。

表 4-17　　config 对象的常用方法

方法名	方法说明
String getInitParameter(name)	获得名字为 name 的初始化参数值
Enumeration getInitParameterNames()	获得所有初始化参数的名字
Sring getServletName()	获得 Servlet 名字

通常，Servlet 的初始化参数信息放在 web.xml 文件中，利用 config 对象就可以完成对 Servlet 的读取。

例如，web.xml 文件中的 servlet 配置如下。

```
<servlet>
    <description> Servlet Example</description>
    <display-name>Servlet</ </display-name>
    <servlet-name>HelloWorld</servlet-name>
    <servlet-class>HelloWorld</servlet-class>
    <init-param>
        <param-name>user</param-name>
        <param-value>alex</param-value>
    </init-param>
    <init-param>
        <param-name>address</param-name>
        <param-value>http://www.hrbust.edu.cn</param-value>
    </init-param>
    <load-on-startup>1</load-on-startup>
</servlet>
<servlet-mapping>
    <servlet-name>HelloWorld </servlet-name>
    <url-pattern>/servlet/HelloWorld</url-pattern>
</servlet-mapping>
```

那么,我们就可以直接使用语句 String user_name=config.getInitParameter("user")来取得名称为 user、其值为 alex 的参数。

4. exception 对象

exception 对象是一个例外对象。当一个页面在运行过程中发生了例外，就产生这个对象。如果一个 JSP 页面要应用此对象，就必须把 isErrorPage 设为 true，否则无法编译。exception 对象的常用方法如表 4-18 所示。

表 4-18　　exception 对象的常用方法

方法名	方法说明
String getMessage()	返回描述异常的消息
String toString()	返回关于异常的简短描述消息
void printStackTrace()	显示异常及其栈轨迹
Throwable FillInStackTrace()	重写异常的执行栈轨迹

4.4 EL 表达式和标签

4.4.1 表达式语言

EL（Expression Language）表达式是 JSP 2.0 中提出的一种计算和输出 Java 对象的简单语言。它为不熟悉 Java 语言的页面开发人员提供了一个开发 JSP 应用的新途径。

EL 表达式语言是一种类似于 JavaScript 的语言，主要用于在网页上显示动态内容，替代 Java 脚本完成复杂功能。

EL 表达式的特点如下。

- 在 EL 表达式中可以获得命名空间；
- 可以访问一般变量；
- 可以使用算术运算符、关系运算符、逻辑运算符；
- 可以访问 JSP 的作用域（page、request、session 和 application）。

由于 EL 表达式是在 JSP 2.0 之后出现的，为了与以前的规范相兼容，可以通过设置 page 指令标记的 isELIgnored 属性来声明是否忽略 EL 表达式，如下。

```
<%@page isELIgnored="true|false"%>
```

如果设置为 true 则忽略，只将表达式作为一个字符串输出。如果设置为 false，则解析页面中的 EL 表达式。

1. EL 表达式的简单应用

（1）语法结构。

EL 表达式语法很简单，它的特点就是使用很方便。其表达式语法格式如下。

```
${expression}
```

在上面的语法中，expression 为待处理的表达式。由于“${”符号是表达式的起始符号，所以要想在网页中显示“${”字符串，需要进行字符转换。一种方式是在前面加上“\”字符，即“\${”，另一种方式是写成“${'$'}”，也就是用表达式来输出“${”符号。

（2）“[]”与“.”运算符。

EL 提供“.”和“[ ]”两种运算符来存取数据或对象的属性。大部分情况下，这两种运算符可以互换使用，但下面两种情况下只能使用“[ ]”运算符：

当要存取的属性名称中包含一些特殊字符，如“.”或“?”等并非字母或数字的符号，要使用“[ ]”。例如，${ user. My-Name}应当改为${user["My-Name"] }

如果需要动态取值时，要用“[ ]”来完成。例如：${sessionScope.user[data]}，其中 data 是一个变量，当值为“name”时，该式等价于${sessionScope.user.name}；若值为 password 时，该式等价于${sessionScope.user.password}。

（3）变量。

EL 存取变量数据的方法很简单，例如，${username}。它的意思是取出某一范围中名称为 username 的变量值。

因为没有指定哪一个范围的 username，所以它会依序从 page、request、session、application 范围查找。如果查找过程中找到 username，就直接回传，不再继续找下去，如果全部的范围都没有找到时，就回传 null。

属性范围 page、request、session、application 在 EL 中的名称分别是 PageScope、RequestScope、SessionScope、ApplicationScope。

2. 运算符

EL 表达式语言提供了如表 4-19 所示运算符，其中大部分是 Java 中常用的运算符。

表 4-19　EL 表达式运算符

类型	运算符号
算术型	+、-（二元）、*、/、div、%、mod、-（一元）
逻辑型	and、&&、or、‖、!、not
关系型	==、eq、!=、ne、、gt、<=、le、>=、ge。可以与其他值进行比较，或与布尔型、字符串型、整型或浮点型文字进行比较
空	空操作符是前缀操作，可用于确定值是否为空
条件型	A ?B :C。根据 A 赋值的结果来赋值 B 或 C

3. 隐含对象

EL 表达式语言定义了一组隐含对象，如表 4-20 所示，其中许多对象在 JSP 脚本和 EL 表达式中都可用，且与 JSP 的隐含对象功能相近，因此不做详细介绍。

表 4-20　EL 表达式的隐含对象

对象	说明
pageContext	JSP 页的上下文。它可以用于访问 JSP 隐式对象。例如，${pageContext.response} 为页面的响应对象赋值
param	将请求参数名称映射到单个字符串参数值。表达式 $(param . name) 相当于 request.getParameter (name)
paramValues	将请求参数名称映射到一个数值数组。它与 param 隐式对象非常类似，但它检索一个字符串数组而不是单个值。表达式 ${paramvalues. name) 相当于 request.getParamterValues(name)
header	将请求头名称映射到单个字符串头值。表达式 ${header. name} 相当于 request.getHeader(name)
headerValues	将请求头名称映射到一个数值数组。它与头隐式对象非常类似。表达式 ${headerValues. name} 相当于 request.getHeaderValues(name)
cookie	将 cookie 名称映射到单个 cookie 对象。向服务器发出的客户端请求可以获得一个或多个 cookie。表达式 ${cookie. name .value} 返回带有特定名称的第一个 cookie 值。如果请求包含多个同名的 cookie，则应该使用 ${headerValues. name} 表达式

续表

对象	说明
InitParam	将上下文初始化参数名称映射到单个值。
pageScope	将页面范围的变量名称映射到其值。例如，EL 表达式可以使用 ${pageScope.objectName} 访问一个 JSP 中页面范围的对象，还可以使用 ${pageScope .objectName. attributeName} 访问对象的属性
requestScope	将请求范围的变量名称映射到其值。该对象允许访问请求对象的属性。例如，EL 表达式可以使用${requestScope. objectName}访问一个 JSP 请求范围的对象，还可以使用${requestScope. objectName. attributeName}访问对象的属性
sessionScope	将会话范围的变量名称映射到其值。该对象允许访问会话对象的属性。例如，${sessionScope. name}

4.4.2 JSTL 标签库

1. 概述

JSP 标准标签库（JSP Standard Tag Library，JSTL）是一个实现 Web 应用程序中常见的通用功能的定制标签库集，这些功能包括迭代和条件判断、数据管理格式化、XML 操作以及数据库访问。它是由 JCP（Java Community Process）所制定的一种标准规范，由 Apache 的 Jakarta 小组负责维护。

通过使用 JSTL 和 EL，程序员可以取代传统的向 JSP 页面中嵌入 Java 代码的做法，大大提高程序的可维护性、可阅读性和方便性。

JSP 标准标签库包括：核心标签库、可 I18N 与格式化标签库、数据库访问标签库、XML 处理标签库、函数标签库。

（1）核心标签库：主要用于完成 JSP 页面的基本功能，包括基本输入输出、流程控制、迭代操作和 URL 操作。

（2）I18N 与格式化标签库：包含国际化标签和格式化标签，用于对经过格式化的数字和日期的输出结果进行标准化。

（3）数据库访问标签库：包含对数据库访问和更新的标签，可以方便地对数据库进行访问。

（4）XML 处理标签库：包含对 XML 操作的标签，使用这些标签可以很方便地开发基于 XML 的 Web 应用。

（5）函数标签库：包含对字符串处理的常用函数标签，包括分解和连接字符串、返回子串、确定字符串是否包含特定子串等。

使用这些标签之前需要在 JSP 页面中使用<%@taglib%>指令定义标签库的位置和访问前缀。同时还需要下载 jstl.jar 和 standard.jar 文件并复制到 Web 应用目录\WEB-INF\lib 下。

各个标签库的 taglib 指令格式如表 4-21 所示。

表 4-21　　JSTL 标签库的指令格式

JSTL	taglib 指令格式
核心标签库	<%@taglib prefix="c"uri="http://java.sun.com/jsp/jstl/core"%>
I18N 格式化标签库	<%@taglib prefix="fmt"uri="http://java.sun.com/jsp/jstl/fmt"%>
数据库访问标签库	<%@taglib prefix="sql"uri="http://java.sun.com/jsp/jstl/sql"%>
XML 处理标签库	<%@taglib prefix="xml"uri="http://java.sun.com/jsp/jstl/xml"%>
函数标签库	<%@taglib prefix="fn"uri="http://java.sun.com/jsp/jstl/functions"%>

例如，jstlTest.jsp，其代码如下。

```
<%@ page contentType="text/html;charset=GB2312" isELIgnored="false"%>
<%@ taglib prefix="c" uri="http://java.sun.com/jsp/jstl/core"%>
<html><head>
<title>测试你的第一个 JSTL 网页</title>
</head>
<body>
<c:out value="欢迎测试你的第一个 JSTL 网页"/>
</br>你使用的浏览器是：</br>
<c:out value="${header['User-Agent']}"/></br>
<c:set var="user" value="Jack" />
<c:out value="JSTL 测试成功！" escapeXml="true"/>
</body></html>
```

运行结果如图 4-9 所示。

图 4-9 JSTL 示例运行结果

这段程序代码主要使用了核心标签库 core 的 out 标签，配合 EL 表达式显示了浏览器的类型。

2. 核心标签库

JSTL 核心标签库标签共有 13 个，功能上分为 4 类。

（1）表达式控制标签：out、set、remove、catch。

（2）流程控制标签：if、choose、when、otherwise。

（3）循环标签：forEach、forTokens。

（4）URL 操作标签：import、url、redirect。

使用标签时，一定要在 jsp 文件头加入以下代码。

```
<%@taglib prefix="c" uri="http://java.sun.com/jsp/jstl/core" %>
```

下面对这些标签进行说明。

（1）<c:out>。

<c:out> 标签是一个最常用的标签，用来显示数据对象（字符串、表达式）的内容或结果。它的作用是用来替代通过 JSP 隐含对象 out 或者 <%=%> 标签来输出对象的值。

语法 1：没有 body 体

```
<c:out value="value" [escape Xml ="{true|false}"] [default="defaultValue"]/>
```

语法 2：有 body 体

```
<c:out value="value" [escape Xml ="{true|false}"]>
```

Body 部分

```
</c:out>
```

各属性说明如表 4-22 所示。

表 4-22　<c:out>的属性说明

属性名	类型	必须	默认值	说明
value	Object	Y	无	用来定义需要求解的表达式
escape xml	boolean	N	true	用于指定在使用 <c:out> 标记输出特殊字符时是否应该进行转义。如果为 true，则会自动的进行编码处理
default	Object	N	无	当求解后的表达式为 null 或者 String 为空时将打印这个缺省值

说明：假若 value 为 null，会显示 default 的值；假若没有设定 default 的值，则会显示一个空的字符串。

example4_8.jsp 的代码片段：

```
<body>
  <c:out value="&lt 欢迎使用标签（未使用转义字符）&gt" escapeXml="true" default="默认值"></c:out><br/>
  <c:out value="&lt 欢迎使用标签（使用转义字符）&gt" escapeXml="false" default="默认值"></c:out><br/>
  <c:out value="${null}" escapeXml="false">若表达式结果为 null，则输出此默认值</c:out><br/>
</body>。
```

其显示结果如图 4-10 所示。

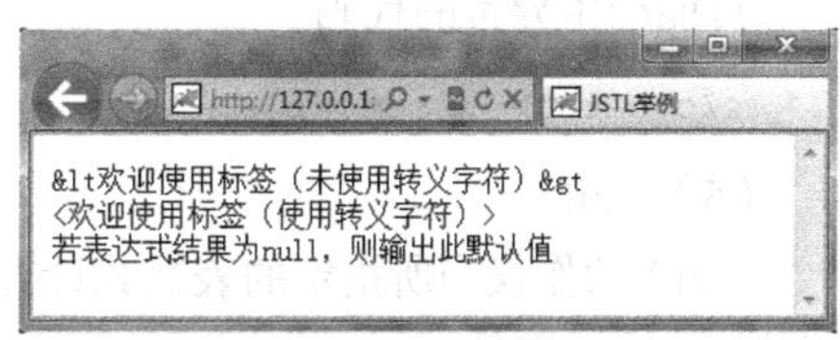

图 4-10　<c:out>示例运行结果

（2）<c:set>。

<c:set>标签是对某个范围中的名字设置值，也可以对某个已经存在的 JavaBean 对象的属性设置值，其功能类似于<%request.setAttrbute("name","value");%>语句。

其语法格式如下。

语法 1：没有 body 体，将 value 的值存储到范围为 scope 的 varName 变量之中。

```
<c:set value="value" var="varName" [scope="{page|request|session|application}"]/>
```

语法 2：有 body 体，将 body 内容存储至范围为 scope 的 varName 变量之中。

```
<c:set value="value" [scope="{page|request|session|application}"]>
body 体内容
</c:set>
```

语法 3：将 value 的值存储至 target 对象属性中。

```
<c:set value="value" target="target" property="propertyName"/>
```

语法 4：将 body 内容的数据存储至 target 对象属性中。

```
<c:set target="target" property="propertyName">
body 体内容
</c:set>
```

说明：如果 value 值为 null 时，<c:set>将由设置变量改为移除变量。

target 是要设置属性的对象。必须是 JavaBean 对象或 java.util.Map 对象。如果 target 为

Map 类型时，则执行 Map.remove(property)；如果 target 为 JavaBean 时，property 指定的属性值为 null。

需要注意的是，var 和 scope 这两个属性不能使用表达式来表示，不能写成 scope="${ourScope}"或 var="${a}"

（3）<c:remove>。

<c:remove>标签用于删除存在于 scope 中的变量。其实现功能类似于 <%session.removeAttribute("name")%>。

语法格式为：

```
<c:remove var="varName" [scope="{page|request|session|application}"]/>
```

（4）<c:catch>。

<c:catch>用来处理 JSP 页面中产生的异常，并存储异常信息。当异常发生在<c:catch>和</c:catch>之间时，只有<c:catch>和</c:catch>之间的程序会被中止忽略，整个网页不会被中止。它包含一个 var 属性，是一个描述异常的变量，该变量可选。若没有 var 属性的定义，那么仅仅捕捉异常而不做任何事情。若定义了 var 属性，则可以利用 var 所定义的异常变量进行判断，转发到其他页面或提示报错信息。

语法格式为：

```
<c:catch [var="var"]>
可能产生异常的代码
</c:catch>
```

（5）<c:if>。

<c:if>动作仅当所指定的表达式计算为 true 时才计算其主体。计算结果也可以保存为一个作用域 Boolean 变量。

语法 1：无 body 体

```
<c:if test="booleanExpression"
 var="var"[scope="page|request|session|application"]/>
```

语法 2：有 body 体

```
<c:if test="booleanExpression">
 body 体
</c:if>
```

var 用来存储 test 运算后的结果，true 或 false。

例如，

```
<c:if test="${empty param.empDate}">
<jsp:forward page="input.jsp">
<jsp:param name="msg" value="Missing the Employment Date" />
</jsp:forward>
</c:if>
```

表示的是如果参数 empDate 为空的话则转向 input.jsp 页面。

（6）<c:choose>、<c:when>、<c:otherwise> 标签。

<c:choose>动作用于控制嵌套<c:when>和<c:otherwise>的动作，它只允许第一个测试表达式计算为 true 的<c:when>动作得到处理；如果所有<c:when>动作的测试表达式都计算为 false，则会处

理一个<c:otherwise>动作。<c:choose>标签类似于 Java 中的 switch 语句，其作为父标签，<c:when>、<c:otherwise>作为其子标签来使用。

语法格式为：

```
<c:choose>
body(<when>和<otherwise>)
</c:choose>
```

<c:choose>标签的内容只能是如下值。

- 空；
- 1 或多个<c:when> ；
- 0 或多个<c:otherwise>。

<c:when>标签等价于“if”语句，它包含一个 test 属性，该属性表示需要判断的条件。

语法格式为：

```
<c:when test="testCondition">
Body
</c:when>
```

<c:otherwise>标签没有属性，它等价于“else”语句。

语法格式为：

```
<c:otherwise>
conditional block
</c:otherwise>
```

说明：

<c:when>和<c:otherwise>标签只能是<c:choose>的子标签，不能独立存在。

在<c:choose>中，<c:when>要出现在<c:otherwise>之前。如果有<c:otherwise>标签，一定是<c:choose>中的最后一个标签。

在<c:choose>中，如果多个<c:when>同时满足条件，只有第一个<c:when>被执行。

（7）<c:forEach>。

该标签功能类似于 Java 中的 for 循环语句，根据循环条件遍历集合 Collection 中的元素。当条件满足时，就会重复执行标签中的体内容部分。

语法格式：

语法 1：基于集合元素的迭代

```
<c:forEach items="collection" [var="var"] [varStatus="varStatus"]
[begin="startIndex"] [end="stopIndex"] [step="increment"]>
体内容
</c:forEach>
```

语法 2：迭代固定次数

```
<c:forEach [var="var"] [varStatus="varStatus"]
begin="startIndex" end="stopIndex" [step="increment"]>
体内容
</c:forEach>
```

各属性说明如表 4-23 所示。

表 4-23　　<c:forEach>的属性说明

属性名	类型	默认值	说明
begin	int	0	结合集合使用时的开始索引，从 0 计起。对于集合来说默认为 0
end	int	最后一个成员	结合集合使用时的结束索引（元素引要小于等于此结束索引），从 0 计起。默认为集合的最后一个元素。如果 end 小于 begin，则根本不计算体集合，迭代即要针对此集合进行
items	Collection, Iterator, Enumeration, Map, String, Arrays，数组	无	集合，迭代即要针对此集合进行
step	int	1	每次迭代时索引的递增值。默认为 1
var	String	无	保存当前元素的嵌套变量的名字
varStatus	String	无	保存 LoopTagStatus 对象的嵌套变量的名字

说明：

假若 items 为 null 时，则表示为一空的集合对象。

假若 begin 大于或等于 items 时，则迭代不运算。

注意：

varName 的范围只存在<c:forEach>的本体中，如果超出了本体，则不能取得 varName 的值。如，

```
<c:forEach items="${atts}" var="item"> </c:forEach>
${item}</br>
```

${item}不会显示 item 的内容。

<c:forEach>除了支持数组之外，还有标准的 J2SE 的结合类型。例如，ArrayList、List、LinkedList、Vector、Stack 和 Set 等；另外，包括 java.util.Map 类的对象，例如，HashMap、Hashtable、Properties、Provider 和 Attributes。

此外，<c:forEach>还提供了 varStatus 属性，主要用来存放现在所指成员的相关信息。其属性含义如表 4-24 所示。

表 4-24　　varStatus 的属性含义

属性	类型	含义
index	number	现在所指成员的索引
count	number	总共成员的总和
first	boolean	现在所指成员是否为第一个
last	boolean	现在所指成员是否为最后一个

<c:forEach>示例如下。

```
example4_9.jsp
<%@ page contentType="text/html;charset=GBK"  isELIgnored="false"%>
<%@page import="java.util.List"%>
<%@page import="java.util.ArrayList"%>
<%@ taglib prefix="c" uri="http://java.sun.com/jsp/jstl/core" %>
```

```
<html>
<head>
    <title>JSTL: -- forEach 标签实例</title>
</head>
<body>
<h4><c:out value="forEach 实例"/></h4>
<hr>
    <%
        List a=new ArrayList();
        a.add("贝贝");
        a.add("晶晶");
        a.add("欢欢");
        a.add("莹莹");
        a.add("妮妮");
    request.setAttribute("a",a);
%>
    <B><c:out value="不指定 begin 和 end 的迭代: " /></B><br>
    <c:forEach var="fuwa" items="${a}">
     <c:out value="${fuwa}"/><br>
    </c:forEach>
    <B><c:out value="指定 begin 和 end 的迭代: " /></B><br>
    <c:forEach var="fuwa" items="${a}" begin="1" end="3" step="2">
     <c:out value="${fuwa}" /><br>
    </c:forEach>
    <B><c:out value="输出整个迭代的信息: " /></B><br>
    <c:forEach var="fuwa" items="${a}" begin="3" end="4" step="1" varStatus="s">
     <c:out value="${fuwa}" />的四种属性: <br>
      所在位置,即索引: <c:out value="${s.index}" />;
      总共已迭代的次数: <c:out value="${s.count}" /><br>
      是否为第一个位置: <c:out value="${s.first}" />;
      是否为最后一个位置: <c:out value="${s.last}" /><br>
    </c:forEach>
</body>
</html>
```

其运行结果如图 4-11 所示。

图 4-11　<c:forEach>示例运行结果

（8）<c:forTokens>标签。

该标签用于遍历字符串中的成员，成员之间通过 delimis 属性设置的符号分割。其相当于 java.util.StringTokenizer 类。

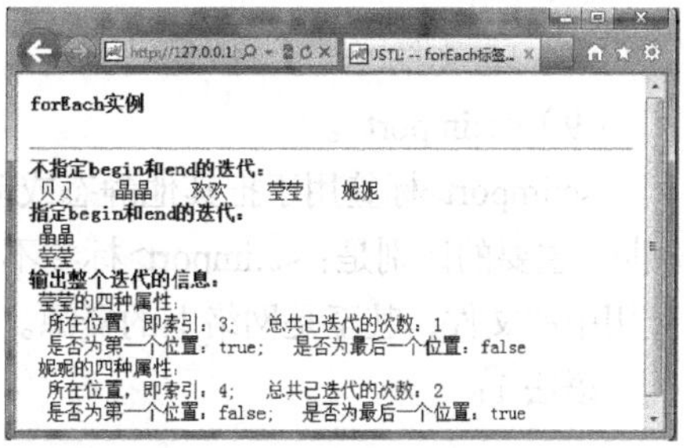

语法格式为：

```
<c:forTokens items="stringOfTokens" delims="delimiters" [var="name" begin="begin"
end="end" step="len" varStatus="statusName"]>
体内容
</c:forTokens>
```

各属性含义如表 4-25 所示。

表 4-25 <c:forTokens>各属性含义

属性名	类型	是否必须	默认值	说明
var	String	否	无	用来存放现在指定的成员
items	String	是	无	被迭代的字符串
delims	String	是	无	定义用来分割字符串的字符
varStatus	String	否	无	用来存放现在指定的相关成员信息
begin	int	否	0	开始的位置
end	int	否	最后一个成员	结束的位置
step	int	否	1	每次迭代步长

说明：

<c:forTokens>中的 begin、end、step、var 和 varStatus 属性用法与<c:forEach>标签相同，只是要求 items 必须是字符串，delims 是分隔符。

如果有 begin 属性时，begin 必须大于等于 0；如果有 end 属性时，必须大于 begin；如果有 step 属性时，step 必须大于等于 1。

如果 itmes 为 null 时，则表示为空的集合对象。如果 begin 大于等于 items 的大小时，则迭代不运算。

例如，

```
<c:forToken items="A,B,C,D,E,F,G" delims="," var="item>
${item}
</c:forToken>
```

items 属性也可以用 EL，例如，

```
<%
 String phonenumber="123-456-7899";
 request.setAttribute("userPhone",phonenumber);
%>
<c:forTokens items="${userPhone}" delims="-" var="item">
${item}
</c:forTokens>
```

（9）<c:import>。

<c:import>标签用于把其他静态或动态文件包含到 JSP 页面。其与<jsp:include>标记功能基本相同，主要的区别是：<c:import>标签不仅能包含同一个 Web 应用中的文件，还可以包含其他 Web 应用中的文件，甚至是网络上的资源。

语法 1：

```
<c:import url="url" [context="context"]
[var="varName"] [scope="{page|request|session|application}"] [charEncoding="charEncoding"]>
内容
</c:import>
```

语法 2：

```
<c:import url="url" [context="context"]
varReader="varReaderName" [charEncoding="charEncoding"]>
```

```
内容
</c:import>
```

说明：<c:import>中必须要有 url 属性，它是用来设定被包含网页的地址。它可以为绝对地址或是相对地址。

当使用相对路径访问外部 context 资源时，context 指定了这个资源的名字。

属性 var 和 varReader 的区别在于 var 是一个字符串参数，而 varReader 是 Reader 对象。

（10）<c:url>。

主要用来产生一个 URL。

语法 1：没有本体内容

```
<c:url value="value" [context="context"] [var="varName"]
[scope="{page|request|session|application}"] />
```

语法 2：本体内容代表查询字符串（Query String）参数

```
<c:url value="value" [context="context"] [var="varName"]
[scope="{page|request|session|application}"] >
<c:param> 标签
</c:url>
```

例如，

```
<c:url value="http://www.javafan.net" >
<c:param name="param" value="value"/>
</c:url>
```

上面执行结果将会产生一个网址为 http://www.javafan.net?param=value 的 URL，我们更可以搭配 HTML 的<a>标签使用。

```
<a href="<c:url value="http://www.javafan.net" >
<c:param name="param" value="value"/>
</c:url>">Java 爱好者</a>
```

如果<c:url>有 var 属性时，则网址会被存到 varName 中，而不会直接输出网址。

（11）<c:redirect>。

该标签用来实现请求的重定向。例如，对用户输入的用户名和密码进行验证，不成功则重定向到登录页面。或者实现 Web 应用不同模块之间的衔接。

语法 1：没有体内容

```
<c:redirect url="url" [context="context"] />
```

语法 2：体内容代表查询字符串（Query String）参数

```
<c:redirect url="url" [context="context"] >
<c:param>
</c:redirect >
```

例如，

```
<%@ page contentType="text/html;charset=GBK"%>
<%@ taglib prefix="c" uri="http://java.sun.com/jsp/jstl/core"%>
<c:redirect url="http://127.0.0.1:8080">
    <c:param name="uname">user</c:param>
    <c:param name="password">123456</c:param>
</c:redirect>
```

则运行后，页面跳转为：http://127.0.0.1:8080/?uname=user&password=123456。

（12）<c:param>。

<c:param>标签可以作为<c:import>、<c:url>和<c:redirect>标签的子标签，用于传递相关参数。

语法格式为：

```
<c:param name="参数名"value="参数值"/>
<c:param name="参数名">体内容</c:param>
```

4.4.3 自定义标签

除了标准的 JSP 标签以外，JSP 还允许用户定义自己的标签，通过自定义标签来封装用户特定的动作和行为，从而扩展标签的功能。自定义标签的使用方法和 JSP 的标准标签一样，但其定义和运行需要完成如下几方面的定义。

（1）标签处理类（Tag Handle Class）。

标签处理类是一个 Java 类，这个类继承了 TagSupport 或者扩展了 SimpleTag 接口，通过这个类可以实现自定义 JSP 标签的功能。

（2）标签库描述文件（Tag Library Descriptor）。

标签库描述（TLD）文件是一个 XML 文件，这个文件提供了标签库中类和 JSP 中对标签引用的映射关系。它是一个配置文件，和 web.xml 类似。JSP 容器在遇到标签库中的自定义标签时需要使用该文件找到对应的标签处理器类，来决定如何处理。

（3）web.xml 文件中对标签库的描述。

对标签库描述文件的定位和描述需要在 web.xml 文件中指明。在 web.xml 文件中使用 taglib 标记及其子标记 taglib-uri 和 taglib-location 来实现这一目的。

（4）在 JSP 页面中使用自定义标签。

在 JSP 页面中使用 taglib 指令声明自定义标签。

```
<%@taglib uri="taglibURI"prefix="tagPrefix"@%>
```

其中，uri 是用户自定义标签库描述文件的 URL 地址，prefix 是标签库描述文件的前缀。下面通过一个完整示例来说明自定义标签的定义与使用过程。

1. 标签处理类的定义

标签处理类就是一个 java 类，只是需要继承 TagSupport 类或扩展 SimpleTag 接口。

```
package tag;
import java.io.IOException;
import javax.servlet.jsp.*;
import javax.servlet.jsp.tagext.*;
public class TagTest extends TagSupport
{
    public int doStartTag() throws JspTagException
    {
    return EVAL_BODY_INCLUDE;
}
public int doEndTag() throws JspTagException
{
    try{
pageContext.getOut().write("Welcome to TagTest!<br/>"+
"  class name is  "+getClass().getName());
```

```
}
        catch(IOException e){}
        return EVAL_PAGE;
}
}
```

说明如下。

doStartTag()：在自定义标签开始时调用，返回在标签接口中定义的 int 常量。doStartTag()方法覆盖了 TagSupport 类中的此方法，会抛出 JspTagException 异常。

doEndTag()：在自定义标签结束时调用，返回在标签接口中定义的 int 常量。

完成类的编写后编译生成 TagTest.class。

2. 标签库描述文件的定义

编写标签库描述文件 tagLib.tld，它是一个 XML 文档。

```
<?xml version="1.0" encoding="ISO-8859-1" ?>
<!DOCTYPE taglib
        PUBLIC "-//Sun Microsystems, Inc.//DTD JSP Tag Library 1.1//EN"
        "http://java.sun.com/Java EE/dtds/web-jsptaglibrary_1_1.dtd">
<taglib>
  <tlibversion>1.0</tlibversion>
  <jspversion>1.1</jspversion>
  <shortname>TagExample</shortname>
  <info>Simple example library.</info>
  <tag>
    <name>tagTest</name>
    <tagclass>tag.tagTest</tagclass>
    <bodycontent>JSP</bodycontent>
    <info>Taglib example</info>
  </tag>
</taglib>
```

说明：

<tlibversion>为标签库的版本号，不能忽略。

<jspversion>为 JSP 规范的版本号，缺省为 1.1。

<shortname>为标签库命名空间前缀，一般与 taglib 指令中的 prefix 属性值一致。该项不能忽略。

<info>为标签库的描述信息。

在一个标签库描述文件中可以出现任意多个<tag></tag>标签，用于声明自定义的标签。

<name>为标签名称，即标签后缀。

<tagclass>为自定义标签类。

<bodycontent>表示用户自定义标签是否包含体内容。值为 JSP 表示 Servlet 容器对体内容求值。

<tag>标签中的<name>和<tagclass>子标签是不能省略的。

3. web.xml 文件的描述

在 web.xml 文件中需要配置对标签库描述文件的描述和定位。在配置文件中增加如下语句。

```
<taglib>
   <taglib-uri>/TagTest</taglib-uri>
   <taglib-location>/WEB-INF/tlds/tagLib.tld</taglib-location>
</taglib>
```

说明：<taglib>标签用于说明标签库描述文件的所在位置和相关 uri。

<taglib-uri>子标签中定义的内容要与 JSP 文件中<%@taglib uri="taglibURI"prefix="tagPrefix"@%>的 uri 属性值相一致。

<taglib-location>子标签指出标签库描述文件的所在位置。

4. JSP 文件的编写

下面编写一个 JSP 文件，应用自定义标签。

```
<%@ taglib uri="/TagTest" prefix="TagExample"%>
<html>
<head>
    <title>tag Example</title>
</head>
<body>
<h1>TagLib Example:</h1>
The Taglib content is<br/>
<b><examples:tagTest>
</examples:tagTest>
</b><br/>
content end
</body>
</html>
```

运行结果如图 4-12 所示。

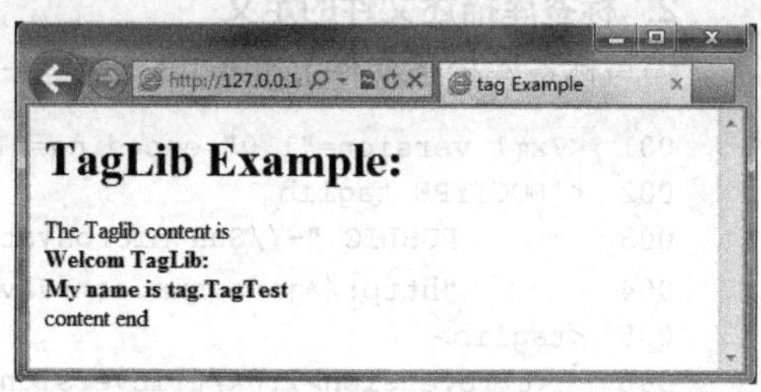

图 4-12　TagLib 示例运行结果

4.5　小　结

本章围绕着 Java EE 中的一个重要的组成部分——JSP，进行了详细讲解，包括 JSP 的基本语法结构、JSP 指令、JSP 动作、JSP 的隐含对象以及 JSP 表达式、JSP 标签等。每个部分都进行了简单举例，以方便读者对各个知识点的理解，如需熟练掌握还要自己动手多做编程练习。

4.6　习　题

1. JSP 有哪些内置对象?作用分别是什么?
2. JSP 有哪些动作?作用分别是什么?
3. JSP 中动态 include 与静态 include 的区别是什么?
4. 简述 JSP 的执行过程。
5. <jsp:forward>与 response.sendRedirect()实现页面转向有什么区别?

第 5 章 XML

本章内容

- XML 简介
- DOM 和 SAX
- XPath

可扩展标记语言（eXtensible Markup Language，XML）是由互联网联合组织（World Wide Web Consortium，W3C）于 1998 年发布的一种标准，和 HTML 同属于标准通用标记语言（Standard Generalized Markup Language，SGML）的一个简化子集。由于 XML 将 SGML 的丰富功能和 HTML 的易用性进行了有效的结合，用在 Web 的应用开发中。因此，自发布以来迅速得到软件开发商的广泛支持和程序开发人员的喜爱，得到广泛的好评。

5.1 XML 简介

5.1.1 XML 与 HTML 的比较

Internet 提供了全球范围的网络互联与通信功能，Web 技术的发展更是迅猛，其丰富的信息资源给人们的学习和生活带来了极大的便利。特别是超文本标记语言（Hyper Text Markup Language，HTML）的出现使人们发布、检索、交流信息都非常方便。但是，因为电子商务、电子出版、远程教育等基于 Web 的新应用领域使得 Web 可提供的资源更复杂多样，另外数据量的骤增对网络的传输能力也提出了更高的要求，而且人们对 Web 服务功能的需求也有了更高的标准。由于传统的 HTML 自身特点的限制，不能满足这些要求。具体表现在：HTML 只能显示内容却不能表达数据内容；HTML 不能描述矢量图形、数学公式、化学符号等特殊对象；HTML 的可扩展性差，用户不能根据自己的需求定义有意义的标记。

SGML 是一种通用的文档结构描述标记语言，为语法标记提供了非常强大的工具，也具有很好的可扩展性。但是，SGML 过于复杂，不适合大量的日常网络应用，其开发成本高且不被主流浏览器支持，这些方面限制了它的推广应用。在这个背景下，人们期待开发出一种功能强大、具有可扩展性又相对简单的语言，XML 应运而生。

5.1.2 XML 语法概要

XML 的优势之一是它允许建立适合应用需求的标记集，这一特点使 XML 广泛应用在电子商务、政府文档、出版等领域的数据表示和存储中。其数据存储格式不受显示格式的限制。一般而言，一个文档有 3 个要素，即数据、结构和显示方式。HTML 的显示方式内嵌在数据中，创建文本时不必考虑其输出格式问题，但如果因为需要对同样的内容进行不同格式的显示则需要重新创建一个文档，重复工作量很大。XML 把文档的 3 要素独立进行处理。首先把显示格式从数据内容中独立出来，利用样式表文件定义文档的显示方式。就是说，要改变显示格式，只需改变样式表文件即可。另外，XML 能够很好地表示和描述许多复杂的数据关系，使基于 XML 的应用程序可以在 XML 文件中准确而高效地搜索相关的数据内容。XML 可以作为网际语言，实现不同系统之间的数据和文档交换。

下面是一个 XML 实例，通过它，给出了 XML 文档的语法的概要说明。

book.xml（使用外部 DTD）的代码如下所示。

```
<?xml version="1.0"?>
<!DOCTYPE book SYSTEM "book.dtd">
<book>
   <chapter>
      <chapNum> 1 </chapNum>
      <chapTitle > Introduction to Java</chapTitle>
   </chapter>
   <chapter>
      <chapNum> 2 </chapNum>
      <chapTitle > Java fundamentals</chapTitle>
   </chapter>
   <chapter>
      <chapNum> 3 </chapNum>
      <chapTitle > Java control structure</chapTitle>
   </chapter>
   <chapter>
      <chapNum> 4 </chapNum>
      <chapTitle > class definitions</chapTitle>
   </chapter>
</book>
```

从上面的文件可以看出，一个 XML 文档的结构特点如下。

（1）文档开始是一个 XML 声明：<?xml version="1.0"?>，该声明中有两个可选属性 standalong 和 encoding。一个完整的 XML 声明格式如下。

```
<?xml version = "1.0"  standalone = "no"  encoding = "GB2312" ? >
```

声明并非是必需的，但是 W3C 推荐使用声明。在声明中涉及的 3 个属性的含义。

- version：此属性指明所采用的 XML 版本号。
- standalone：这个属性表明一个 XML 文档是否与一个独立的标记类型声明文件配合使用。属性设为 yes，则说明没有另外的标记类型声明文件，这个 XML 文档是自成一体的。若其值设为 no，则说明要有一个类型声明文件供该 XML 文件使用。
- encoding：说明该 XML 文档使用的编码标准。

（2）元素是 XML 文档的基本单元，XML 元素代表 XML 文档描述的“事物”。比如书籍、作者和出版商。这些元素构成了 XML 文档的主要概念。在语法上，一个元素包含一个起始标记、一个结束标记以及标记之间的数据内容。其形式为：<标记>元素内容</标记>，元素内容可以是文本，或是其他元素，或为空。例如，

```
<chapTitle > Java control structure</chapTitle>
```

如果一个元素不包含任何内容，则称为空元素。形如

```
<lecturer></lecturer>
```

这样的空元素可以缩写成：

```
<lecturer/>
```

说明：

- 标记必不可少。任何一个 XML 文档中至少有一个元素，因此标记是必不可少的。
- 区分大小写。如<table>和<TABLE>在 HTML 中是相同的标记，但在 XML 中是不同的。
- 使用正确的结束标记。结束标记要和开始标记在拼写和大小写上完全一致，且必须在其前面加上一个斜杠“/”。
- XML 标记要求严格配对。HTML 中的
、<HR>的元素格式在 XML 中是不合法的。如 HTML 中的<HR>在 XML 中合法格式为<HR/>。
- 标记命名要合法。标记应该以字母、下划线或冒号开头，后面跟字母、数字、下划线、句号、冒号或连字符，切忌中间有空格分隔，任何标记不得以 xml 开头。

（3）元素中还可以再嵌套定义其他的元素。

（4）元素中可以有属性。一个空元素未必毫无意义，它可以拥有属性（attributes）形式的一些特性。属性是元素的起始标签中的名字-值（name-value）对。例如，

```
<lecturer name = "David Billington"phone = "+61-7-3765 509"/>
```

下面是非空元素的属性的例子。

```
<order orderNo = "12345"
       customer = "John Smith"
       date = "October 15,2009" >
  <item itemNo = "a528"quantity = "1"/>
  <item itemNo = "c817"quantity = "3"/>
</order>
```

例子中的属性也可以采用嵌套元素的形式来表达。

```
<order>
  <orderNo>12345</orderNo>
  <customer>John Smith</customer>
  <date>October 15,2009</date >
  <item>
     <itemNo>a528</item>
     <quantity>1</quantity>
    </item>
  <item>
     <itemNo>c817</itemNo>
     <quantity>3</quantity>
  </item>
</order>
```

在具体应用中究竟采用属性还是元素嵌套只是个人爱好。但需注意属性不可以嵌套。

（5）XML 的注释格式与 HTML 相同，但是有几点需要特别指出。

- 在注释文本中不能出现字符“-”或字符串“--”，以免 XML 处理器把它们和注释结束标志“-->”相混淆。
- 注释不能嵌套。
- 不要把注释文本放在标记中。

5.1.3 DTD 语法

XML 提供一种我们称之为文档类型声明的独立于应用程序之外的数据交换机制，用于定义对逻辑结构的约束和支持预定义存储单元的使用。如果一个 XML 文档有相应的文档类型声明并且它遵循其中的约束，则称它是有效的。XML 文档类型声明包含或指向标记声明，标记声明提供某一类文档的文法。这种文法被称为文档类型定义（Document Type Definition，DTD）。XML 是可扩展的，但它必须受到一定的语法限制。通过制定 DTD 文档，XML 的数据格式就会得到约束，从而使数据交换有一个依据，在数据发送和接收时，据此进行合法性的验证。

当打开 DTD 关联 XML 文档时，就要使 DTD 在该 XML 文档中起作用，XML 文档中如果出现违反 DTD 规则的定义，就会出错。XML 文档必须满足两个正确的标准，一个就是格式要正确，要满足基本的 XML 语法规则；另一个是满足 DTD 中制定的关于 XML 文档元素的有关规则，即使 DTD 或 XML 有效。

1. DTD 一般结构

DTD 的声明方法是：

```
<!DOCTYPE 根元素名称[定义的内容]>
```

其中，[定义的内容]用标签<!ELEMENT>来分别定义所包含的子元素名称以及每一个子元素的数据类型。

DTD 分为内部 DTD 和外部 DTD 两类。一个 XML 文档如果包含了 DTD 声明，则把这种 DTD 声明叫作内部 DTD。很明显，这样的 DTD 所定义的文档类型只能应用在该 XML 文档中，其他的 XML 文档不能使用它所定义的文档类型。内部 DTD 一般放在 XML 声明之后，在 XML 声明中加入 standalone = “yes”这条语句，表示文档可以放在独立的语句之后，也可以放在处理指令之后，但是绝对不能放在 XML 数据之后，也不能放在 XML 声明之前。

与内部 DTD 相反，外部 DTD 的好处是：它可以方便而高效地被多个 XML 文档所共享。XML 声明中必须说明这个 XML 文档不是自成一体的，即 standalone 属性的值应为“no”。

在 DOCTYPE 声明中，应该加入 SYSTEM 属性。

```
<! DOCTYPE 根元素名 SYSTEM  "外部 DTD 文件的 URL">
```

2. DTD 元素定义

下面，给出一个 DTD 的实例，对其作用分析之后，再对 DTD 语法进行详述。

Book.dtd 的代码如下。

```
<!ELEMENT book (chapter+)>
<!ELEMENT chapter (chapNum,chapTitle)>
<!ELEMENT chapNum (#PCDATA)>
<!ELEMENT chapTitle (#PCDATA)>
```

这个 DTD 文档和前面的 book.xml 是什么关系呢?

这个文档中实际包含了一组规则，这些规则对相关 XML 文档的元素进行了类型说明。那么，它具体说明了什么呢？对其解释如下。

DTD 声明的一般格式为：

```
<! ELEMENT elementname (elementtype  modifiers)>
```

DTD 元素修饰符定义了可用内容及元素的应用次数，其规则如表 5-1 所示。

表 5-1　　DTD 的规则

修饰符	例子	含义
没有修饰符	Element（A）	A 仅可以出现一次
?	Element（A）?	A 可以不出现或出现一次
*	Element（A）*	A 可以不出现也可以出现任意多次
+	Element（A）+	A 可以出现多次且至少出现一次
|	Element（A|B）	出现 A 或者 B
EMPTY	Element EMPTY	元素不能包含任何数据
#PCDATA	Element（#PCDATA）	可以使用任何非 XML 元素的数据
CDATA	Element CDATA	字符数据类型，不包括(<、>、&、")
ID	Element ID	用于确认文档中的元素，不可相同
IDREF	Element IDREF	引用文档中 ID 类属性的元素
IDREFS	Element IDREFS	引用多个 ID 类属性的元素，用空格分开 ID
ENTITY	Element ENTITY	代表从外部文件中获得的二进制数据
ENTITIES	Element ENTITIES	ENTITY 的复数形式，用空格分开 ENTITY
NMTOKEN	Element NMTOKEN	一个有效的 XML 名称
NOTATION	Element NOTATION	标记符号
ANY	Element ANY	任何数据

<!ELEMENT book (chapter+)>说明元素 book 中嵌套元素 chapter 出现大于或等于一次。

<!ELEMENT chapter (chapNum,chapTitle)>说明元素 chapter 有嵌套元素 chapNum 和 chapTitle。

<!ELEMENT chapNum (#PCDATA)>说明元素 chapNum 可以使用任何非 XML 元素的数据。

<!ELEMENT chapTitle (#PCDATA)>同上。

结合表 5-1，对 DTD 语法特别补充说明以下几个方面：

（1）CDATA 是字符类型，不能使用“<”、“>”、“&”、“"”。文档中使用这些符号时，需要使用编码符号，如表 5-2 所示。

表 5-2　　DTD 的编码符号

符号	编码符号
<	<
>	>
&	&
"	"

（2）#PCDATA 是 XML 中预定义的标记，其全称是 Parsable Character Data，即“可解析字符数据”，意思是里边的数据内容可以让解析器去解析。

（3）XML 文档中的实体（ENTITY）相当于一般程序中的常数，就是说用一个实体名称代表某些常用的数据，定义一次就可以多次重复使用，当需要改变时只改变定义部分，不必对每一个文档都进行改变。

3. DTD 元素属性

可以把属性看作是元素的附属的值，比如图片的来源、大小等。

分析一个 HTML 代码，如下。

```
<img src="flower.jpg"width="20"height="30">
```

img 元素有属性 src、width 和 height。

在每个 XML 文档的第一行代码为：

```
<?xml version="1.0"encoding="gb2312" ?>
```

其中 version 和 encoding 是 XML 文档元素的两个属性。

在 XML 文档中定义属性的一般格式为：

```
<!ATTLIST 元素名称 属性名称 属性类型 属性值>
```

除了可以直接在<!ATTLIST>中指定属性值以外，还可以用#REQUIRED、#IMPLIED 和#FIXED 这 3 个关键字指定属性。

它们的用法和含义参见下面的例子：

```
<!ATTLIST 菜 编号 CDATA #REQUIRED>
```

表示编号不可省略。

```
<!ATTLIST 菜 编号 CDATA #IMPLIED>
```

表示编号可有可无。

```
<!ATTLIST 学生 性别 CDATA #FIXED"男">
```

表示元素学生的性别属性固定为“男”。

在 DTD 中，主要的属性类型及其含义如表 5-3 所示。

表 5-3　　属性类型

类型	含义
CDATA	属性值为字符类型
（eval|eval…）	属性值为枚举类型
ID	属性值为唯一编号类型
IDREF	属性值为其他类元素的唯一编号类型
IDREFS	属性值为其他唯一编号的列表
NMTOKEN	属性值为一个合法的 XML 名称
NMTOKENS	属性值为一个合法的 XML 名称的列表
ENTITY	属性值为一个实体
ENTITIES	属性值为多个实体的列表
NOTATION	属性值为一个注释的名称

5.1.4 XML Schema 简介

在了解 DTD 语法之后，下面介绍 XML Schema 的结构和语法。

1. Schema 的一般结构

Schema 是由一组元素构成的，其根元素是<Schema>。<Schema>元素是 XML Schema 中第一个出现的元素，用来表明该 XML 文档是一个 Schema 文档，其结束标记对应地为</Schema>。就是说，一个 Schema 文档的基本结构如下：

```
<Schema name="Schema 名字"xmlns="命名空间">
```

元素和属性定义的具体内容

```
</Schema>
```

Schema 具有两个属性。name 属性指定该 Schema 的名称，可以省略；xmlns 属性指定 Schema 文档中包含的 namespace（命名空间）。在 Schema 中，一个 XML 文档中已包含多个命名空间，一般在编写 Schema 文档的时候，下面的两句是必须写的。

```
xmlns="urn: schemas-microsoft-com: xml-data"
xmlns:dt="urn: schema-microsoft-com: datatypes"
```

第一个命名空间 xmlns="urn: schemas-microsoft-com: xml-data"说明是引用 Microsoft Schema 类型定义，指定本文档是一个 XML Schema 文档；第二个命名空间 xmlns:dt="urn: schema-microsoft-com: datatypes"表示引用 Microsoft Schema 数据类型定义。这样，在 XML 文档中就可以使用在 Schema 中定义过的数据类型。如果需要引用在其他文档中定义的元素或属性等内容，可以再加入对应的命名空间。

2. Schema 元素定义

在 Schema 元素中，可以加入各个元素的定义语句，元素声明的语法如下。

```
<ElementType name="元素名"
content="{empty|textonly|eltonly|mixed}"
dt:type="元素类型"
order="{one|seq|many}"
model="{open|closed}"
maxOccurs="{0|1}"minOccurs="{1|*}">
</ElementType>
```

在以上的声明的语法表达中，涉及多种属性和元素的其他方面描述，下面对其含义进行详细说明。

（1）内容属性。

一般来说，一个元素最简单的 Schema 声明如下。

```
<elementType 元素名/>
```

在这个声明格式中，没有指明元素的内容和数据类型，它们都取默认值。如果要指明元素的内容，则需用到 content 属性。例如，

```
<elementType name="A"content="empty"/>
</elementType>
```

content 说明内容属性，其可选的 4 种情况及含义参见表 5-4。

表 5-4　　元素内容选择

选项	含义
Empty	表示元素的内容为空
Textonly	表示元素内容中只能出现字符串
Mixed	表示可以包含元素和已分析的字符数据
Eltonly	表示元素中只能包含子元素

（2）minOccurs 和 maxOccurs 属性。

minOccurs 和 maxOccurs 属性用来表示元素在该项中的最少和最多出现次数。若省略不写则系统默认其值为 1。除使用这两个属性设置之外，还可以使用 occurs 属性进行设置。例如，

```
<element type="B"occurs="REQUIRED"/>
```

表示元素必须出现至少一次。其他的修饰词包括：OPTIONAL 表示可选出现（即出现 0 或 1 次）、ONEORMORE 表示出现一次以上、ZEROORMORE 表示出现任意次数。

（3）元素的数据类型。

dt:type 这个属性用于指明元素文本的数据类型，在 XML Schema 中，内建的数据类型有 20 多种，可以分为两类：基本类型和派生类型。其基本类型和 DTD 的数据类型基本相同，其派生类型主要如下。

- string：字符串。
- boolean：布尔值。
- number：数值型。
- dateTime：日期时间类型。
- binary：二进制数据块。
- uri(Universal Resource Identifier) ：统一资源标识符。
- integer：整数型，由 number 类型派生。
- decimal：小数型，由 number 类型派生。
- real：实数型，由 number 类型派生。
- date：日期，由 dateTime 类型派生。
- time：时间，由 dateTime 类型派生。
- timePeriod：时间段，由 dateTime 类型派生。

（4）元素的顺序和分组。

order 属性的值有 3 个，它们是 seq、one 和 many。seq 表示在 Schema 中定义的元素在 XML 文档中出现的顺序必须和定义时的顺序一致。one 表示单选的结果，就是说，它下面的子元素只能出现一个。例如，

```
<elementType name="A"order="one">
    <element type="B"/>
    <element type="C"/>
    <element type="D"/>
    <element type="E"/>
    </elementType>
```

在 A 目录下只能出现 B、C、D、E 元素中的一个。

many 和 one 以及 seq 不同，它指明子元素可以有任意数量、以任意顺序出现。

（5）model 属性。

model 属性值为 open 或 closed。其含义见表 5-5。

表 5-5　model 属性值

选项	含义
open	表明该元素可以包含其他未在 XML Schema 中定义的元素和属性
closed	表明该元素只能包含在本 XML Schema 中定义过的元素和属性

默认的 model 属性取值为 open。

3. Schema 属性声明

Schema 用来定义属性的元素有两个：AttributeType 和 attribute。AttributeType 元素也是 Schema 中的重要元素之一，用来定义该 Schema 文档中出现的属性类型。其语法格式如下。

```
<AttributeType
    name="属性名"
    dt: type="属性类型"
    dt: value="枚举值列表"
    default="默认值"
    required="{yes|no}"/>
```

这些属性的含义如下。

- name：在属性定义中，属性名是必需的，它声明该属性的类型的名称。在使用属性时要用属性名来引用属性。
- dt：type：指定所声明的属性的数据类型，属性类型的声明语句为 dt：type= “属性类型”。例如，一个标号的属性声明，其类型为 Id，声明如下。

```
<AttributeType
标号
dt: type="Id"
required="yes">
</AttributeType>
```

- dt：value：只有当 dt：type 值为 enumeration 时才有用，此时，dt：value 需要列出所有可能的值。
- default：指该元素的默认取值。
- required：指定该属性对于引用它的元素是否为必需的。yes 表示是必需的，no 表示不是必需的。

至于 attribue 与 AttributeType 的关系，正如 element 与 ElementType 的关系。AttributeType 只是起声明属性的作用，而 attribute 则是真正指明一个元素具有哪些属性。

5.2 DOM 和 SAX

上一节介绍了关于 XML 的一些知识，我们知道了如何去写一个 XML 文档。有些时候，需要读懂别人所写的 XML 文档，从中提取有用的信息，或者把信息写入我们的文档中。实际上，XML 文档是一个文本文件，要访问文档内容，必须先书写一个能够识别 XML 文档信息的文本文件阅读器，也就是所谓的 XML 语法分析器，由它来解析 XML 文档并提取其中的内容。这就要求每个应用 XML 的人自己去处理 XML 的语法细节，显然这是一个费力耗时的工作。而且，如果需要在不同的应用程序中存取 XML 文档中的数据，这样的分析器代码就要被重写多次。很明显，我们需要一个统一的 XML 接口，我们可以借助它对 XML 文档进行比较方便的存取操作。

在这一节中，将介绍两种标准应用程序接口：DOM 和 SAX，它们是由 W3C 和 XML_DEV 分别提出的。

5.2.1 使用 DOM

DOM 的全称是 Document Object Model，即文档对象模型。在应用程序中，基于 DOM 的 XML 分析器将一个 XML 文档转换成一个对象模型的集合，也可以称之为 DOM 树，应用程序通过对这个对象模型的操作，实现对 XML 文档的数据的操作。通过 DOM 接口，应用程序可以在任何时候访问 XML 文档中的任何一部分数据。

DOM 接口提供了一种通过分层对象模型来访问 XML 文档信息的方式，这些分层对象模型依据 XML 的文档结构形成一棵节点树。不论 XML 文档中描述的是什么类型的数据信息，在 DOM 所生成的模型中都是节点树形式。借助 DOM 接口，我们可以对 XML 文档中任何部分进行随机访问。这是 DOM 模型给应用程序开发带来的灵活性。但是，当分析的文档比较大、结构比较复杂时，XML 文档经转换生成的 DOM 树也相应地大而复杂。它占用大的内存，且对其进行遍历是一件很费时的操作，这恰是其不足之处。

DOM 的基本对象有 5 个：Document、Node、NodeList、Element 和 Attr。

Document 对象代表整个 XML 文档，所有其他的 Node 都以一定的顺序包含在 Document 对象之中，形成一个树形结构。可以通过遍历这棵树得到 XML 文档的所有内容，这也是对 XML 文档操作的起点。在应用程序中，通过解析 XML 源文件，得到 Document 对象，然后通过处理 Document 对象，可以实现对 XML 文档的操作。

1. Document 的主要方法

（1）createAttribute(String)：用给定的属性创建一个 Attr 对象，并可使用 setAttributeNode()方法将其置于某个 Element 对象上。

（2）createElement(String)：用给定的标签名创建一个 Element 对象，代表 XML 文档中的一个元素节点，然后就可以在这个 Element 对象上添加属性或进行其他操作。

（3）createTextNode(String)：用给定的字符串创建一个 Text 对象，Text 对象代表了标签或者属性中所包含的纯文本字符串。如果在一个标签内没有其他的标签，那么标签内的文本所代表的 Text 对象是这个 Element 对象的唯一子对象。

（4）getElementByTagName(String)：返回一个 NodeList 对象，它包含了所有给定的标签名字的元素。

（5）getDocumentElement()：返回一个代表这个 DOM 树根节点的 Element 对象，也就是代表 XML 文档根元素的那个对象。

2. Node 的主要方法

Node 对象是 DOM 结构中最为基本的对象，它代表文档中的一个抽象的节点。在具体应用中，多是使用 Element、Attr、Text 等 Node 对象的子对象来操作文档。而 Node 为这些对象提供了抽象的、公共的根。虽然在 Node 中定义了对其子节点进行存取的方法，但有一些子对象（比如 Text 对象）不存在子节点。

（1）appendChild(org.w3c.dom.Node)：为这个节点添加一个子节点，并放在所有子节点的最后。如果这个子节点已经存在，则先把它删除再添加进去。

（2）getFirstChild()：如果节点存在子节点，则返回第一个子节点。相反地，getLastChild()返回最后一个子节点。

（3）getNextSibling()：返回在 DOM 树中当前节点的下一个兄弟节点。相反地，getPreviousSibling()方法则是返回其前一个兄弟节点。

（4）getNodeName()：根据节点的类型返回节点的名称。

（5）getNodeType()：返回节点的类型。

（6）getNodeValue()：返回节点的值。

（7）hasChildNodes()：判断是否存在子节点。

（8）hasAttributes()：判断节点是否存在属性。

（9）getOwnerDocument()：返回节点所处的 Document 对象。

（10）insertBefore(org.w3c.dom.Node new, org.w3c.dom.Node ref)：在给定的子对象前插入一个子对象。

（11）removeChild()：删除指定的子节点对象。

（12）replaceChild(org.w3c.dom.Node new, org.w3c.dom.Node old)：用一个新的 Node 对象替代指定的子节点对象。

3. NodeList 对象

NodeList 对象，代表一个包含了一个或多个 Node 的列表。可以把它看作是一个 Node 的数组，可以通过以下方法获得列表中的元素。

（1）getLength()：返回列表的长度。

（2）item(int)返回指定位置的 Node 对象。

4. Element 对象

Element 对象代表的是 XML 文档中的标签元素，它是 Node 的最主要子对象。在标签中可以包含属性。因此，在 Element 对象中有存取其属性的方法。而任何 Node 中定义的方法，也可以用在 Element 对象上。

（1）getElementByTagName(String)：返回一个 NodeList 对象，它包含在这个标签下的子节点中具有给定标签名字的标签。

（2）getTagName()：返回一个代表这个标签名字的字符串。

（3）getAttribute(String)：返回标签中给定属性名字的属性值。在这里需要注意的是：因为 XML 文档中允许有实体属性出现，而这个方法对这些实体属性并不适用。这时，需要用 getAttributeNodes() 方法得到一个 Attr 对象来进行进一步的操作。

（4）getAttributeNode(String)：返回一个代表给定属性名称的 Attr 对象。

5. Attr 对象

Attr 对象代表某个标签中的属性。它继承于 Node，但是因为 Attr 实际上是包含在 Element 中的，所以它并不被看作是 Element 的子对象，在 DOM 中 Attr 并不是 DOM 树的一部分，所以 Node 中的 getParentNode()、getPreviousSibling()、getNextSibling()返回的都将是 null。

在 javax.xml.parsers 中，Java SDK 所提供的 DocumentBuilder 和 DocumentBuilderFactory 用来进行 XML 文档的解析，并转换成 XML 文档。

在 javax.xml.transform.dom 和 javax.xml.transform.stream 中，SDK 所提供的 DOMSource 类和 StreamSource 类，可用来将更新的 DOM 文档写入生成的 XML 文档中。

对 XML 文档所进行的最为常见的处理，包括浏览 XML 文档内容的层次结构和其数据信息以及修改这些信息等。下面的程序例子可说明如何对 XML 文档 book1.xml 的浏览操作。

【例 5.1】DOMBookParser.java

```
import java.io.*;
import javax.xml.parsers.*;
```

```
import org.w3c.dom.*;

class DOMBookParser {
    public static void main(String[] args) {
        try {
            DocumentBuilderFactory fact1 = DocumentBuilderFactory.newInstance();
            fact1.setValidating(true);
            fact1.setIgnoringElementContentWhitespace(true);
            DocumentBuilder build1 = fact1.newDocumentBuilder();
            String book1 = "book.xml";
            Document bookDoc = build1.parse(new File(book1));
            Element bookEle = bookDoc.getDocumentElement();
            NodeList chapterNodes = bookEle.getChildNodes();
            for (int i = 0; i < chapterNodes.getLength(); i++) {
                Element chapter = (Element) chapterNodes.item(i);
                System.out.print("Value: " + chapter.getNodeName() + "  ");
                NodeList numberList = chapter.getElementsByTagName("chapNum");
                Text number = (Text) numberList.item(0).getFirstChild();
                System.out.print(number.getData() + " ");
                NodeList titleList = chapter.getElementsByTagName("chapTitle");
                Text title = (Text) titleList.item(0).getFirstChild();
                System.out.println(title.getData());
            }
        } catch (Exception e) {
            System.err.println("Error parsing: " + e.getMessage());
            System.exit(1);
        }
    }
}
```

下面的程序则演示说明如何向 XML 文档 publication.xml 中添加元素内容。

【例 5.2】UseDomEditElement.java

```
import java.io.*;
import javax.xml.parsers.*;
import org.w3c.dom.*;
import javax.xml.transform.*;
import javax.xml.transform.dom.*;
import javax.xml.transform.stream.*;

class UseDomEditElement {
    public static void main(String para[]) {
        Text textMsg;
        try {
            DocumentBuilderFactory factory = DocumentBuilderFactory
                    .newInstance();
            // get an xml file parser
            factory.setValidating(true);
            factory.setIgnoringElementContentWhitespace(true);
            DocumentBuilder builder = factory.newDocumentBuilder();
            // get an interface to generate DOM document
            Document document = builder.parse(new File("publication.xml"));
            // get document tree
            Element root = document.getDocumentElement();
            Element book = document.createElement("book");
            Element title = document.createElement("Title");
```

```
                textMsg = document.createTextNode("Applied Cryptography new ");
                title.appendChild(textMsg);
                book.appendChild(title);
                Element author = document.createElement("Writer");
                textMsg = document.createTextNode("Tom Brooks Son");
                author.appendChild(textMsg);
                book.appendChild(author);
                Element date = document.createElement("PublishDate");
                textMsg = document.createTextNode("1994-09-08");
                date.appendChild(textMsg);
                book.appendChild(date);
                root.appendChild(book);

                TransformerFactory tfactory = TransformerFactory.newInstance();
                Transformer transformer = tfactory.newTransformer();
                DOMSource source = new DOMSource(document);
                StreamResult result = new StreamResult(new File("publication.xml"));
                transformer.transform(source, result);
            } catch (Exception e) {
                e.printStackTrace();
            }
        }
    }
```

5.2.2 使用 SAX

SAX 的全称是 Simple APIs for XML，即 XML 简单应用程序接口。与 DOM 不同，SAX 的访问模式是一种顺序模式，当使用 SAX 进行文档解析时，会触发一系列事件，并激活相对应的时间处理方法（函数），通过这些事件处理方法，应用程序实现对 XML 文档的访问。因此，SAX 接口被称之为事件驱动接口。

与 DOM 相比，SAX 是一种轻量型的方法。在处理 DOM 的时候，需要读入整个 XML 文档，文档比较大的时候，处理时间和内存占用都很大。与 DOM 不同，SAX 是事件驱动的，也就是说，它不需要读入整个文档，而是一边读入文档，一边进行解析。解析开始之前，需要向 XMLReader 注册一个 ContentHandler，就是一个事件监听器。在 ContentHandler 中定义了若干方法，在解析文档的不同阶段被自动调用。XMLReader 读到某种合适的内容，就会抛出相应的事件，并把事件的处理权代理给 ContentHandler，并调用相应的方法进行响应。例如，遇到文档开始时，就调用 startDocument()方法。

ContentHandler 是一个接口，其中定义了以下的方法，在处理特定的 XML 文档时，要在该接口的实现类中给出这些方法的实现，用以完成对应的事件处理。

（1）void startDocument()：遇到文档开头的时候将调用这个方法，可在其中做一些初始准备工作。

（2）void endDocument()：和上面的方法相对应，文档结束的时候将调用这个方法，在其中做一些后续处理工作。

（3）void characters(char[] ch,int start,int length)：用来处理从 XML 文档中读取字符串，它的参数是一个字符数组以及读取的字符串在这个数组中的起始位置和长度。我们可以很容易地使用 String 类的构造方法获得这个字符串，如下。

```
String str = new String(ch,start,length);
```

（4）void startElement(String namespaceURI,String localName,String qName,Attributes atts)：读到一个开始标签时，会触发这个方法。参数 namespaceURI 是名称域，localName 是标签名，qName 是标签的修饰前缀，atts 是这个标签所包含的属性列表。需要指出的是，SAX 的一个重要特点是其流式处理，当遇到一个标签的时候，它并不记录以前遇到的标签内容。也就是说，在 startElement() 方法中，你所拥有的信息是当前标签的名字和属性，而不知道标签的嵌套情况、上层标签的名字以及是否有子元素等。这些内容都需要程序进行处理。

（5）void endElement(String namespaceURI,String localName,String qName)：遇到结束标签时将调用这个方法。

ContentHandler 是一个接口，它的 Helper 类是 DefaultHandler，在应用程序中可以直接继承这个类，然后重载所需要的方法即可，省去了面面俱到地重载所有接口中的方法的令人厌烦的工作。

下面是一个使用 SAX 遍历 XML 文档的例子。

【例 5.3】 SAXBookParser.java

```
import java.io.*;
import javax.xml.parsers.*;
import org.xml.sax.*;
import org.xml.sax.helpers.*;

public class SAXBookParser extends DefaultHandler {
    protected boolean pChapNum;
    protected boolean pChapTitle;
    protected StringBuffer cChapNum;
    protected StringBuffer cChapTitle;

    public static void main(String[] args) {
        try {
            SAXParserFactory fact1 = SAXParserFactory.newInstance();
            fact1.setValidating(true);
            SAXParser build1 = fact1.newSAXParser();
            String book1 = "book.xml";
            SAXBookParser event = new SAXBookParser();
            build1.parse(new File(book1), event);
        } catch (Exception error) {
            System.err.println("Error parsing: " + error.getMessage());
            System.exit(1);
        }
    }

    public void startElement(String uri, String localName, String qName,
            Attributes attributes) {
        if (qName.compareTo("chapter") == 0) {
            cChapTitle = null;
            cChapNum = null;
        } else if (qName.compareTo("chapNum") == 0) {
            pChapNum = true;
            cChapNum = new StringBuffer();
        } else if (qName.compareTo("chapTitle") == 0) {
            pChapTitle = true;
            cChapTitle = new StringBuffer();
        }
    }
```

```

    public void characters(char[] cha, int start, int length) {
        if (pChapNum) {
            cChapNum.append(cha, start, length);
        } else if (pChapTitle) {
            cChapTitle.append(cha, start, length);
        }
    }

    public void endElement(String namespaceURI, String localName, String qName) {
        if (qName.equals("chapter")) {
            System.out.print("Chapter ");
            if (cChapNum != null) {
                System.out.print(cChapNum.toString());
                System.out.print("");
            }
            if (cChapTitle != null) {
                System.out.print(cChapTitle.toString());
            }
            System.out.println();
        } else if (qName.compareTo("chapNum") == 0) {
            pChapNum = false;
        } else if (qName.compareTo("chapTitle") == 0) {
            pChapTitle = false;
        }
    }
}
```

5.3 XPath

在关系数据库中，可以使用 SQL 之类的查询语言来检索数据库。对于 XML 文档而言，也有一些查询语言，如 XQL、XML-QL 和 Xquery 等。

XML 查询的核心概念是路径表达式，它规定如何在 XML 文档的树形表示中到达一个节点或一个节点集。XPath 表达式比繁琐的 DOM 代码容易编写得多。如果需要从 XML 文档中提取信息，最快捷、最简单的办法就是在 Java 程序中嵌入 XPath 表达式。Java 5 推出了 javax.xml.xpath 包，这是一个用于 XPath 查询的独立于 XML 对象模型的库。

XPath 是一种对 XML 文档的组件进行寻址的语言，它对 XML 的树形模型进行操作。关键问题是构造路径表达式。XPath 路径表达式可为：

- 绝对路径（从树形模型的根开始），语法表达上用指示文档根节点的符号开头，位于文档根元素之上。
- 相对路径，是相对于当前节点的路径。

考察下面的 XML 文档。

```
<? xml version="1.0"encoding="UTF-16" >
<! DOCTYPE library PUBLIC"library.dtd">
<library location="Bream">
<author name="Wise">
  <book title="AI"/>
  < book title="Web"/>
```

```
    < book title="OS"/>
  </author>
    <author name="Mark">
      <book title="AI"/>
    </author>
  <author name="Lin">
    <book title="Unix"/>
    <book title="C++"/>
  </author>
  </library>
```

下面，举几个路径表达式的具体例子说明 XPath 的功能。

（1）寻址所有 author（作者）元素。

```
/library/author
```

此路径表达式寻址所有这样的 author 元素：它们是直接位于根节点之下的 library 元素节点的孩子。

（2）上例的另一可选方法。

```
//author
```

这里的//是指应该考查文档中的所有元素，看它们是否属于 author 类型。也就是说，此路径表达式寻址文档中的所有 author 元素。因为这个 XML 文档的特殊结构，此表达式与上一表达式有相同的结果，一般情况下用这两种方法查询的结果是不同的。

（3）在 library 元素节点寻址 location 属性节点。

```
/library/@location
```

符号@用于表示属性节点。

（4）在文档的任意 book 元素下寻址所有属性节点，其 title 取值为“AI”。如图 5-1 所示。

```
//book/@title="AI"
```

（5）寻址所有 title 为“AI”的书，如图 5-2 所示。

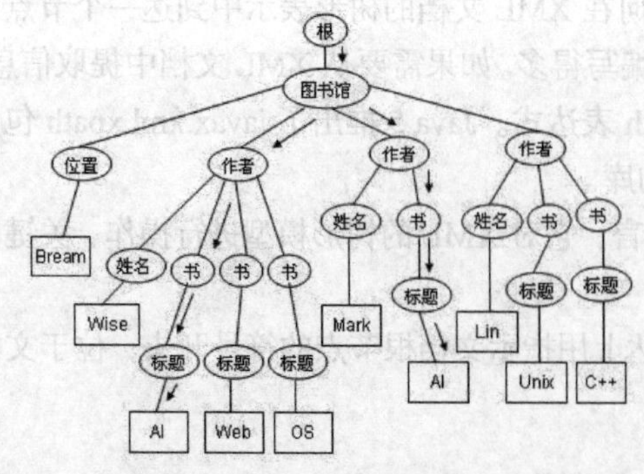

图 5-1　查询（4）的树形表示

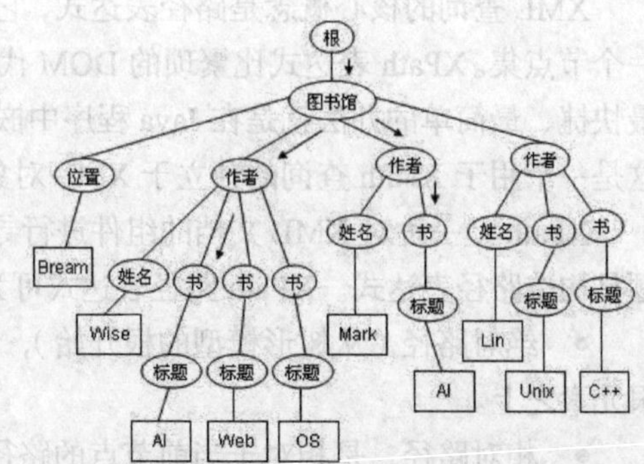

图 5-2　查询（5）的树形表示

```
//book[@title="AI"]
```

方括号的检验称为过滤表达式。它限制被寻址的节点集。

此表达式和查询（4）中表达式的区别是：此表达式寻址其 title 满足一定条件的 book 元素。而查询（4）寻址 book 元素的 title 属性节点。

（6）寻址 XML 文档的第一个 author 元素节点。

```
//author[1]
```

（7）从文档中，在第一个 author 元素节点下寻址最后一个 book 元素。

```
//author[1]/book[last()]
```

（8）寻址没有 title 属性的所有 book 元素节点。

```
//book[not@title]
```

列举以上这些例子是为了说明路径表达式的表达方式和表达能力。总体而言，一个路径表达式由一系列被斜线符号分隔的步骤组成。一个步骤由一个轴确定符、一个节点检验和一个可选谓词组成。

- 轴确定符指定待寻址的节点和背景节点的树形关系。比如父节点、祖先节点、孩子节点（默认值）、兄弟节点和属性节点。“//”就是轴确定符，表示子孙或它自己。
- 节点检验指定要寻址的节点。最常见的节点检验是元素名字，或其他节点检验。比如，“*”寻址所有的元素节点，comment()寻址所有注释节点。
- 谓词或过滤表达式是一个限定待寻址节点集合的可选项。比如，表达式[1]搜寻第一个节点，[position()=last()]搜寻最后一个节点等。

这里列出的是 XPath 最基本的语法，了解更为详尽的语法内容可参见有关文献。

最后，对使用 DOM 代码和使用 XPath 查询的程序做一比较，体会 XPath 的优势。

```
<inventory>
  <book year="2000">
          <title> Snow Crash</title>
          <author>Neal Stephenson</author>
          <publisher>Spectra</publisher>
          <isbn>0553380958</isbn>
          <price>14.95</price>
   </book>
<book year="2005">
          <title> The old man and the sea</title>
          <author>Onist Hemmingway</author>
          <publisher>Onill</publisher>
          <isbn>0553380910</isbn>
          <price>24.95</price>
   </book>
<book year="2006">
          <title> Now Crash</title>
          <author>Nea Stephen</author>
          <publisher>machine</publisher>
          <isbn>0553380977</isbn>
          <price>14.88</price>
   </book>
</inventory>
```

查找 Neal Stephenson 所有著作 title 元素的 DOM 代码如下。

```
ArrayList result = new ArrayList();
NodeList books = doc.getElementsByTagName("book");
for(int i=0;i < books.getLength();i++ ){
   Element book = (Element)books.item(i);
   NodeList authors = book.getElementsByTagName("author");
```

```
    boolean stephenson = false;
    for(int j=0;j<authors.getLength();j++){
      Element author = (Element)authors.item(j);
      NodeList children = author.getChildNodes();
      StringBuffer sb = new StringBuffer();
      for(int k=0;k<children.getLength();k++){
        Node child = children.item(k);
        if(child.getNodeType()==Node.TEXT_NODE){
          sb.append(child.getNodeValue());
        }
      }
      if(sb.toString().equals("Neal Stephenson")){
         stephenson = true;
         break;
      }
    }
```

作为与 DOM 的对比，现把使用 XPath 查找 Neal Stephenson 所有著作 title 元素的程序列在下面。

【例 5.4】XPathExample.java

```
import java.io.IOException;
import org.w3c.dom.*;
import org.xml.sax.SAXException;
import javax.xml.parsers.*;
import javax.xml.xpath.*;

public class XPathExample {
    public XPathExample() {
    }

    public static void main(String args[]) throws ParserConfigurationException,
              SAXException, IOException, XpathExpressionException {
         DocumentBuilderFactory domFactory = DocumentBuilderFactory
                  .newInstance();
         domFactory.setNamespaceAware(true);// never forget this!!
         DocumentBuilder builder = domFactory.newDocumentBuilder();
         Document doc = builder.parse("book.xml");
         XPathFactory factory = XPathFactory.newInstance();
         XPath xpath = factory.newXPath();
         XPathExpression exp = xpath
                  .compile("//book[author='Neal Stephenson']/title/text()");
         Object result = exp.evaluate(doc, XPathConstants.NODESET);
         NodeList nodes = (NodeList) result;
         for (int i = 0; i < nodes.getLength(); i++)
              System.out.println(nodes.item(i).getNodeValue());
    }
}
```

5.4 小　结

本章介绍了 XML 的基本语法，对 DTD 和 Schema 进行了较为详尽的阐述。对处理 XML 文档的两种基本技术 DOM 和 SAX 的细节结合程序实例进行了清晰具体的说明。研究了 XML 文档查询的 XPath 表达式的有关内容，并给出了应用实例。应该说 XML 的应用范围很广，限于篇幅，这里仅仅是抛砖引玉，希望读者查阅 XML 应用的专论，通过更多具体的案例程序，扩充知识面并且加深对其功能、应用和局限性的理解。

5.5　习　　题

1. 简述什么是 XML，什么是 DTD，什么是 Schema。
2. 什么是 DOM？简述其作用。
3. 什么是 SAX？简述其作用。
4. 实现一访问 XML 文档的 DOM 程序。
5. 实现一访问 XML 文档的 SAX 程序。

第 6 章 Struts2

本章内容

- ➢ Struts2 简介
- ➢ Struts2 安装
- ➢ Struts2 工作原理
- ➢ Struts.xml 配置
- ➢ Struts2 的简单例子
- ➢ 拦截器
- ➢ Struts2 类型转换
- ➢ 输入校验

Struts 是目前使用最广泛的一种框架。Struts 建立在 Servlet，JSP，XML 等技术基础上，很好地实现了 MVC 设计模式，使得软件设计人员可以把精力放在复杂的业务逻辑上。使用 Struts 框架，开发人员可以快速开发易于重用的 Web 应用程序。

6.1 Struts2 简介

Java EE 体系包括 JSP、Servlet、EJB、Web Service 等多项技术。这些技术的出现给电子商务时代的 Web 应用开发提供了一个非常有竞争力的选择。怎样把这些技术组合起来，形成一个适应项目需要的稳定的架构是项目开发过程中一个非常重要的步骤。

一个成功的软件需要有一个成功的架构，但软件架构的建立是一个复杂而又持续改进的过程，软件开发者们不可能对每个不同的项目做不同的架构，而总是尽量重用以前的架构，或开发出尽量通用的架构方案，Struts 就是其中之一，Struts 是流行的基于 Java EE 的架构方案。

B/S 多层架构将显示、业务逻辑、数据库等功能完全分离，减少彼此的耦合与影响，从而实现了良好的可维护性。目前，最流行的方案是表现层（Struts）、业务逻辑层（Spring）、持久化层（Hibernate）三者结合。

6.1.1 Struts 的起源

Struts 是一个基于 Sun Java EE 平台的 MVC 框架，主要是采用 Servlet 和 JSP 技术来实现的。由于 Struts 能充分满足应用开发的需求、简单易用、敏捷迅速，在项目开发中颇受关注。Struts 把 Servlet、JSP、自定义标签和信息资源（message resources）整合到一个统一的框架中，开发人员利用其进行开发时，不用再自己编码实现全套 MVC 模式，极大地节省了时间，使开发者把主要精力放在复杂的业务逻辑上，所以说 Struts 是一个非常不错的应用框架。

Struts 最早是作为 Apache Jakarta 项目的组成部分问世。它的目的是为了帮助设计人员减少在运用 MVC 设计模型来开发 Web 应用的时间。Apache Struts 是一个用来开发 Java Web 应用的开源框架。最初是由 Craig R. McClanahan 开发的，Apache 软件基金会于 2002 年对 Struts 进行接管。Struts 提供了一个非常优秀的架构，使得组织基于 HTML 格式与 Java 代码的 JSP 与 Servlet 应用开发变得非常简单。拥有所有 Java 标准技术与 Jakarta 辅助包的 Struts1 建立了一个可扩展的开发环境。然而，随着 Web 应用需求的不断增长，Struts 的表现不再坚稳，需要随着需求而改变。这导致了 Struts2 的产生，拥有像 AJAX、快速开发、扩展性这类的特性使得 Struts2 更受开发人员的欢迎。

Struts2 是一个基于 MVC 结构的组织良好的框架。在 MVC 结构中，模型意味业务或者数据库代码，视图描述了页面的设计代码，控制器指的是调度代码。所有这些使得 Struts 成了开发 Java 应用程序不可或缺的框架。但随着像 Spring、Stripes 和 Tapestry 这类新的基于 MVC 的轻量级框架的出现，Struts 框架的修改已属必然。于是，Apache Struts 与另一个 Java EE 的框架 OpenSymphony 的 webwork 合并开发成了一个集各种适合开发的特性于一身的先进框架，这定然会受到开发人员和用户的欢迎。

Struts2 涵盖了 Struts1 与 webwork 的特征，它主张高水平的应用应该使用 webwork 框架中的插件结构、新的 API、AJAX 标签等特性，于是 Struts2 社区同 webwork 小组在 webwork2 中融入了一些新的特性，这使 webwork2 在开源世界中更加超前。后来 webwork2 更名为 Struts2。从此，Struts2 成了一个动态的可扩展的框架，应用于从创建到配置、维护的完整的应用程序开发之中。

webwork 是一个 Web 应用开发框架，已经包含在 Struts 的 2.0 发布中。它有一些独到的观点和构想，像是他们认为与其满足现有的 Java 中 web API 的兼容性，倒不如将其彻底替换掉。webwork 开发时重点关注开发者的生产效率和代码的简洁性。此外，完全依赖的上下文对 webwork 进行了封装。当致力于 Web 程序的工作时，框架提供的上下文将会在具体的实现上给予开发人员帮助。

6.1.2 Struts 优、缺点

（1）优点

Struts 跟 Tomcat、Turbine 等诸多 Apache 项目一样，是开源软件，这是它的一大优点。使开发者能更深入地了解其内部实现机制，而非开源软件在入门之后想深入学习是困难的。

除此之外，Struts 的优点主要集中体现在两个方面：taglib 和页面导航。taglib 是 Struts 的标记库，灵活应用，能大大提高开发的效率。另外，就目前国内的 JSP 开发者而言，除了使用 JSP 自带的常用标记外，很少开发自己的标记，或许 Struts 是一个很好的起点。

页面导航将是今后的一个发展方向，使系统的脉络更加清晰。通过一个配置文件，即可把握整个系统各部分之间的联系，这对于后期的维护有着莫大的好处。尤其是当另一批开发者接手这个项目时，这种优势体现得更加明显。

（2）缺点

taglib 是 Struts 的一大优势，但对于初学者而言，却需要一个持续学习的过程，甚至还会打乱你编写网页的习惯。但是，当你习惯了以后，你会觉得它真的很棒。Struts 将 MVC 的 Controller 一分为三，使结构更加清晰的同时，也增加了系统的复杂度。

Struts 已逐步越来越多的运用于商业软件。虽然它现在还有不少缺点，但它是一种非常优秀

的 Java EE MVC 实现方式，如果你的系统准备采用 Java EE MVC 架构，那么不妨考虑一下 Struts。

6.2 Struts2 安装

Struts 的安装比较简单，请到 http://Struts.apache.org/download.cgi 下载 Struts，最新的版本是 2.3.8，如图 6-1 所示，下载后得到的是一个 Zip 文件。

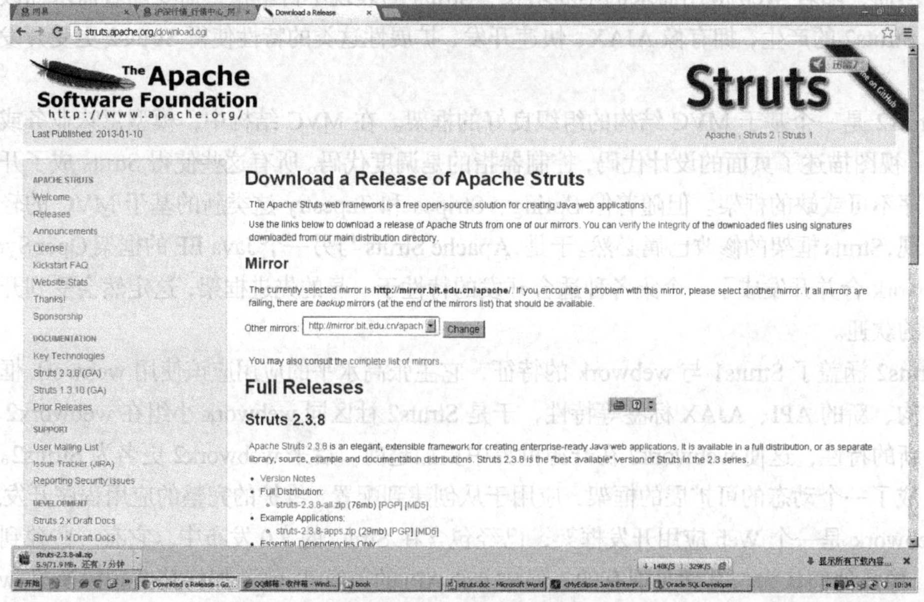

图 6-1 Struts 的下载

将 Zip 包解压之后，可以看到几个目录：lib 和 apps，如图 6-2 所示。apps 下有一些 WAR 文件。

struts-2.3.8-all.zip - 360压缩 2.6Beta

G:\Projects\book\struts-2.3.8-all.zip

名称	压缩前	压缩后	类型	修改日期
..(上级目录)			文件夹	
apps			文件夹	2012-12-17 11:11
docs			文件夹	2012-12-17 11:11
lib			文件夹	2012-12-17 11:11
src			文件夹	2012-12-17 11:11
ANTLR-LICENSE.txt	1.4 KB	1 KB	文本文档	2012-12-16 19:19
CLASSWORLDS-LICENSE.txt	2.0 KB	1 KB	文本文档	2012-12-16 19:19
FREEMARKER-LICENSE.txt	2.6 KB	1.2 KB	文本文档	2012-12-16 19:20
LICENSE.txt	9.9 KB	3.5 KB	文本文档	2012-12-16 19:19
NOTICE.txt	1 KB	1 KB	文本文档	2012-12-16 19:19
OGNL-LICENSE.txt	2.5 KB	1.1 KB	文本文档	2012-12-16 19:21
OVAL-LICENSE.txt	11.1 KB	3.9 KB	文本文档	2012-12-16 19:20
SITEMESH-LICENSE.txt	2.5 KB	1.1 KB	文本文档	2012-12-16 19:19
XPP3-LICENSE.txt	2.1 KB	1.0 KB	文本文档	2012-12-16 19:20
XSTREAM-LICENSE.txt	1.5 KB	1 KB	文本文档	2012-12-16 19:20

您打开了一个压缩文件 大小: 69.2 MB 共 9294 个文件和 1630 个文件夹 压缩率 48.2%　　已经选择 1 个文件夹

图 6-2 Struts 下载包

假设 Tomcat 安装在 C:\Tomcat 下，则将那些 WAR 文件拷贝到 C:\Tomcat\webapps 内，重新启动 Tomcat 即可。

打开浏览器，在地址栏中输入 http://localhost:8080/Struts-example/index.jsp，若能显示图 6-3，即说明安装成功了。这是 Struts 自带的一个例子，附有详细的说明文档，可以作为初学者的入门教程。

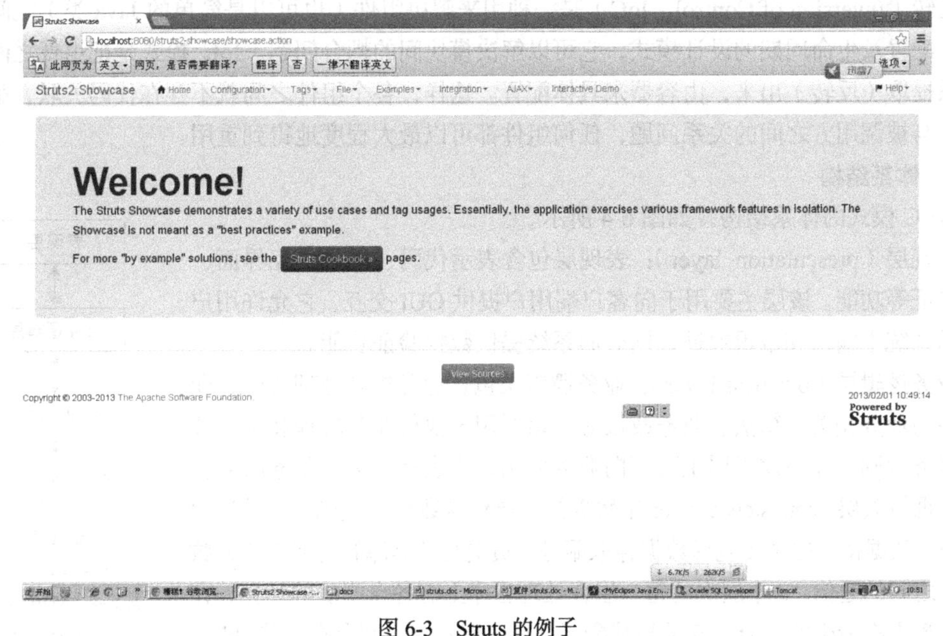

图 6-3　Struts 的例子

另外，Struts 还提供了一些系统实用的对象：XML 处理、通过 Java reflection APIs 自动处理 JavaBeans 属性、国际化的提示和消息等。

Struts 是一种优秀的 Java EE MVC 架构方式。它利用 taglib 获得可重用代码和抽象 Java 代码，利用 ActionServlet 配合 Struts-config.xml 实现整个系统的导航。增强了开发人员对系统的整体把握，从而提高了系统的可维护性和可扩充性。

6.3　Struts2 工作原理

1. Struts2 和 MVC 设计模式

MVC 设计模式是在 20 世纪 80 年代发明的一种软件设计模式，至今已被广泛使用，后来被推荐为 Sun 公司 Java EE 平台的设计模式。

随着 Web 应用的商业逻辑包含逐渐复杂的公式分析计算、决策支持等，客户机越来越不堪重负，因此将系统的商业分离出来，单独形成一部分，这样三层结构产生了。其中，“层”是逻辑上的划分，而不一定要部署在不同的机器上。

2. 发展历程

1994 年，由 Erich Gamma、Richard Helm、Ralph Johnson 和 John Vlissides（即所谓的“四人帮”，GoF：Gang of Four）合作出版了叫作《设计模式：可复用的面向对象软件的基本原理》的书。这本书解释了各种模式的用处，同时也使得设计模式得到广泛普及。在书中，他们四人记录了他们长期工作中发现的经典的 23 个设计模式。

IoC 模式是 Apach Avalon 项目创始人之一的 Stefano Mazzocchi 提出的一种代码调用模式，后被 MartinFowlcr 改名为 Dependency Injection（依赖注入），也就是将类和类，方法和方法之间的关系通过第三方（如配置文件）进行"注入"，不需要自己去解决类或者方法彼此之间的调用关系。控制反转（Inversion of Control，IoC）是一种用来解决组件（也可以是简单的 Java 类）之间依赖关系、配置及生命周期的设计模式，它可以解决模块间的耦合问题。IoC 模式是把组件之间的依赖关系提取（反转）出来，由容器来具体配置。这样，各个组件之间就不存在代码关联，解决了调用方与被调用方之间的关系问题，任何组件都可以最大程度地得到重用。

3. 体系结构

MVC 模式的体系结构，如图 6-4 所示。

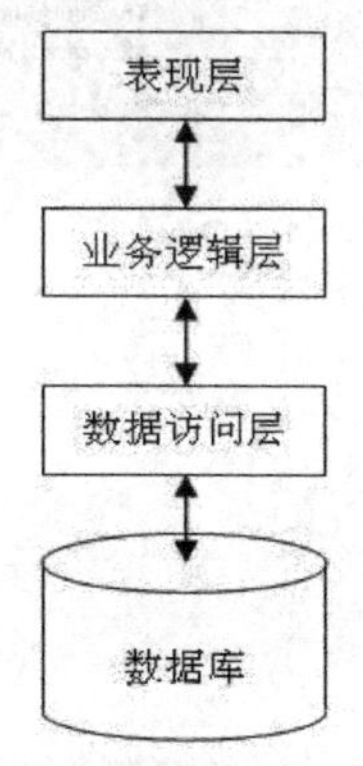

图 6-4 MVC 模式的体系结构

表现层（presentation layer）：表现层包含表示代码、用户交互界面、数据验证等功能。该层主要用于向客户端用户提供 GUI 交互，它允许用户在显示系统中输入和编辑数据，同时向系统提供数据验证功能。

业务逻辑层（business layer）：业务逻辑层包含业务规则处理代码，即程序中与业务相关的算法、业务政策等。该层用于执行业务流程和制订数据的业务规则。业务逻辑层主要面向业务应用，为表示层提供业务服务。

数据持久层（persistence layer）：数据持久层包含数据处理代码和数据存储代码。数据持久层主要包括数据存取服务，负责与数据库管理系统（如数据库）之间的通信。3 个层次的每一层在处理程序上有各自明确的任务，在功能实现上有清晰的区分，各层与其余层分离，但各层之间存在通信接口。

4. 模式结构

MVC 即 Model-View-Controller 的缩写，是一种常用的设计模式。MVC 减弱了业务逻辑接口和数据接口之间的耦合，让视图层更富于变化。

视图是数据的展现。视图是用户看到并与之交互的界面，主要面向用户，如图 6-5 所示。

视图显示相关的数据，并能接收用户的输入，但是它并不进行任何实际的业务处理。视图可以向模型查询业务状态，但不能改变模型。还能接受模型发出的数据更新事件，从而对用户界面进行同步更新。

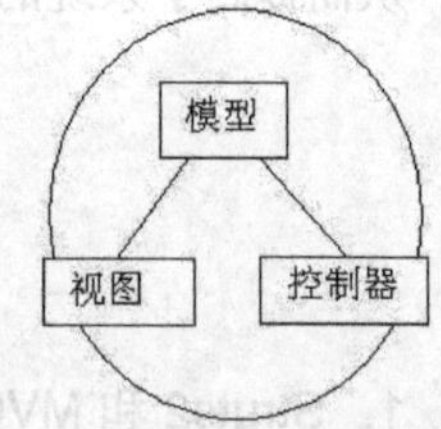

图 6-5 MVC 设计模式中的三个模式结构

模型是应用程序的主体部分，代表了业务数据和业务逻辑；当数据发生改变时，它要负责通知视图部分；一个模型能为多个视图提供数据。由于同一个模型可以被多个视图重用，所以提高了应用的可重用性。

控制器控制实体数据在视图上展示，调用模型处理业务请求。

当 Web 用户单击 Web 页面中的"提交"按钮来发送 HTML 表单时，控制器接收请求并调用相应的模型组件去处理请求，然后调用相应的视图来显示模型返回的数据。

5. 优点

采用三层软件架构后，软件系统在可扩展性和可复用性方面得到极大提高，在资源分配策略合理运用的同时，软件的性能指标得到提升，系统的安全性也得到改善。

三层结构对 Web 应用的软件架构产生很大影响，促进基于组件的设计思想， 产生了许多开发 Web 层次框架的实现技术。较之两级结构来说，三层结构在修改和维护上更加方便。目前开发 B/S 结构的 Web 应用系统广泛采用这种三层结构。

6. 运行机制

在 MVC 模式中，Web 用户向服务器提交的所有请求都由控制器接管。接收到请求之后，控制器负责决定应该调用哪个模型来进行处理；然后模型根据用户请求进行相应地业务逻辑处理，并返回数据；最后控制器调用相应的视图来格式化模型返回的数据，并通过视图呈现给用户。

Struts 是 MVC 的一种实现，Struts 继承了 MVC 的各项特性，并根据 Java EE 的特点，做了相应的变化与扩展。Struts 的工作原理如 6-6 所示。

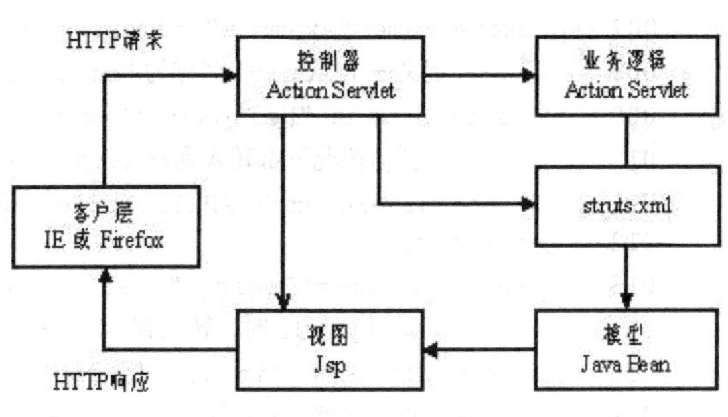

图 6-6 Struts 的运行机制

控制：通过图 6-6 可以看到，在图中有一个 XML 文件 struts. xml，与之相关联的是 Controller。在 Struts 中，承担 MVC 中 Controller 角色的是一个 Servlet，称为 ActionServlet。ActionServlet 是一个通用的控制组件，它提供了处理所有发送到 Struts 的 HTTP 请求的入口点，截取和分发这些请求到相应的动作类（这些动作类都是 Action 类的子类）。另外，控制组件也负责用相应的请求参数填充 Action Form（通常称为 FormBean），并传给动作类（通常称为 ActionBean）。动作类实现核心业务逻辑，它可以访问 Java Bean 或调用 EJB。最后，动作类把控制权传给后续的 JSP 文件，后者生成视图。所有这些控制逻辑利用 Struts-config.xml 文件来配置。

视图：主要由 JSP 生成页面，完成视图，Struts 提供丰富的 JSP 标签库。如 HTML、Bean、Logic、Template 等，这有利于分开表现逻辑和程序逻辑。

模型：模型以一个或多个 Java Bean 的形式存在。这些 Bean 分为 3 类：Action Form、Action 和 JavaBean 或 EJB。Action Form 通常称为 FormBean，封装了来自于客户端的用户请求信息，如表单信息。Action 通常称为 ActionBean，获取从 ActionSevlet 传来的 FormBean，取出 FormBean 中的相关信息，并做出相关的处理，一般是调用 Java Bean 或 EJB 等。

流程：在 Struts 中，用户的请求一般以*.do 作为请求服务名，所有的*.do 请求均被指向 ActionSevlet。ActionSevlet 根据 Struts-config.xml 中的配置信息，将用户请求封装成一个指定名称的 FormBean，并将此 FormBean 传至指定名称的 ActionBean，由 ActionBean 完成相应地业务操作，如文件操作、数据库操作等。每一个*.do 均有对应的 FormBean 名称和 ActionBean 名称，这些在 Struts-config.xml 中配置。

核心：Struts 的核心是 ActionSevlet，ActionSevlet 的核心是 Struts-config.xml。这在后面还会进行详细地讨论。

6.4 Struts.xml 配置

Struts.xml 文件是整个 Struts2 框架的核心。它包含 action 映射、拦截器配置等。

6.4.1 Struts.xml 文件结构

Struts.xml 文件内定义了 Struts2 的系列 action。定义 action 时，指定该 action 的实现类，并定义该 Action 处理结果与视图资源之间的映射关系。

```
<?xml version="1.0" encoding="UTF-8" ?>
<!DOCTYPE Struts PUBLIC
    "-//Apache Software Foundation//DTD Struts Configuration 2.0//EN"
    "http://Struts.apache.org/dtds/Struts-2.0.dtd">

<Struts>
<package name="example" namespace="/example" extends="Struts-default">
  <!-- 定义一个Action名称为HelloWorld,实现类为example.HelloWorld.java-->
  <action name="HelloWorld" class="example.HelloWorld">
    <!-- 任何情况下都转入到/example/HelloWorld.jsp -->
    <result>/example/HelloWorld.jsp</result>
  </action>
  <action name="Login_*" method="{1}" class="example.Login">
    <!-- 返回input时，转入到/example/login.jsp -->
    <result name="input">/example/Login.jsp</result>
    <!-- 重定向到Menu的Action -->
    <result type="redirect-action">Menu</result>
  </action>
  <action name="*" class="example.ExampleSupport">
    <result>/example/{1}.jsp</result>
  </action>
</package>
</Struts>
<result name="input">/example/Login.jsp</result>
```

以上代码表示，当 execute 方法返回 input 的字符串时，跳转到/example/Login.jsp。定义 result 元素时，可以指定两个属性：type 和 name。其中，name 指定了 execute 方法返回的字符串，而 type 指定转向的资源类型，此处转向的资源可以是 JSP，也可以是 FreeMarker 等，甚至是另一个 Action。

6.4.2 加载子配置文件

Struts2 框架的核心配置文件就是 Struts.xml 文件，该文件主要负责管理 Struts2 框架的业务控制器 action。

在默认情况下，Struts2 框架将自动加载放在 WEB-INF/classes 路径下的 Struts.xml 文件。为了避免随着应用规模的增加，而导致的 Struts.xml 文件过于庞大、臃肿，从而使该文件的可读性下降。可以将一个 Struts.xml 文件分解成多个文件，然后在 Struts.xml 文件中包含其他文件。

```
<?xml version="1.0" encoding="UTF-8" ?>
<!DOCTYPE Struts PUBLIC
    "-//Apache Software Foundation//DTD Struts Configuration 2.0//EN"
    "http://Struts.apache.org/dtds/Struts-2.0.dtd">
<!--根元素-->
<Struts>
<constant name="Struts.enable.DynamicMethodInvocation" value="false" />
<constant name="Struts.devMode" value="false" />
<!--通过include元素导入其他元素-->
<include file="example.xml"/>
</Struts>
```

通过这种方式，Struts2 提供了一种模块化的方式来管理 Struts.xml 文件。

1. package 配置

Struts2 框架使用包来管理 action 和拦截器等。每个包就是多个 action、多个拦截器、多个拦截器引用的集合。使用 package 可以将逻辑上相关的一组 action、result、intercepter 等组件分为一组，package 有些像类，可以继承其他的 package，也可以被其他 package 继承，甚至可以定义抽象的 package。

package 元素时可以指定如下几个属性。

- name：package 的表示，便于让其他的 package 引用。
- extends：定义从哪个 package 继承。
- namespace：继承否参考 namespace 配置说明。
- abstract：定义这个 package 是否为抽象的，抽象 package 中不需要定义 action。
- package：元素用于定义包配置，每个 package 元素定义了一个包配置。
- action：定义、拦截器定义等。

由于 Struts.xml 文件是自上而下解析的，所以被集成的 package 要放在集成 package 的前面。

2. namespace 配置（命名空间配置）

Struts2 以命名空间的方式来管理 action，同一个命名空间里不能有同名的 action，不同的命名空间里可以有同名的 action。Struts2 不支持为单独的 action 设置命名空间，而是通过为包指定 namespace 属性来为包下面的所有 action 指定共同的命名空间。

namespace 将 action 分成逻辑上的不同模块，每一个模块有自己独立的前缀。使用 namespace 可以有效的避免 action 重名的冲突。例如，每一个 package 都可以有自己独立的 Menu 和 Help action，但是实现方式各有不同。Struts2 标签带有 namespace 选项，可以根据 namespace 的不同向服务器提交不同的 package 的 action 的请求。

“/” 表示根 namespace，所有直接在应用程序上下文环境下的请求（Context）都在这个 package 中查找。

“” 表示默认 namespace，当所有的 namespace 中都找不到的时候就在这个 namespace 中寻找。例如，前面学到的 login 应用程序。

例如，有如下配置。

```
<package name="default">
<action name="foo" class="mypackage.simpleAction">
<result name="success" type="dispatcher">greeting.jsp</result>
    </action>
    <action name="bar" class="mypackage.simpleAction">
       <result name="success" type="dispatcher">bar1.jsp</result>
    </action>
</package>
<package name="mypackage1" namespace="/">
    <action name="moo" class="mypackage.simpleAction">
        <result name="success" type="dispatcher">moo.jsp</result>
    </action>
</package>
<package name="mypackage2" namespace="/barspace">
    <action name="bar" class="mypackage.simpleAction">
       <result name="success" type="dispatcher">bar2.jsp</result>
    </action>
</package>
```

（1）如果请求为/barspace/bar.action。

查找 namespace/barspace，如果找到 bar 则执行对应的 action，否则将会查找默认的 namespace。在上面的例子中，在 barspace 中存在名字位 bar 的 action，所以这个 action 将会被执行，如果返回结果为 success，则画面将定位到 bar2.jsp。

（2）如果请求为/moo.action。

根 namespace（'/'）被查找，如果 moo.action 存在则执行，否则查询默认的 namespace。上面的例子中，根 namespace 中存在 moo.action，所以该 action 被调用，返回 success 的情况下，画面将定位到 moo.jsp。

又如，

```
<Struts>
    <constant name="Struts.custom.i18n.resources" value="messageResource"/>
   <package name="lee" extends="Struts-default">
      <action name="login" class="lee.LoginAction">
         <result name="input">/login.jsp</result>
         <result name="error">/error.jsp</result>
         <result name="success">/welcome.jsp</result>
      </action>
   </package>
   <package name="get" extends="Struts-default" namespace="/book">
      <action name="getBooks" class="lee.GetBooksAction">
         <result name="login">/login.jsp</result>
         <result name="success">/showBook.jsp</result>
      </action>
</package>
</Struts>
```

以上代码配置了两个包：lee 和 get。配置 get 包时，指定了该包的命名空间为/book。对于名为 lee 的包而言，没有指定 namespace 属性。如果某个包没有指定 namespace 属性，即该包使用默认的命名空间，则默认的命名空间总是“”。

需要注意的问题有两个。

默认命名空间里的 action 可以处理任何模块下的 action 请求。

即：如果存在 URL 为/book/GetBooks.action 的请求，并且/book 的命名空间没有名为 GetBooks 的 action，则默认命名空间下名为 GetBooks 的 action 也会处理用户请求。

当某个包指定了命名空间后，该包下所有的 action 处理的 URL 应该是命名空间+action 名。

以上面的 get 包为例，该包下包含了名为 getBooks 的 action，则该 action 处理的 URL 为：

```
http://localhost:8080/namespace/book/GetBooks.action
```

namespace 是应用名，book 是该 action 所有包对应的命名空间，GetBooks 是 action 名。

6.4.3 action 配置

配置 action 就是让 Struts2 容器知道该 action 的存在，并且能调用该 action 来处理用户请求。因此，我们认为：action 是 Struts2 的基本“程序单位”，即在 Struts2 框架中每一个 action 是一个工作单元。

action 负责将一个请求对应到一个 action 处理上去，每当一个 action 类匹配一个请求的时候，这个 action 类就会被 Struts2 框架调用。action 只是一个控制器，它并不直接对浏览者生成任何响应。因此，action 处理完用户请求后，action 需要将指定的视图资源呈现给用户。因此，配置 action 时，应该配置逻辑视图和物理视图资源之间的映射。

Struts2 使用包来组织 action，因此，将 action 的定义是放在包定义下完成的，定义 action 通过使用 package 下的 action 子元素来完成。至少需要指定该 action 的 name 属性，该 name 属性既是该 action 的名字，也是该 action 需要处理的 URL 的前半部分。除此之外，通常还需要为 action

元素指定一个 class 属性，class 属性指定了该 action 的实现类。

一个简单的例子，如下。

```
<package name="lee" extends="Struts-default">
    <action name="login" class="lee.LoginAction">
        <result name="input">/login.jsp</result>
        <result name="error">/error.jsp</result>
        <result name="success">/welcome.jsp</result>
    </action>
</package>
```

一个较全面的 Action 配置示例。

```
<action name="Logon" class="tutorial.Logon">
<result type="redirect-action">Menu</result>
<result name="input">/tutorial/Logon.jsp</result>
</action>
```

每一个 action 可以配置多个 result、多个 ExceptionHandler、多个 Intercepter，但是只能有一个 name，这个 name 和 package 的 namespace 来唯一区别一个 action。

每当 Struts2 框架接收到一个请求的时候，他会去掉 Host、Application 和后缀等信息，得到 action 的名字。例如，如下的请求将得到 Welcome 这个 action。

```
http://www.planetStruts.org/Struts2-mailreader/Welcome.action
```

在一个 Struts2 应用程序中，一个指向 action 的链接通常由 Struts Tag 产生，这个 Tag 只需要指定 action 的名字，Struts 框架会自动添加诸如后缀等的扩展，例如，

```
<s:form action="Hello">
    <s:textfield label=" label name" name="name"/>
    <s:submit/>
</s:form>
```

将产生一个如下的链接的请求。

```
http://Hostname:post/AppName/Hello.action
```

在定义 action 的名字的时候不要使用.和/来命名，最好使用英文字母和下划线。

1. action 中的方法

action 的默认入口方法由 xwork2 的 action 接口来定义，代码清单为如下。

```
public interface Action {
  public String execute() throws Exception;
}
```

有些时候我们想指定一个 action 的多个方法，我们可以做如下两步。

（1）建立一些 execute 签名相同的方法，例如，

```
public String forward() throws Exception
```

（2）在 action 配置的时候使用 method 属性，例如，

```
<action name="delete" class="example.CrudAction" method="delete">
```

2. action 中的方法通配符

有些时候对 action 中方法的调用满足一定的规律，例如 edit action 对应 edit 方法，delete action 对应 delete 方法，这时可以使用方法通配符，例如，

```
<action name="*Crud" class="example.Crud" method="{1}">
```

这时，editCrud action 的引用将调用 edit 方法，同理，deleteCrud action 的引用将调用 delete 方法。

另外一种比较常用的方式是使用下划线分割，例如，

```
<action name="Crud_*" class="example.Crud" method="{1}">
```

当遇到如下调用的时候可以找到对应的方法。

```
"action=Crud_input" => input 方法
"action=Crud_delete"=> delete 方法
```

通配符和普通的配置具有相同的地位，可以结合使用框架的其他功能。

3. 默认的 action

当我们没有指定 action 的 class 属性的时候，例如，

```
<action name="Hello">
```

默认使用 com.opensymphony.xwork.ActionSupport

ActionSupport 有两个方法 input 和 execute，每个方法都是简单的返回 success。

4. Post-Back action

可以使用如下代码达到字画面刷新的效果。

```
<s:form>
    <s:textfield label=" label name" name="name"/>
    <s:submit/>
</s:form>
```

5. 默认 action

在通常情况下，请求的 action 不存在，Struts2 框架会返回一个 Error 画面："404 - Page not found"，或许我们不想出现一个控制之外的错误画面，可以指定一个默认的 action，当请求的 action 不存在的时候，调用默认的 action，通过如下配置可以达到要求。

```
<package name="Hello" extends="action-default">
<default-action-ref name="UnderConstruction">
<action name="UnderConstruction">
    <result>/UnderConstruction.jsp</result>
</action>
</package>
```

6. 默认通配符

```
<action name="*" >
<result>/{1}.jsp</result>
</action>
```

每个 action 将会被映射到以自己名字命名的 JSP 上。

6.5 Struts2 的简单例子

（1）建立创建 Web 项目，这里使用的 IDE 是 MyEclipse 10.5，如图 6-7 所示。

项目名为"HelloWorld"，如图 6-8 所示。

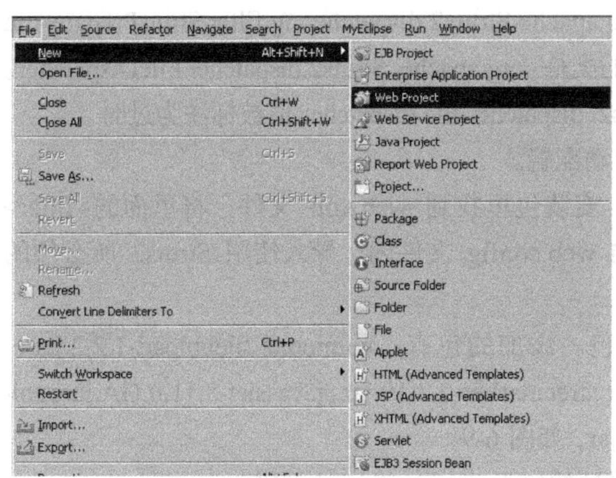

图 6-7　新建一个 Web 项目

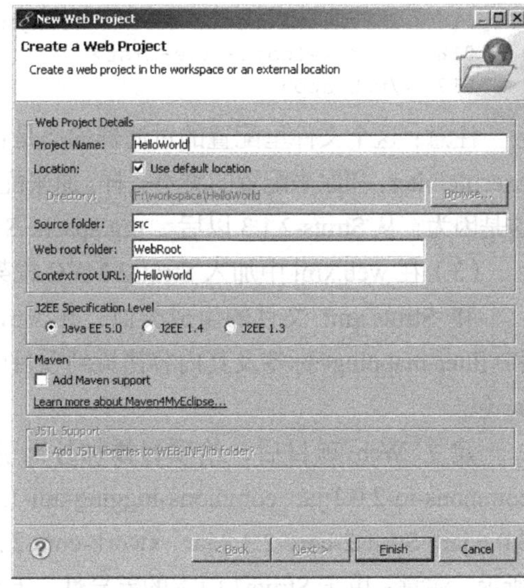

图 6-8　建立 HelloWorld 项目

（2）编写 Struts.xml 文件。

在 MyEclipse 项目中的 src 根目录下新建 Struts.xml 文件，文件内容如下。（可以打开下载的 Struts2 安装包里的 apps 目录下的任意一个 jar 包，在里面的 WEB_INF/src 目录下，寻找 Struts.xml 文件，将该文件复制进项目的 src 根目录下，将里面的内容清空（只留下<Struts>标签和头部标签即可））

Struts.xml 文件的 XML 代码

```
<?xml version="1.0" encoding="UTF-8" ?>
<!DOCTYPE Struts PUBLIC
    "-//Apache Software Foundation//DTD Struts Configuration 2.0//EN"
    "http://Struts.apache.org/dtds/Struts-2.0.dtd">
<Struts>
    <package name="Struts2" namespace="/" extends="Struts-default">
    </package>
    <!-- Add packages here -->
</Struts>
```

配置 web.xml 文件，加入如下内容 XML 代码。

```
<?xml version="1.0" encoding="UTF-8"?>
<web-app version="2.5" xmlns="http://java.sun.com/xml/ns/javaee"
    xmlns:xsi="http://www.w3.org/2001/XMLSchema-instance"
    xsi:schemaLocation="http://java.sun.com/xml/ns/javaee
 http://java.sun.com/xml/ns/javaee/web-app_2_5.xsd">
    <filter>
        <filter-name>Struts2</filter-name>
    <filter-class>org.apache.Struts2.dispatcher.ng.filter.
                                    StrutsPrepareAndExecuteFilter</filter-class>
    </filter>
    <filter-mapping>
        <filter-name>Struts2</filter-name>
        <url-pattern>/*</url-pattern>
    </filter-mapping>
    <welcome-file-list>
```

```
            <welcome-file>index.jsp</welcome-file>
        </welcome-file-list>
</web-app>
```

注意：这个文件里配置的过滤器的类是：org.apache.Struts2.dispatcher.ng.filter.StrutsPrepareAndExecuteFilter，和原来配置的类不一样。原来配置的类是：org.apache. Struts2.dispatcher.FileDispatcher。这是因为，从 Struts-2.1.3 以后 ，org.apache.Struts2. dispatcher.file dispatcher 值被标注为过时。

（3）在 web.xml 中加入 Struts2 MVC 框架启动配置。

和 Struts.xml 文件的生成类似，在 Struts2 安装包里找到 web.xml 文件，将里面的<filter>和<filter-mapping>标签及其内容拷贝到项目中的 web.config 文件内。导入使用 Struts2 所必须的 jar 包。

建立 Web 项目后，给项目添加外部引用包。添加的包有：commons-fileupload-1.2.2.jar、commons-io-2.0.1.jar、commons-logging-api-1.1.jar、freemarker-2.3.19.jar、javassist-3.11.0.GA.jarognl-3.0.6.jar、Struts2-core-2.3.8.jar、xwork-core-2.3.8.jar，如图 6-9 所示。注意：由于 Struts2 版本的差异性，上面提到的包不一定满足所有版本的需求。配置完 Struts2 后，请部署运行一下。根据运行时的错误提示来添加 jar 包解决问题。比如，配置 Struts-2.2.1.1 时需要 commons-io-2.0.1.jar包和javassist-3.7.ga.jar包，但是 2.1 版本就不需要这两个包。

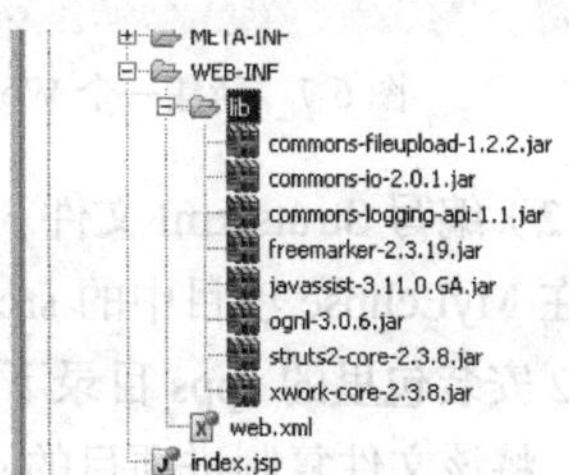

图 6-9　Struts 的 jar 包

在 Web 项目的 WEB-INF 下新建 classes 文件夹和 lib 文件夹。在 Struts 框架的库里找到如下所示的库文件放入 lib 下，如图 6-9 所示。

（4）编写 login.jsp 页面，代码如下。

```
<%@ page language="java" import="java.util.*" pageEncoding="UTF-8"%>

<!DOCTYPE HTML PUBLIC "-//W3C//DTD HTML 4.01 Transitional//EN">
 <html>
   <head>
        <title>Login</title>
        <meta http-equiv="pragma" content="no-cache">
        <meta http-equiv="cache-control" content="no-cache">
        <meta http-equiv="expires" content="0">
        <meta http-equiv="keywords" content="keyword1,keyword2,keyword3">
        <meta http-equiv="description" content="This is my page">
   </head>
   <body>
        <s:form action="/login" method="post">
            <s:label value="系统登录"></s:label>
            <s:textfield name="username" label="账号" />
            <s:password name="password" label="密码" />
            <s:submit value="登录" />
        </s:form>
   </body>
  </html>
<%@ page language="java" import="java.util.*" pageEncoding="UTF-8"%>
<%@
taglib uri="/Struts-tags" prefix="s" %>
```

```
<!DOCTYPE HTML PUBLIC "-//W3C//DTD HTML 4.01 Transitional//EN">
<html>
    <head>
        <title>Login</title>
        <meta http-equiv="pragma" content="no-cache">
        <meta http-equiv="cache-control" content="no-cache">
        <meta http-equiv="expires" content="0">
        <meta http-equiv="keywords" content="keyword1,keyword2,keyword3">
        <meta http-equiv="description" content="This is my page">
    </head>
    <body>
        <s:form action="/login" method="post">
            <s:label value="系统登录"></s:label>
            <s:textfield name="username" label="账号" />
            <s:password name="password" label="密码" />
            <s:submit value="登录" />
        </s:form>
    </body>
</html>
```

（5）编写 LoginAction 类，代码如下。

```
import com.opensymphony.xwork2.ActionSupport;

public class LoginAction extends ActionSupport {
// 该类继承了 ActionSupport 类。这样就可以直接使用 SUCCESS,
// LOGIN 等变量和重写 execute 等方法

    private static final long serialVersionUID = 1L;
    private String username;
    private String password;

    public String getUsername() {
        return username;
    }

    public void setUsername(String username) {
        this.username = username;
    }

    public String getPassword() {
        return password;
    }

    public void setPassword(String password) {
        this.password = password;
    }

    @Override
    public String execute() throws Exception {
        if ("haha".equals(username) && "hehe".equals(password))
// 如果登录的用户名=haha 并且密码=hehe，就返回 SUCCESS；否则，返回 LOGIN
            return SUCCESS;
        return LOGIN;
```

```
    }
}
```

（6）配置 Struts.xml 文件，代码如下。

```
<?xml version="1.0" encoding="UTF-8" ?>
<!DOCTYPE Struts PUBLIC
    "-//Apache Software Foundation//DTD Struts Configuration 2.0//EN"
    "http://Struts.apache.org/dtds/Struts-2.0.dtd">
<Struts>
    <package name="default" namespace="/" extends="Struts-default">
        <action name="login" class="LoginAction" method="execute">
            <result name="success">/welcome.jsp</result>
            <result name="login">/login.jsp</result>
        </action>
    </package>
</Struts>
```

主要属性说明如下。

- package-name：用于区别不同的 package；必须是唯一的、可用的变量名；用于其他 package 来继承；
- package-namespace：用于减少重复代码（和 Struts1 比较）；是调用 action 时输入路径的组成部分；
- package-extends：用于继承其他 package 以使用里面的过滤器等；
- action-name：用于在一个 package 里区分不同的 action；必须是唯一的、可用的变量名；是调用 action 时输入路径的组成部分；
- action-class：action 所在的路径（包名+类名）；
- action-method：action 所调用的方法名；

其他的属性因为项目里没有用到，在此不做解释。如有需要，请查阅相关文档。

（7）根据 Struts.xml 里配置的内容，还需要一个 welcome.jsp 页面。编写 welcome.jsp 页面，代码如下。

```
<%@ page language="java" import="java.util.*" pageEncoding="UTF-8"%>
<!DOCTYPE HTML PUBLIC "-//W3C//DTD HTML 4.01 Transitional//EN">
<html>
    <head>
<title>My JSP 'welcome.jsp' starting page</title>
        <meta http-equiv="pragma" content="no-cache">
       <meta http-equiv="cache-control" content="no-cache">
        <meta http-equiv="expires" content="0">
        <meta http-equiv="keywords" content="keyword1,keyword2,keyword3">
        <meta http-equiv="description" content="This is my page">
        </head>
        <body>
          欢迎${username }!
       </body>
    </html>
```

经过上述步骤，登录实例已经编写完毕。

（8）启动 tomcat，在网页地址栏里输入：http://localhost:8080/HelloWorld/login.jsp，打开登录页面。如图 6-10 所示。

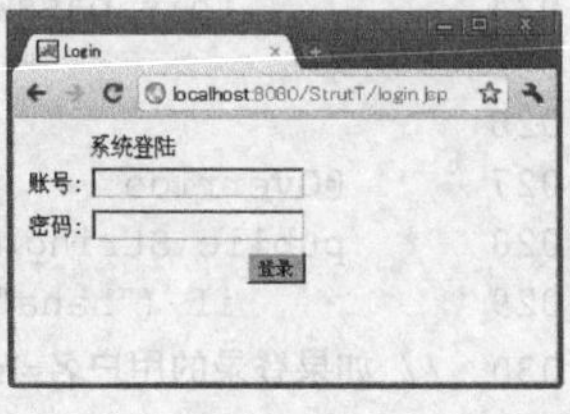

图 6-10　StrutsDemo 登录页面

6.6 拦 截 器

6.6.1 拦截器介绍

Struts2 拦截器的实现原理相对简单，当请求 Struts2 的 action 时，Struts2 会查找配置文件，并根据其配置实例化相对应的拦截器对象，然后串成一个列表，最后一个一个地调用列表中的拦截器。

1. 理解 Struts2 拦截器

（1）Struts2 拦截器是在访问某个 action 或 action 的某个方法之前或之后实施拦截，并且 Struts2 拦截器是可插拔的，拦截器是 AOP 的一种实现。

（2）拦截器栈（interceptor stack）。Struts2 拦截器栈就是将拦截器按一定的顺序联结成一条链。在访问被拦截的方法或字段时，Struts2 拦截器链中的拦截器就会按其之前定义的顺序被调用。

2. Struts2 拦截器原理

拦截器的工作原理如图 6-11 所示，每一个 action 请求都包装在一系列的拦截器的内部。拦截器可以在 action 执行之前做相似的操作，也可以在 action 执行之后做回收操作。

每一个 action 既可以将操作转交给下面的拦截器，也可以直接退出操作返回客户既定的画面。Struts2 的拦截器的实现原理和过滤器差不多，对你真正想执行的 execute()方法进行拦截，然后插入一些自己的逻辑。如果没有拦截器，这些要插入的逻辑就得写在你自己的 action 实现中，而且每个 action 实现都要写这些功能逻辑，这样的实现非常繁琐。Struts2 的设计者们把这些共有的逻辑独立出来，实现成一个个拦截器，既体现了软件复用的思想，又方便程序员使用。Struts2 中提供了大量的拦截器，多个拦截器可以组成一个拦截器栈，系统为我们配置了一个默认的拦截器栈 defaultStack，包括一些拦截器以及它们的顺序，可以在 Struts2 的开发包的 Struts-default.xml 中找到，如图 6-12 所示。

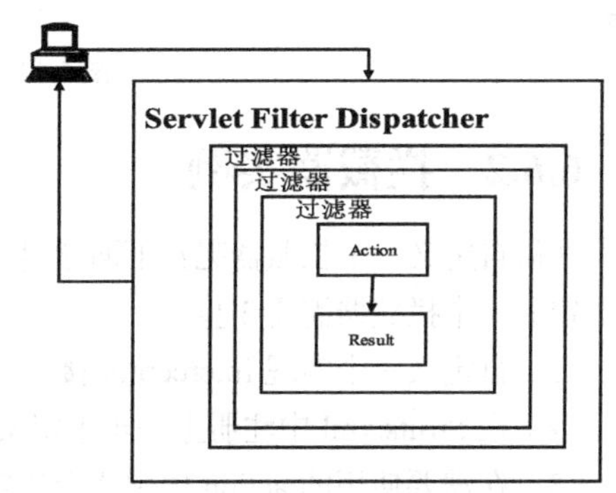

图 6-11 Struts2 拦截器工作原理

每次对 action 的 execute()方法请求时，系统会生成一个 ActionInvocation 对象，这个对象保存了 action 和你所配置的所有的拦截器以及一些状态信息。比如，你的应用使用的是 defaultStack，系统将会以拦截器栈配置的顺序将每个拦截器包装成一个个 InterceptorMapping(包含拦截器名字和对应的拦截器对象)组成一个 Iterator 保存在 ActionInvocation 中。在执行 ActionInvocation 的 invoke()方法时会对这个 Iterator 进行迭代，每次取出一个 InterceptorMapping，然后执行对应 Interceptor 的 intercept(ActionInVocation inv)方法，而 intercept(ActionInInvocation inv)方法又以当前的 ActionInInvocation 对象作为参数，而在每个拦截器中又会调用 inv 的 invoke()方法，这样就会进入下一个拦截器的执行，直到最后一个拦截器执行完，然后执行 action 的 execute()方法（假设你没有配置访问方法，默认执行 action 的 execute()方法）。在执行完 execute()方法取得了 result 后又以相反的顺序走出拦截器栈，这时可以做些清理工作。最后，系统得到了一个 result，然后根据 result 的类型做进一步操作。

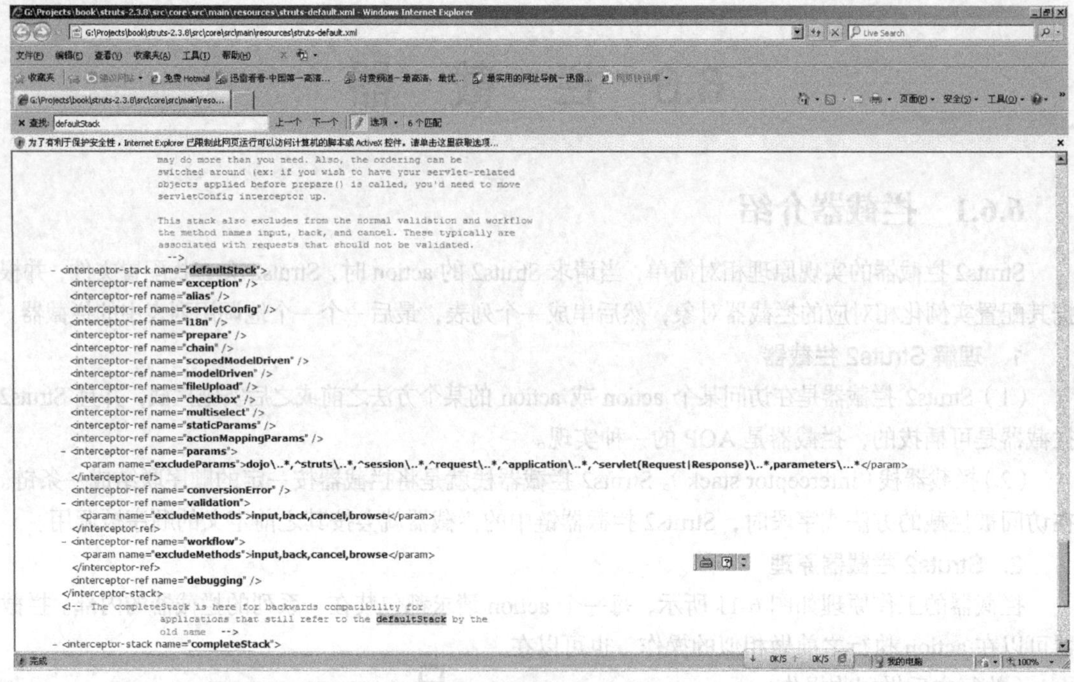

图 6-12 拦截器栈 defaultStack

6.6.2 拦截器实例

如何自定义一个拦截器呢？下面通过一个示例来介绍。

定义一个拦截器需要 3 步。

（1）自定义一个实现 Interceptor 接口（或者继承自 AbstractInterceptor）的类。

（2）在 Struts.xml 中注册上一步中定义的拦截器。

（3）在需要使用的 action 中引用上述定义的拦截器，为了方便，也可将拦截器定义为默认的拦截器，这样就可以在不加特殊声明的情况下，所有的 action 都被这个拦截器拦截。

使用拦截器的步骤如下。

步骤 1：编写拦截器类

Struts2 规定用户自定义拦截器必须实现 com. opensymphony.xwork2. interceptor. Interceptor 接口。该接口声明了 3 个方法：

```
void init();
void destroy();
String intercept(ActionInvocation invocation) throws Exception;
```

其中，init 和 destroy 方法会在程序开始和结束时各执行一遍，不管使用了该拦截器与否，只要在 Struts.xml 中声明了该 Struts2 拦截器，它就会被执行。

intercept 方法就是拦截的主体了，每次拦截器生效时都会执行其中的逻辑。

不过，Struts 中又提供了几个抽象类来简化这一步骤。

public abstract class AbstractInterceptor implements Interceptor;

public abstract class MethodFilterInterceptor extends AbstractInterceptor;

这些都是以模板方法实现的。其中，AbstractInterceptor 提供了 init()和 destroy()的空实现，使用时只需要覆盖 intercept()方法；而 MethodFilterInterceptor 则提供了 includeMethods 和 excludeMethods 两个属性，用来过滤执行该过滤器的 action 的方法。可以通过 param 来加入或者排除需要过滤的方法。

一般来说，拦截器的写法都差不多。看下面的示例。

```
package interceptor;

import com.opensymphony.xwork2.ActionInvocation;
import com.opensymphony.xwork2.interceptor.Interceptor;

public class MyInterceptor implements Interceptor {
    public void destroy() {
        // TODO Auto-generated method stub
    }

    public void init() {
        // TODO Auto-generated method stub
    }

    public String intercept(ActionInvocation invocation) throws Exception {
        System.out.println("Action 执行前插入 代码");
        // 执行目标方法 (调用下一个拦截器，或执行 Action)
        final String res = invocation.invoke();
        System.out.println("Action 执行后插入 代码");
        return res;
    }
}
```

步骤 2：配置拦截器

Struts2 拦截器需要在 Struts.xml 中声明，Struts.xml 配置文件如下。

```
<?xml version="1.0" encoding="UTF-8"?>
<!DOCTYPE Struts PUBLIC
    "-//Apache Software Foundation//DTD Struts Configuration 2.1//EN"
    "http://Struts.apache.org/dtds/Struts-2.1.dtd">
<Struts>
    <package name="authority" extends="Struts-default">

        <!-- 定义一个拦截器 -->
        <interceptors>
            <interceptor name="authority"
                class="com.ywjava.interceptot.LoginInterceptor">
            </interceptor>
            <!-- 拦截器栈 -->
            <interceptor-stack name="mydefault">
                <interceptor-ref name="defaultStack" />
                <interceptor-ref name="authority" />
            </interceptor-stack>
        </interceptors>

        <!-- 定义全局 Result -->
        <global-results>
```

```
            <!-- 当返回login视图名时，转入/login.jsp页面 -->
            <result name="login">/login.jsp</result>
        </global-results>

        <action name="loginform"
            class="com.ywjava.action.LoginFormAction">
            <result name="success">/login.jsp</result>
        </action>

        <action name="login" class="com.ywjava.action.LoginAction">
            <result name="success">/welcome.jsp</result>
            <result name="error">/login.jsp</result>
            <result name="input">/login.jsp</result>
        </action>

        <action name="show" class="com.ywjava.action.ShowAction">
            <result name="success">/show.jsp</result>
            <!-- 使用此拦截器 -->
            <interceptor-ref name="mydefault" />
        </action>

    </package>
</Struts>
```

步骤 3：发布程序

启动 Tomcat 服务器，在地址栏中输入：http//localhost:8080/StrutT/login.jsp，则出现登录界面，在登录界面内输入用户和密码，单击登录按钮。

在 MyEclipse 控制台中可以看到图 6-13 所示的结果。

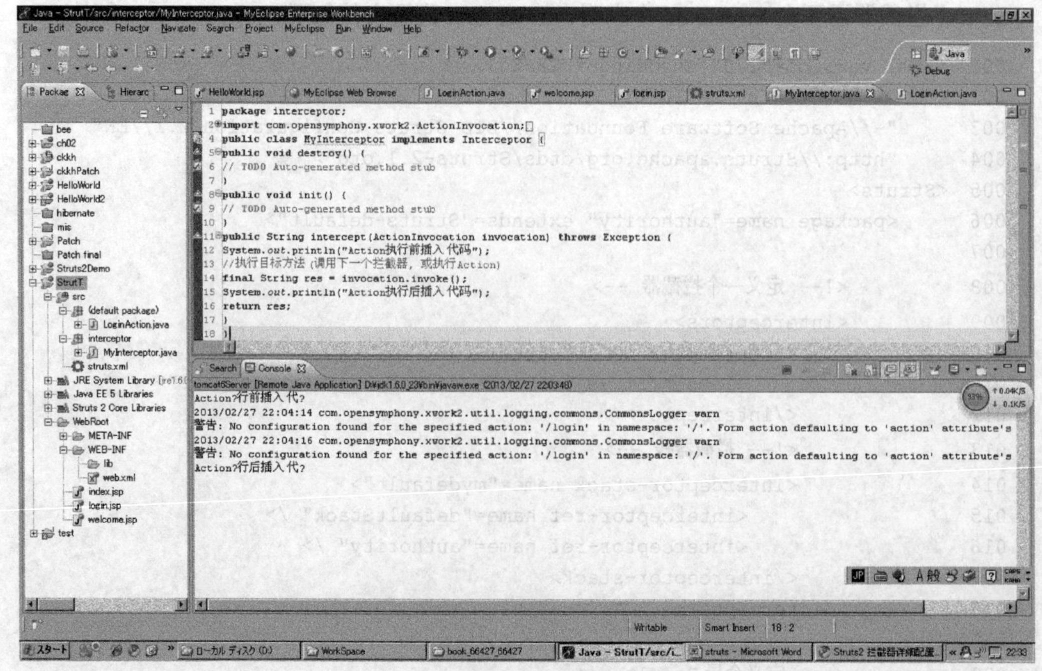

图 6-13　运行结果

6.7　Struts2 类型转换

6.7.1　类型转换简介

在 B/S 应用中，浏览器和服务器之间交换的数据只能是字符串形式的数据。即使数据是非字符串型的，像年龄（正整数型），金额（浮点型）等。这些数据传到服务器之后，在进行业务操作之前需进行数据类型转换。将字符串请求参数转换为相应的数据类型，是 MVC 框架提供的功能，而 Struts2 是很好的 MVC 框架实现者，理所当然提供了类型转换机制。

Struts2 的类型转换是基于 OGNL 表达式的，只要我们把 HTML 输入项（表单元素和其他 GET/POST 的参数）命名为合法的 OGNL 表达式，就可以充分利用 Struts2 的转换机制。

除此之外，Struts2 提供了很好的扩展性，开发者可以非常简单的开发出自己的类型转换器，完成字符串和自定义复合类型之间的转换。总之，Struts2 的类型转换器提供了非常强大的表示层数据处理机制，开发者可以利用 Struts2 的类型转换机制来完成任意的类型转换。

6.7.2　类型转换实例

下面通过实例说明 Struts2 类型转换器的具体用法。

（1）新建一个 web project，命名为 Struts2Convert，导入 Struts2 必须的包。在 src 目录下新建 Struts.xml，修改 web.xml 文件。

（2）新建一个 jsp 文件 Input.jsp。Input.jsp 的代码如下。

```
<%@ page language="java" import="java.util.*" pageEncoding="GB18030"%>
<%
    String path = request.getContextPath();
    String basePath = request.getScheme() + "://"
            + request.getServerName() + ":" + request.getServerPort()
            + path + "/";
%>
<%@ taglib prefix="s" uri="/Struts-tags"%>
<!DOCTYPE HTML PUBLIC "-//W3C//DTD HTML 4.01 Transitional//EN">
<html>
    <head>
        <base href="<%=basePath%>">

        <title>My JSP 'index.jsp' starting page</title>
        <meta http-equiv="pragma" content="no-cache">
        <meta http-equiv="cache-control" content="no-cache">
        <meta http-equiv="expires" content="0">
        <meta http-equiv="keywords" content="keyword1,keyword2,keyword3">
        <meta http-equiv="description" content="This is my page">
        <!--
    <link rel="stylesheet" type="text/css" href="styles.css">
    -->
    </head>

    <body>
```

```
        <h1>
            <font color='red'> 请输入坐标，用英文半角逗号隔开</font>
        </h1>
        <s:form action="pointconverter">
            <s:textfield name="point1" label="point1"></s:textfield>
            <s:textfield name="point2" label="point2"></s:textfield>
            <s:textfield name="point3" label="point3"></s:textfield>

            <s:submit name="submit">
            </s:submit>
        </s:form>
    </body>
</html>
```

该文件有两个需要注意的地方。

- 使用了 Struts2 的标签库 <%@ taglib prefix="s" uri="/Struts-tags" %>。
- form 中的 action 属性。

（3）在 src 下新建包 com.bean，其中定义一个 bean.point 类。point.java 代码如下。

```
package com.bean;

public class Point {

    private int x;
    private int y;

    public int getX() {
        return x;
    }

    public void setX(int x) {
        this.x = x;
    }

    public int getY() {
        return y;
    }

    public void setY(int y) {
        this.y = y;
    }
}
```

（4）在 src 下新建包 com.action，新建类 PointAction.java，其代码如下。

```
package com.action;

import com.opensymphony.xwork2.ActionSupport;
import com.bean.Point;

public class PointAction extends ActionSupport {

```

```
    private Point point1;
    private Point point2;
    private Point point3;

    public Point getPoint1() {
        return point1;
    }

    public void setPoint1(Point point1) {
        this.point1 = point1;
    }

    public Point getPoint2() {
        return point2;
    }

    public void setPoint2(Point point2) {
        this.point2 = point2;
    }

    public Point getPoint3() {
        return point3;
    }

    public void setPoint3(Point point3) {
        this.point3 = point3;
    }

    public String execute() throws Exception {
        return SUCCESS;
    }
}
```

（5）配置 Struts.xml 文件，代码如下。

```
<?xml version="1.0" encoding="utf-8" ?>
<!DOCTYPE Struts PUBLIC
   "-//Apache Software Foundation//DTD Struts Configuration 2.0//EN"
   "Struts.apache.org/dtds/Struts-2.0.dtd">

<Struts>

    <package name="Struts2" extends="Struts-default">
        <action name="pointconverter" class="com.action.PointAction">
            <result name="success">/output.jsp</result>
            <result name="input">/input.jsp</result>
        </action>
    </package>
</Struts>
```

（6）在 WebRoot 下新建视图 output.jsp，依旧运用 Struts2 的标签库，代码如下。

```
<%@ page language="java" import="java.util.*" pageEncoding="GB18030"%>
<%
    String path = request.getContextPath();
```

```
    String basePath = request.getScheme() + "://"
            + request.getServerName() + ":" + request.getServerPort()
            + path + "/";
%>
<%@ taglib prefix="s" uri="/Struts-tags"%>
<!DOCTYPE HTML PUBLIC "-//W3C//DTD HTML 4.01 Transitional//EN">
<html>
    <head>
        <base href="<%=basePath%>">

        <title>My JSP 'output.jsp' starting page</title>

        <meta http-equiv="pragma" content="no-cache">
        <meta http-equiv="cache-control" content="no-cache">
        <meta http-equiv="expires" content="0">
        <meta http-equiv="keywords" content="keyword1,keyword2,keyword3">
        <meta http-equiv="description" content="This is my page">
        <!--
    <link rel="stylesheet" type="text/css" href="styles.css">
    -->

    </head>

    <body>

        point1:
        <s:property value="point1" />
        <br>
        point2:
        <s:property value="point2" />
        <br>
        point3:
        <s:property value="point3" />
    </body>
</html>
```

（7）定义类型转换器：在 src 目录下新建 com.converter 包，新建类 PointConverter.java。代码如下。

```
package com.converter;
import java.util.Map;
import org.apache.Struts2.util.StrutsTypeConverter;
import com.bean.Point;

public class PointConverter extends StrutsTypeConverter {

    @Override
    public Object convertFromString(Map arg0, String[] arg1, Class arg2) {

        Point point = new Point();
        String[] values = arg1[0].split(",");
        int x = Integer.parseInt(values[0].trim());
        int y = Integer.parseInt(values[1].trim());
        point.setX(x);
        point.setY(y);
```

```
            return point;
        }
        @Override
        public String convertToString(Map arg0, Object arg1) {
            Point point = (Point) arg1;
            int x = point.getX();
            int y = point.getY();
            String result = "<x= " + x + " ,  y=" + y + " >";
            return result;
        }
}
```

（8）使类型转化器和 action 中的对应 point 属性关联起来，新建一个属性文件。这里有两种方法。

① 在 com.converter 包中新建一个 PointAction-conversion.properties 文件，代码如下。

```
point1=com.converter.PointConverter
point2=com.converter.PointConverter
point3=com.converter.PointConverter
```

② 在 src 目录下直接新建一个 xwork-conversion.properties 文件，代码如下。

```
com.bean.Point=com.converter.PointConverter
```

6.8　输 入 校 验

在应用程序中，需要对客户端输入的数据进行校验，提醒用户输入格式正确而且有效的数据，以此来避免输入错误数据而引起异常。输入校验分为客户端校验和服务器端校验。客户端校验主要是通过 JavaScript 代码完成，服务器端校验是通过应用编程实现。除了校验数据有效性以外，还可以验证数据逻辑的正确性。比如，新注册的用户名是否是已经被人用过的。输入校验是表示层数据处理的一种，应该由 MVC 框架提供。Struts2 提供了内置校验器，无需书写任何校验代码，即可完成绝大部分输入校验。如果需要，也可以通过 validate 方法来完成自定义校验。

6.8.1　手动输入完成校验

请求到来时，在处理请求之前，对页面提交数据进行验证。常用的方法如下。

（1）普通的处理方式：只需要在 action 中重写 validate()方法；

（2）一个 action 对应多个逻辑处理方法：指定校验某个特定方法的方式。

重写 validateXxxx()方法。如果只校验 login 方法，则只需重写 validateLogin()，下面用一个验证实例来说明。

首先，建一个 jsp 文件，InputValidate.jsp，代码如下。

```
<%@ page language="java" import="java.util.*" pageEncoding="UTF-8"%>
<%@ taglib uri="/Struts-tags" prefix="s"%>
<!DOCTYPE HTML PUBLIC "-//W3C//DTD HTML 4.01 Transitional//EN">
<html>
    <head>
        <title>Login</title>
        <meta http-equiv="pragma" content="no-cache">
```

```
        <meta http-equiv="cache-control" content="no-cache">
        <meta http-equiv="expires" content="0">
        <meta http-equiv="keywords" content="keyword1,keyword2,keyword3">
        <meta http-equiv="description" content="This is my page">
    </head>
    <body>
        <s:form action="yan" method="post">
            <s:textfield name="username" label="用户名" />
            <s:password name="password" label="密码" />
            <s:password name="password1" label="验证密码" />
            <s:textfield name="age" label="年龄" />
            <s:textfield name="birthday" label="出生日期" />
            <s:textfield name="workdate" label="工作日期" />
            <s:submit label="注册" />
        </s:form>
    </body>
</html>
```

执行结果，如图 6-14 所示。

然后，建立验证类 validate.java，在 excute()方法的业务逻辑开始之前进行验证，代码如下。

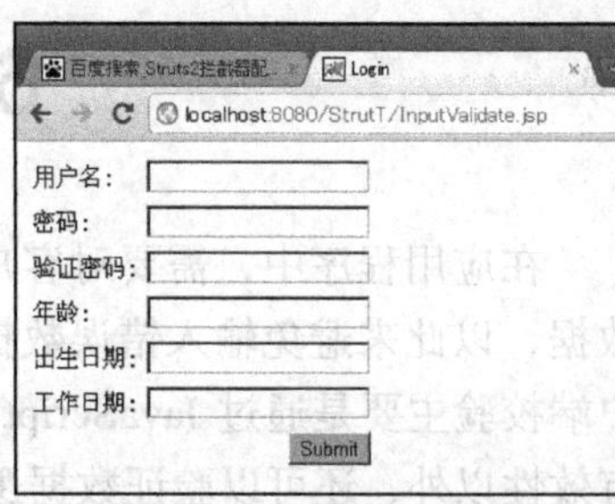

图 6-14 输入验证页面

```
import java.util.Calendar;
import java.util.Date;
import com.opensymphony.xwork2.ActionSupport;

public class validate extends ActionSupport {
    private String username;
    private String password;
    private String password1;

    private int age;
    private Date birthday;
    private Date workdate;

    // 省略 get / set 方法
    public void excute() {
        if (null == username || username.length() < 6 || username.length() > 12) {
            this.addFieldError("username", "username invalid");
        }

        if (null == password || password.length() < 6 || password.length() > 12) {
            this.addFieldError("password", "password invalid");
        }
        if (null != birthday && null != workdate) {
            Calendar c1 = Calendar.getInstance();
            c1.setTime(birthday);
            Calendar c2 = Calendar.getInstance();
            c2.setTime(workdate);

            if (c2.before(c1)) {
                this.addFieldError("workdate", "workdate before birthday");
```

```
                }

            }
        }
}
```

Struts 的配置文件 Struts.xml 如下。

```
<package name="xing" extends="Struts-default">
        <action name="validate" class="validate">
          <result >/ok.jsp</result>
          <result name="input">/yan.jsp</result>
        </action>
  </package>
```

图 6-15　输入合法数据

输入数据无错误时，输出界面的代码如下，界面如图 6-15 所示。

```
  <s:property value="username" />  <br />
  <s:property value="password" />  <br />
  <s:property value="age" />      <br />
  <s:property value="birthday" />  <br />
  <s:property value="workdate" />  <br />
```

当年龄输入非数字类型，会出现图 6-16 所示的结果。

```
<%@ page language="java" import="java.util.*" pageEncoding="UTF-8"%>
<%@ taglib uri="/Struts-tags" prefix="s"%>
<!DOCTYPE HTML PUBLIC "-//W3C//DTD HTML 4.01 Transitional//EN">
<html>
    <head>
        <title>Login</title>
        <meta http-equiv="pragma" content="no-cache">
        <meta http-equiv="cache-control" content="no-cache">
        <meta http-equiv="expires" content="0">
        <meta http-equiv="keywords" content="keyword1,keyword2,keyword3">
        <meta http-equiv="description" content="This is my page">
    </head>
    <body>
        <s:fielderror />
    </body>
</html>
```

localhost:8080/StrutT

• Invalid field value for field "age".

图 6-16　提示不合理字段

6.8.2　使用 Struts2 框架校验

可以使用校验文件来实现对字段内容的校验。校验文件的名字的规则是 <action 名字>-validation.xml。

使用 Struts2 框架来校验的步骤如下。

（1）编写校验配置文件。命名规则：action 类名-validatin.xml。

（2）一个 action 对应多个逻辑处理方法，指定校验每个特定方法的方式。

action 类名-name 属性名-validatin.xml.（name 属性名：在 Struts 配置文件中的）

（3）配置文件存放位置：放在与 action 相同的文件夹内。

（4）验证规则：先加载 action 类名-validatin.xml，然后加载 action 类名-name 属性名-validatin.xml 文件。

（5）校验器的配置风格有两种：一种是字段校验器，另一种是非字段校验器。

字段校验器配置格式如下。

```
<field name="被校验的字段">
        <field-validator type="校验器名">
              <!--此处需要为不同校验器指定数量不等的校验规则-->
              <param name="参数名">参数值</param>
                 ....................
               <!--校验失败后的提示信息，其中 key 指定国际化信息的 key-->
                <message key="I18Nkey">校验失败后的提示信息</message>
                 <!--校验失败后的提示信息:建议用 getText("I18Nkey"),否则可能出现 Freemarker template Error-->
        </field-vallidator>
         <!-- 如果校验字段满足多个规则，下面可以配置多个校验器-->
</field>
```

非字段校验器配置格式如下。

```
<validator type="校验器名">
           <param name="fieldName">需要被校验的字段</param>
           <!--此处需要为不同校验器指定数量不等的校验规则-->
<param name="参数名">参数值</param>
             <!--校验失败后的提示信息，其中 key 指定国际化信息的 key-->
          <message key="I18Nkey">校验失败后的提示信息</message>
            <!--校验失败后的提示信息:建议用 getText("I18Nkey"),否则可能出现 Freemarker template Error-->
</validator>
```

非字段校验：先指定校验器，由谁来校验，来校验谁！

字段校验器：先指定校验的属性，我来校验谁，由谁来校验！

```
<?xml version="1.0" encoding="GBK"?>
<!DOCTYPE validators PUBLIC "-//OpenSymphony Group//XWork Validator 1.0.2//EN"
    "http://www.opensymphony.com/xwork/xwork-validator-1.0.2.dtd">
<validators>
    <field name="username">
        <field-validator type="requiredstring">
            <param name="trim">true</param>
            <message>必须输入名字</message>
        </field-validator>
        <field-validator type="regex">
            <param name="expression"><![CDATA[(\w{4,25})]]></param>
<message>您输入的用户名只能是字母和数组，且长度必须在 4 到 25 之间
</message>
        </field-validator>
    </field>
    <field name="password">
        <field-validator type="requiredstring">
            <param name="trim">true</param>
            <message>必须输入密码</message>
```

```
        </field-validator>
        <field-validator type="regex">
            <param name="expression"><![CDATA[(\w{4,25})]]></param>
              <message>您输入的密码只能是字母和数组，且长度必须在 4 到 25 之间
</message>
        </field-validator>
    </field>
    <field name="age">
        <field-validator type="int">
            <param name="min">1</param>
            <param name="max">150</param>
            <message>年纪必须在 1 到 150 之间</message>
        </field-validator>
    </field>
    <field name="birthday">
        <field-validator type="date">
            <param name="min">1900-01-01</param>
            <param name="max">2050-02-21</param>
            <message>年纪必须在${min}到${max}之间</message>
        </field-validator>
    </field>
</validators>
```

如果要进行客户端校验，那么改为<s:form action="yan" method="post"　validate="true">，结果如图 6-17、图 6-18 所示。

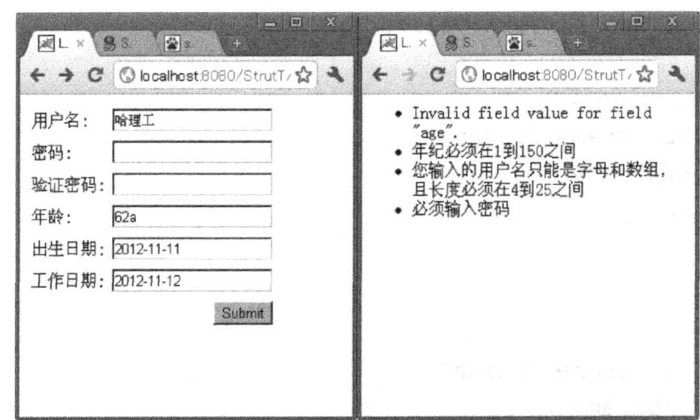

图 6-17　提示不合理字段

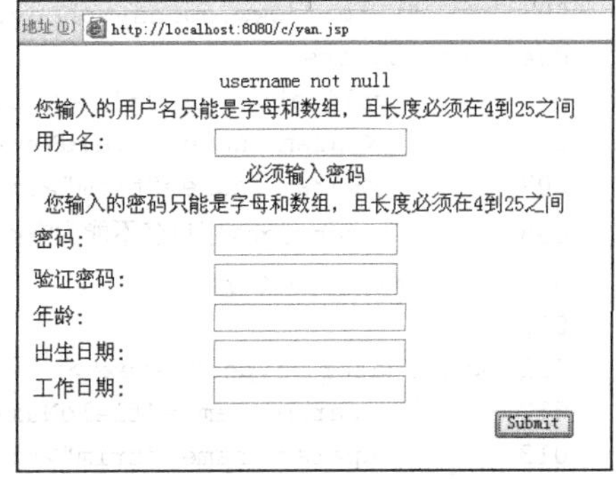

图 6-18　提示不合理字段

如果是客户端验证，那么 <message key="xing.username" /> 会出错误。需要改成下面格式：

```
<message>${getText("xing.username")}</message>
```

6.8.3　校验器的配置风格

校验器的配置风格有两种：一种是字段优先的字段校验器风格，一种校验器优先的非字段校验器风格。在 <validators> 下可以有 <field > 或者是 <validator >。出现<field > 就是字段校验器，出现<validator >就是非字段校验器。

1. 字段校验器配置风格

字段校验器格式如下。

```
<field  name="被校验的字段">
```

```
  <field-validator  type="校验器名" >
<!--此处需要为不同的校验器指定数量的校验参数 -- >
<param  name="参数名">参数值</param>
……
<message  key="I18Nkey">校验失败提示信息</message>
</field-validator>
<!--如果该字段要满足多个规则，下面可以继续配置多个校验器 -- >
  </field>
```

从上面代码可以看出，<field> 是校验规则文件的基本组成单位。每个<field-validator type="校验器名" >指定一个校验规则。<field-validator > 必须要有个<message>。

2. 非字段校验器配置风格

它是一种以校验器优先的配置方式。在校验器文件的根元素包含了多个<validator>元素，每个<validator> 定义了一个规则。

```
<validator  type="校验器">
  <param  name="fieldname">需要被校验的字段</param>
  <param  name="参数名">参数值</param>
<message  key="I18Nkey"></message>
</validator>
```

上例验证文件内容如下。

```
<?xml version="1.0" encoding="GBK"?>
<!DOCTYPE validators PUBLIC "-//OpenSymphony Group//XWork Validator 1.0.2//EN"
     "http://www.opensymphony.com/xwork/xwork-validator-1.0.2.dtd">
<validators>
      <validator  type="requiredstring">
        <param  name="fieldName">username</param>
        <param  name="trim">true</param>
        <message>用户名不能为空</message>
      </validator>

<validator  type="regex">
        <param  name="fieldName">username</param>
        <param  name="trim">true</param>
        <param  name="expression"><![CDATA[(\W{4,25})]]></param>
         <message>用户名长度要在 4-25 之间</message>
     </validator>

       <validator  type="requiredstring">
        <param  name="fieldName">password</param>
        <param  name="trim">true</param>
        <message>密码不能为空</message>
      </validator>

      <validator  type="regex">
        <param  name="fieldName">password</param>
        <param  name="trim">true</param>
        <param  name="expression"><![CDATA[(\W{4,25})]]></param>
         <message>密码长度要在 4-25 之间</message>
```

```
    </validator>

    <validator type="int">
       <param  name="fieldName">age</param>
       <param name="min">1</param>
       <param name="max">150</param>
        <message>年龄超过范围</message>
    </validator>

    <validator type="date">
      <param name="fieldName">birthday</param>
       <param name="min">1900-01-01</param>
       <param name="max">2050-1-1</param>
       <message>年龄超过范围</message>
    </validator>
</validators>
```

说明：<field-validator type="requiredstring" short-circuit="true"> 表示短路的意思。

3. 必填校验器

required 要求指定的字段必须有值，它可以接受一个参数 fieldname，该参数指定校验的 action 属性名。如果采用字段校验器风格，则无需指定该参数。

（1）非字段校验器

```
<validator  type="required">
       <param  name="fieldName">username</param>
       <param  name="trim">true</param>
       <message>用户名不能为空</message>
     </validator>
```

（2）字段校验器

```
<field name="username">
         <field-validator type="required">
              <param name="trim">true</param>
              <message key="xing.username" />
         </field-validator>
</field>
```

4. 必填字符串校验器

requiredstring 表示字符串的长度必须是大于 0。防止“”出现。

（1）非字段校验器

```
<validator  type="requiredstring">
       <param  name="fieldName">username</param>
       <param  name="trim">true</param>
       <message>用户名不能为空</message>
</validator>
```

（2）字段校验器

```
<field name="username">
         <field-validator type="requiredstring">
              <param name="trim">true</param>
              <message key="xing.username" />
         </field-validator>
```

```
</field>
```

5. **整数校验器**

int 可接受如下参数 fieldName、min、max。

（1）非字段校验器

```
<validator type="int">
<param  name="fieldName">age</param>
    <param name="min">1</param>
    <param name="max">150</param>
<message>年龄超过范围</message>
</validator>
```

（2）字段校验器

```
<field name="age">
<field-validator type="int">
    <param name="min">1</param>
    <param name="max">150</param>
    <message>年纪必须在 1 到 150 之间</message>
    </field-validator>
</field>
```

6. **日期校验器**

date 可接受如下参数 fieldName、min、max。

（1）非字段校验器

```
<validator type="date">
    <param name="fieldName">birthday</param>
     <param name="min">1900-01-01</param>
     <param name="max">2050-1-1</param>
      <message>年龄超过范围</message>
</validator>
```

（2）字段校验器

```
<field name="birthday">
<field-validator type="date">
    <param name="min">1900-01-01</param>
    <param name="max">2050-02-21</param>
<message>年纪必须在${min}到${max}之间</message>
          </field-validator>
</field>
```

Struts2 的内置校验器有很多，比较常用的除以上所介绍的之外，还有诸如邮件地址校验器、网址校验器、转换校验器、表达式校验器、字段表达式校验器、正则表达式校验器、字符串长度校验器等。在此不一一讲解，这部分知识读者可查阅相关资料加以掌握。

6.9 小　结

本章介绍了 Struts2 框架的起源和安装方法，分析了 Struts2 框架的优缺点。对配置文件进行了详细说明。用一个简单例子说明了使用 Struts2 框架的开发过程。介绍了拦截器，讲解了如何编写和配置拦截器，并开发了一个执行验证的拦截器。最后，介绍了 Struts 的类型转换机制，利用实际例子介绍了如何利用 Strtus2 的类型转换机制。

6.10　习　　题

1. 简单描述 Struts2 框架的功能。
2. 介绍 Struts2 框架的工作原理和基本构成。
3. 如何配置 Struts2 的数据验证文件？
4. 简述 Struts2 框架的 Action 类的基本结构。
5. 简单描述拦截器是如何工作的。

第 7 章 Hibernate3

本章内容

- ➢ Hibernate3 入门
- ➢ Hibernate 对象状态
- ➢ Hibernate 事务
- ➢ Hibernate 反向工程
- ➢ HQL

Hibernate 是一种对象关系映射解决方案。Hibernate 是使用 GNU 通用公共许可证发行的自由、开源的软件。Hibernate 是一种使用方便的框架，为面向对象的领域和传统的关系型数据库的映射提供了比较好的解决方案。

7.1 Hibernate3 入门

7.1.1 Hibernate3 简介

Hibernate 是一个开放源代码的对象关系映射框架，它对 JDBC 进行了非常轻量级的对象封装，使得 Java 程序员可以随心所欲的使用对象编程思维来操作数据库。常用的大部分数据库都是关系型的，而我们的编程思维是 OO（面向对象）的，Hibernate 就是想使用面向对象的思想来操作数据库。所以，Hibernate 只是一个工具，也不是非常神秘，我们最需要适应的是编程思维的改变。Hibernate 可以应用在任何使用 JDBC 的场合，既可以在 Java 的客户端程序使用，也可以在 Servlet/JSP 的 Web 应用中使用，最具革命意义的是，Hibernate 可以在应用 EJB 的 Java EE 架构中取代 CMP，完成数据持久化的重任。

7.1.2 持久层与 ORM

对象关系映射（Object Relation Mapping，简称 ORM），它的实现思想就是将关系数据库中表的数据映射成为对象，以对象的形式展现。这样，开发人员就可以把对数据库的操作转化为对这些对象的操作。因此，它的目的是方便开发人员以面向对象的思想来实现对数据库的操作。

ORM 提供了概念性的、易于理解的模型化数据的方法。ORM 方法论基于 3 个核心原则。

（1）简单性：以最基本的形式建模数据。

（2）传达性：数据库结构被任何人都能理解的语言文档化。

（3）精确性：基于数据模型创建正确标准化的结构。

典型地，建模者通过收集来自那些熟悉应用程序但不熟练的数据建模者的人的信息开发信息模型。建模者必须能够用非技术企业专家可以理解的术语，在概念层次上与数据结构进行通信。建模者也必须能以简单的单元分析信息，对样本数据进行处理。ORM 专门改进这种联系。

ORM 提供的不只是描述不同对象间关系的一个简单而直接的方式。ORM 还提供了灵活性。使用 ORM 创建的模型比使用其他方法创建的模型更有能力适应系统的变化。另外，ORM 允许非技术企业专家按样本数据谈论模型，因此他们可以使用真实世界的数据验证模型。因为 ORM 允许重用对象，数据模型能自动映射到正确标准化的数据库结构。

ORM 模型的简单性简化了数据库的查询过程。使用 ORM 查询工具，用户可以访问期望数据，而不必理解数据库的底层结构。

7.1.3　概念

对象关系映射（ORM）是随着面向对象的软件开发方法发展而产生的。面向对象的软件开发方法是当今企业级应用开发环境中的主流开发方法，关系数据库是企业级应用环境中永久存放数据的主流数据存储系统。对象和关系数据是业务实体的两种表现形式，业务实体在内存中表现为对象，在数据库中表现为关系数据。内存中的对象之间存在关联和继承关系，而在数据库中，关系数据无法直接表达多对多关联和继承关系。因此，对象关系映射系统一般以中间件的形式存在，主要实现程序对象到关系数据库数据的映射。

面向对象是在软件工程基本原则（如耦合、聚合、封装）的基础上发展起来的，而关系数据库则是从数学理论发展而来的，两套理论存在显著的区别。为了解决这个不匹配的现象，对象关系映射技术应运而生。

让我们从 O/R 开始。字母 O 起源于“对象”（Object），而 R 则来自于“关系”（Relational）。几乎所有的程序里面，都存在对象和关系数据库。在业务逻辑层和用户界面层中，我们是面向对象的。当对象信息发生变化的时候，需要把对象的信息保存在关系数据库中。

当你开发一个应用程序的时候（不使用 ORM），你可能会写不少数据访问层的代码，用来从数据库中保存、删除、读取对象信息等。在 DAL（Data Access Layer，数据访问层）中写了很多的方法来读取对象数据，改变状态对象等，这些代码写起来总是重复的。

如果打开你最近的程序，看看 DAL 代码，肯定会看到很多近似的通用的模式。我们以保存对象的方法为例：传入一个对象，为 SqlCommand 对象添加 SqlParameter，把所有属性和对象对应，设置 SqlCommand 的 CommandText 属性为存储过程，然后运行 SqlCommand。对于每个对象都要重复的写这些代码。

除此之外，还有更好的办法吗？有，引入一个 ORM。实质上，一个 ORM 会为你生成 DAL。与其自己写 DAL 代码，不如用 ORM。你用 ORM 保存、删除、读取对象，ORM 负责生成 SQL，你只需要关心对象就好。

对象关系映射成功运用在不同的面向对象持久层产品中，如 Torque、OJB、Hibernate、TopLink、Castor JDO、TJDO 等。

一般的 ORM 包括以下 4 部分。

（1）一个对持久类对象进行 CRUD 操作的 API。

（2）一个语言或 API 用来规定与类和类属性相关的查询。

（3）一个规定 mapping metadata 的工具。

（4）一种技术可以让 ORM 的实现同事务对象一起进行 dirty checking，lazy association fetching 以及其他的优化操作。

7.1.4 目前流行的 ORM 产品

目前，众多厂商和开源社区都提供了持久层框架的实现，常见的如下 Java 系列：Apache OJB、Cayenne、Jaxor、Hibernate、iBatis、jRelationalFramework、mirage、SMYLE、TopLink。其中 TopLink 是 Oracle 的商业产品，其他均为开源项目。

其中，Hibernate 的轻量级 ORM 模型逐步确立了在 Java ORM 架构中领导地位，甚至取代复杂而又繁琐的 EJB 模型而成为事实上的 Java ORM 工业标准。而且，其中的许多设计均被 Java EE 标准组织吸纳而成为最新 EJB 3.0 规范的标准，这也是开源项目影响工业领域标准的有力见证。

.NET 系列：EntitysCodeGenerate、LINQ TO SQL、Grove、Rungoo.EnterpriseORM、FireCode Creator、MyGeneration、CodeSmith Pro、CodeAuto……

其中，EntitysCodeGenerate 是（VB/C#.NET 实体代码生成工具）的简称，EntitysCodeGenerate（ECG）是一款专门为.NET 数据库程序开发量身定做的（ORM 框架）代码生成工具，所生成的程序代码基于面向对象、分层架构、ORM 及反射+工厂模式等。支持.NET1.1 及以上版本，可用于 Oracle、SqlServer、Sybase、DB2、MySQL、Access、SQLite、PostgreSQL、DM（达梦）、PowerDesigner 文件、Informix、Firebird、MaxDB、Excel 等和 OleDB、ODBC 连接的数据库并可自定义，详见工具的帮助文档和示例。

LINQ TO SQL：微软为 SQLServer 数据库提供的，是.NET Framework 3.5 版的一个组件，提供了用于将关系数据作为对象管理的运行时基础结构。Grove：即 Grove ORM Development Toolkit。包含 Grove 和 Toolkit 两部分内容。Grove 为 ORM 提供对象持久、关系对象查询、简单事务处理、简单异常管理等功能。Rungoo.EnterpriseORM：是一个基于企业应用架构的代码生成工具，主要适用于 B/S 模式的应用系统开发。开发语言 C#，支持 VS2003 和 VS2005 两个版本的开发平台，同时支持 SQL Server 2000/2005。风越代码生成器（FireCode Creator）是一款商业共享的、基于多种数据库的程序代码生成软件，可快速建立、添加、编辑、查看、列表、搜索功能。支持的数据库包括 SQL Server、Access、Oracle、MySql、Excel、FoxPro、FoxBase、Text 等。

7.1.5 Hibernate 核心接口

Hibernate 有 5 大核心接口，分别是：Session、Transaction、Query、SessionFactory、Configuration。这 5 个接口构成了 Hibernate 运行的基本要素，可以执行存取、持久化、事务管理等操作。这 5 个接口可以位于系统的业务逻辑层和持久化层。下面是一张 Hibernate 的关系图，如图 7-1 所示。

1. Session 接口

Session 对于 Hibernate 开发人员来说是一个最重要的接口。然而，在 Hibernate 中，实例化的 Session 是一个轻量级的类，创建和销毁它都不会占用很多资源。这在实际项目中确实很重要，因为在客户程序中，可能会不断地创建以及销毁 Session 对象，如果 Session 的开销太大，会给系统带来不良影响。但是，Session 对象是非线程安全的。因此，在你的设计中，最好是一个线程只

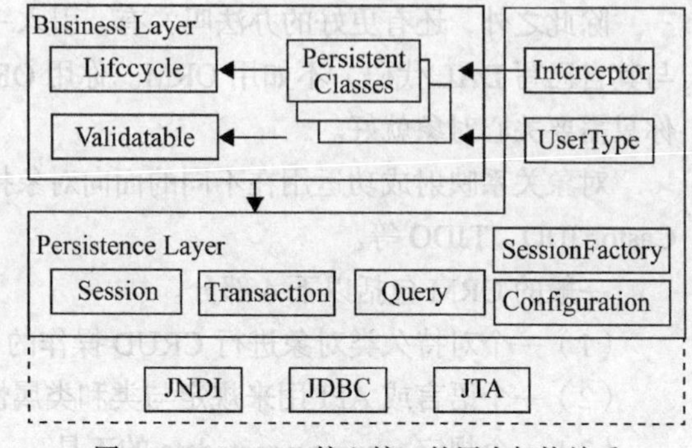

图 7-1 Hibernate 核心接口的层次架构关系

创建一个 Session 对象。Session 可以看作介于数据连接与事务管理之间的一种中间接口。可以将 Session 想像成一个持久对象的缓冲区，Hibernate 能检测到这些持久对象的改变，并及时刷新数据库。有时也称 Session 是一个持久层管理器，因为它包含着一些持久层相关的操作，诸如存储持久对象至数据库，以及从数据库从获得它们。需要注意的是，Hibernate 的 Session 不同于 JSP 应用中的 HttpSession。当我们使用 Session 这个术语时，指的 Hibernate 中的 Session，而我们以后会将 HttpSesion 对象称为用户 Session。

2. SessionFactory 接口

SessionFactroy 接口负责初始化 Hibernate。它充当数据存储源的代理，并负责创建 Session 对象。这里用到了工厂模式。需要注意的是 SessionFactory 并不是轻量级的，在一般情况下，一个项目通常只需要一个 SessionFactory 就够，当需要操作多个数据库时，可以为每个数据库指定一个 SessionFactory。

3. Transaction 接口

Transaction 接口负责事务相关的操作，一般在 Hibernate 的增、删、改中出现，但是使用 Hibernate 的人一般使用 Spring 去管理事务。

4. Query 接口

Query 负责执行各种数据库查询。它可以使用 HQL 语言或 SQL 语句两种表达方式。它的返回值一般是 List。需要自己进行转换。

5. Configuration 接口

Configuration 对象用于配置并启动 Hibernate。Hibernate 应用通过 Configuration 实例来指定对象关系映射文件的位置或者动态配置 Hibernate 的属性，然后创建 SessionFactory 实例。我们可以查看 Configuration 的源代码，它的 Configure()方法是这样实现的。

```
public Configuration configure() throwsHibernateException {
    configure("/hibernate.cfg.xml" );//此处指定了 ORM 文件的位置
    return this;
}
```

我们看到它是在这里指定了 ORM 文件的位置，这就是为什么 Hibernate 总是默认到 CLASSPATH 中寻找 hibernate.cfg.xml 文件的原因了。实际上，还可以通过 configure(String resource) 来动态的指定配置文件，只不过通常都是采用的默认设置罢了。这样配置后，文件就都被读取了。同时，配置文件中通过<mapping>元素引入的映射文件也能被读取了。

Hibernate 的运行过程如下，如图 7-2 所示。

（1）应用程序先调用 Configuration 类，该类读取 Hibernate 配置文件及映射文件中的信息；

（2）使用这些信息生成一个 SessionFactory 对象；

（3）然后从 SessionFactory 对象生成一个 Session 对象；

（4）并用 Session 对象生成 Transaction

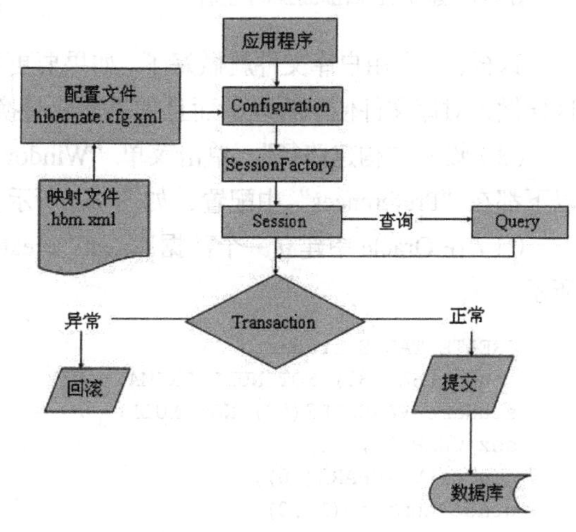

图 7-2 Hibernate 运行过程

对象。

① 可通过 Session 对象的 get()、load()、save()、update()、delete()和 saveOrUpdate()等方法对 PO 进行加载、保存、更新、删除等操作；

② 在查询的情况下，可通过 Session 对象生成一个 Query 对象，然后利用 Query 对象执行查询操作；如果没有异常，Transaction 对象将这些操作提交到数据库中。

7.1.6 开发 Hibernate3 程序

下面，以一个简单例子说明 Hibernate 的开发，例子很简单，实现学生对象 Student（stuNo[主键]，stuName、sex、course、grade）的持久化。

所需工具：myeclipse、hibernate3、oracle、ojdbc14.jar（JDBC for oracle 的驱动）。

（1）首先建立一个 Java 工程（HibernateDemo），如图 7-3 所示。

（2）设置“用户库”，选择“Window”→“Preferences”→“Java”→“Bild Path”→“User Libraries”，添加所需要的类库。然后单击“添加 JAR”，如图 7-4 所示。

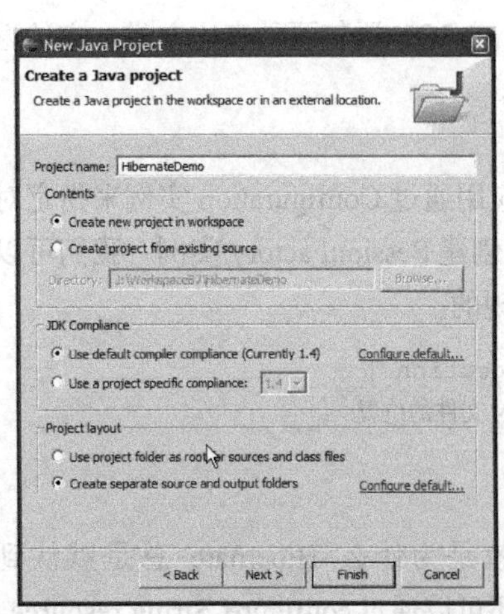

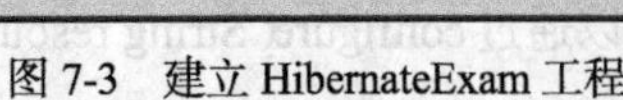

图 7-3　建立 HibernateExam 工程

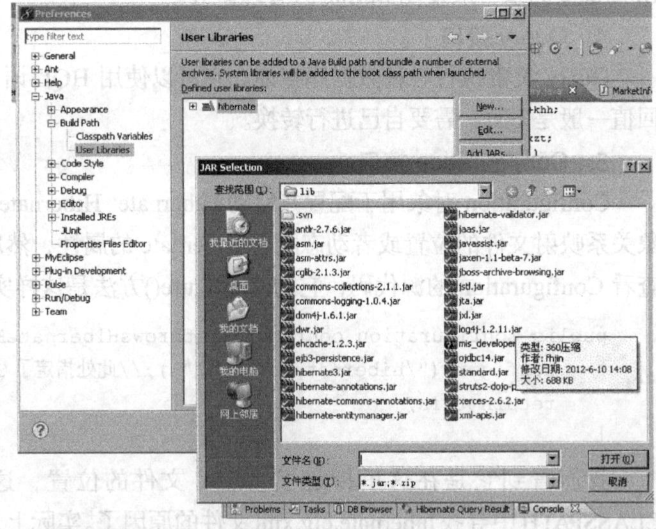

图 7-4　设置用户库

这样，一个用户库文件就做好了。如果要更新 Eclipse 时，可以将其先导出，然后再导入即可。这样做，对库文件便于管理，而且如果需要替换或者升级的话都比较方便。

（3）设置“构建路径”，单击菜单“Window”→“Preferences”→“Java”→“Build Path”，以下都在“Preferences”中配置，如图 7-5 所示。

（4）在 Oracle 中建立一个数据库 test：create database test，然后建立数据表 student，如图 7-6 所示。

```
CREATE TABLE student(
stuNo CHAR(32) NOT NULL PRIMARY KEY,
stuName VARCHAR2(50) NOT NULL,
sex CHAR(1),
cource VARCHAR2(50),
grade numeric(18,0)
);
```

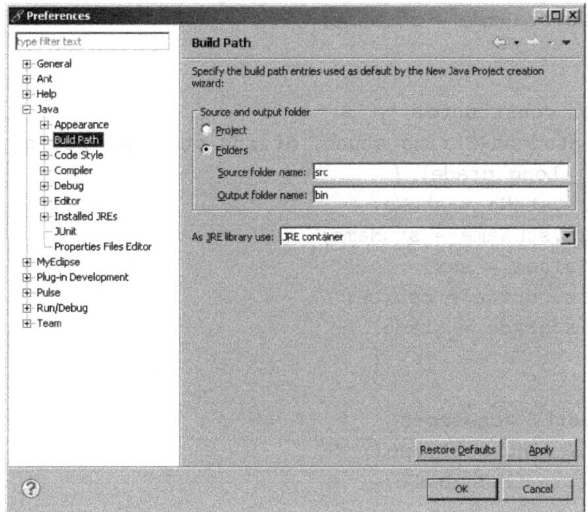

图 7-5 设置“构建路径”

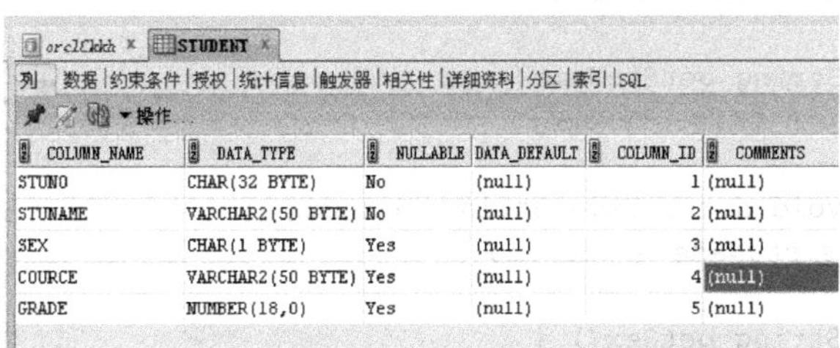

COLUMN_NAME	DATA_TYPE	NULLABLE	DATA_DEFAULT	COLUMN_ID	COMMENTS
STUNO	CHAR(32 BYTE)	No	(null)	1	(null)
STUNAME	VARCHAR2(50 BYTE)	No	(null)	2	(null)
SEX	CHAR(1 BYTE)	Yes	(null)	3	(null)
COURCE	VARCHAR2(50 BYTE)	Yes	(null)	4	(null)
GRADE	NUMBER(18,0)	Yes	(null)	5	(null)

图 7-6 建立数据表 student

从建表语句中可以知道，stuNo 是主键，它的值不能为空；stuName 的值也不能为空。

（5）建立表对应的持久化对象，在 Eclipse 中 src 目录下建立 Student.java，代码如下。

```
// default package

/**
 * Student entity. @author
 */

public class Student implements java.io.Serializable {

    // Fields
    private String stuNo;
    private String stuName;
    private String sex;
    private String cource;
    private Long grade;

    // Constructors
    /** default constructor */
    public Student() {
    }

    /** minimal constructor */
    public Student(String stuno, String stuName) {
        this.stuNo = stuNo;
```

```
        this.stuName = stuName;
    }

    /** full constructor */
    public Student(String stuno, String stuName, String sex, String cource,
            Long grade) {
        this.stuNo = stuNo;
        this.stuName = stuName;
        this.sex = sex;
        this.cource = cource;
        this.grade = grade;
    }

    // Property accessors
    public String getStuno() {
        return this.stuNo;
    }
    public void setStuNo(String stuNo) {
        this.stuNo = stuNo;
    }
    public String getStuName() {
        return this.stuName;
    }
    public void setStuName(String stuName) {
        this.stuName = stuName;
    }
    public String getSex() {
        return this.sex;
    }
    public void setSex(String sex) {
        this.sex = sex;
    }
    public String getCource() {
        return this.cource;
    }
    public void setCource(String cource) {
        this.cource = cource;
    }
    public Long getGrade() {
        return this.grade;
    }
    public void setGrade(Long grade) {
        this.grade = grade;
    }
}
```

从代码中可以看出，持久化对象是将数据库表中的字段对应的字段名作为属性名，再加上了get 和 set 方法。

（6）将 ojdbc14.jar 到项目的 lib 目录下。

（7）用记事本打开项目根目录下的.classpath 文件，在<classpath>...</classpath>中加入一行：

```
<classpathentry kind="lib" path="lib/ojdbc14.jar"/>
```

（8）建立表对应的配置文件。

在 src 中建立 Student.hbm.xml 文件，代码如下。

```
<?xml version="1.0" encoding="utf-8"?>
<!DOCTYPE hibernate-mapping PUBLIC "-//Hibernate/Hibernate Mapping DTD 3.0//EN"
"http://hibernate.sourceforge.net/hibernate-mapping-3.0.dtd">
<hibernate-mapping>
    <class name="Student" table="STUDENT" schema="SCOTT">
        <id name="stuNo" type="java.lang.String">
            <column name="STUNO" length="32" />
            <generator class="assigned" />
        </id>
        <property name="stuName" type="java.lang.String">
            <column name="STUNAME" length="50" not-null="true" />
        </property>
        <property name="sex" type="java.lang.String">
            <column name="SEX" length="1" />
        </property>
        <property name="cource" type="java.lang.String">
            <column name="COURCE" length="50" />
        </property>
        <property name="grade" type="java.lang.Long">
            <column name="GRADE" precision="18" scale="0" />
        </property>
    </class>
</hibernate-mapping>
```

其中<class>中的 name 表示持久化类的类名，table 表示数据库中对应的表，schema 表示数据库模式名。<Id>表示关键字，name 属性 stuNo 表示 Java 类中的名称，type 表示 Java 类中的数据类型是 String 类型，column 表示数据库中对应的字段名。Generator 表示 stuNo 的值由应用程序来指定。<property>表示其他 Java 类属性与数据库表字段相对应的关系。

（9）建立 Hibernate.cfg.xml 配置文件。

```
<?xml version='1.0' encoding='UTF-8'?>
<!DOCTYPE hibernate-configuration PUBLIC
        "-//Hibernate/Hibernate Configuration DTD 3.0//EN"
        "http://hibernate.sourceforge.net/hibernate-configuration-3.0.dtd">

<hibernate-configuration>
    <session-factory>
        <property name="dialect">
            org.hibernate.dialect.Oracle9Dialect
        </property>
        <property name="connection.url">
            jdbc:oracle:thin:@localhost:1521:orcl
        </property>
        <property name="connection.username">ckkh</property>
        <property name="connection.password">ckkh</property>
        <property name="connection.driver_class">
            oracle.jdbc.driver.OracleDriver
        </property>
        <property name="myeclipse.connection.profile">
            oracleDriver
        </property>
        <mapping resource="./Student.hbm.xml" />
    </session-factory>
</hibernate-configuration>
```

（10）编写测试类，在 src 中建立 test.java 文件，代码如下。

```
import org.hibernate.Session;
import org.hibernate.SessionFactory;
import org.hibernate.Transaction;
import org.hibernate.cfg.Configuration;

public class test {
    public static void main(String[] args) throws Exception {
        SessionFactory sessionFactory = new Configuration().configure()
            .buildSessionFactory();

        Student student = new Student();
        student.setStuNo("5");
        student.setStuName("wangwu");
        student.setSex("M");

        Session session = sessionFactory.openSession();
        Transaction tx = (Transaction) session.beginTransaction();
        session.save(student);
        tx.commit();
        session.close();
        sessionFactory.close();

        System.out.println("成功增加一条记录！");
    }
}
```

（11）在项目 test 上单击鼠标右键，选择“刷新”。

（12）双击 test.java，运行程序，成功增加一条记录，查看数据表 USER 观看结果！

（13）从图 7-7 中可以看出，Oracle 中的 student 表增加了一行。表明我们的测试程序运行成功。

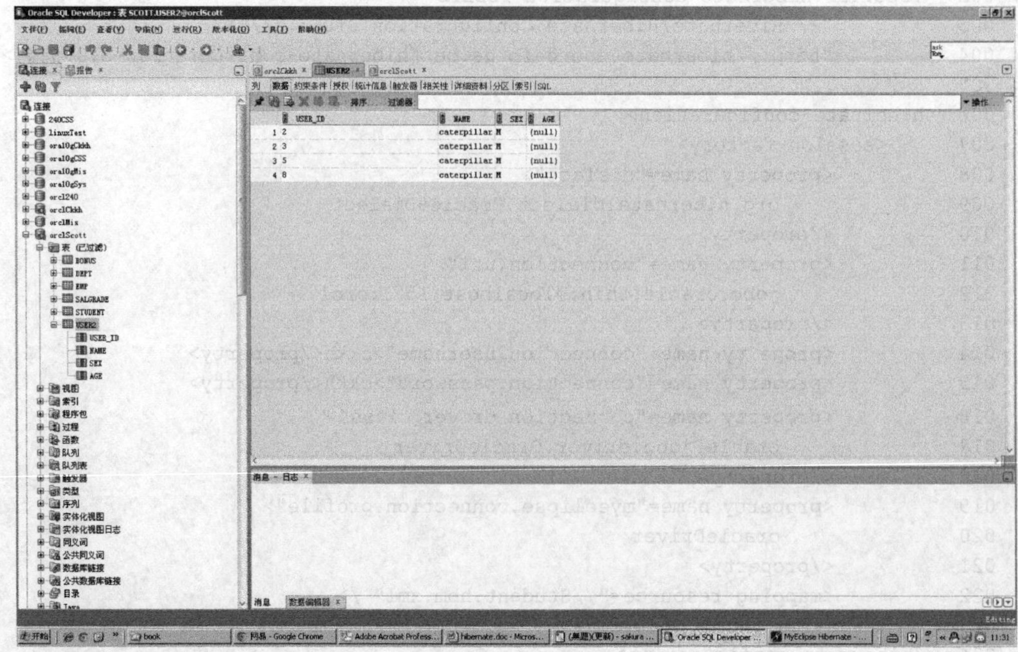

图 7-7　数据表 Strudent 中增加了一条记录

7.2 Hibernate 对象状态

Hibernate 屏蔽了底层数据库的操作，使开发者可通过对象的状态完成数据库的持久化工作。当应用程序通过 new 语句创建了一个对象，这个对象的生命周期就开始了。当不再有任何引用变量引用它，这个对象就结束生命周期，它占用的内存就可以被 JVM 的垃圾回收器回收。

7.2.1 对象的状态

对于需要被持久化的 Java 对象，在它的生命周期中，有以下 3 种状态：

（1）瞬时状态（transient）

瞬时状态对象用 new 语句创建，还没有被持久化，不处于 Session 的缓存中。处于瞬时状态的 Java 对象被称为瞬时对象。

（2）持久化状态（persistent）

持久化状态指已经被持久化，加入到 Session 的缓存中的状态。处于持久化状态的 Java 对象被称为持久化对象。

（3）托管状态（detached）

托管状态指已经被持久化，但不再处于 Session 的缓存中的状态。处于托管状态的 Java 对象被称为托管对象。

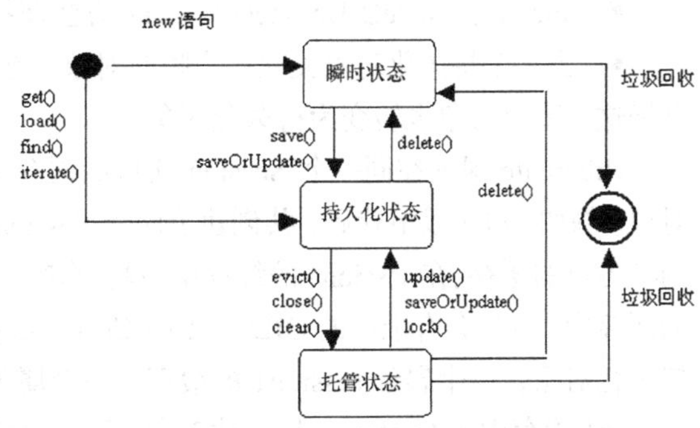

图 7-8 Hibernate 对象的 3 种状态转换图

图 7-8 为 Java 对象的完整状态转换图，Session 的特定方法触发 Java 对象由一个状态转换到另一个状态。从图 7-8 看出，当 Java 对象处于瞬时状态或托管状态，只要不被任何变量引用，就会结束生命周期，它占用的内存就会被 JVM 的垃圾回收器回收；当处于持久化状态时，由于 Session 的缓存会引用它，因此它始终处于生命周期中。

7.2.2 对象的特征

（1）瞬时状态对象具有以下特征

① 不处于 Session 的缓存中，也可以说，不被任何一个 Session 实例关联。

② 在数据库中没有对应的记录。

下面的代码是瞬时状态的一个例子。

```
Student stu = new Student()
Student stu2 = new Student()
Session s = HibernateUtil.getSession();    //通过 HibernateUtil 类获得 Session 实例
Transaction tr = s.beginTransaction()
s.save(stu);          //将 stu 持久化
tr.commit();
s.close;
```

例子中的 stu2 对象就是一个瞬时对象，虽然用 new 操作产生，但是并没有被持久化到数据库，随着生命周期的结束，所占用的内存会被虚拟机回收。

在以下情况下，Java 对象进入瞬时状态。

- 当通过 new 语句创建了一个 Java 对象，它处于瞬时状态，此时不和数据库中的任何记录对应。
- Session 的 delete()方法能使一个持久化对象或托管对象转变为瞬时对象。对于托管对象，delete()方法从数据库中删除与它对应的记录； 对于持久化对象，delete()方法从数据库中删除与它对应的记录，并且把它从 Session 的缓存中删除。

（2）持久化对象具有以下特征

① 位于一个 Session 实例的缓存中，也可以说，持久化对象总是被一个 Session 实例关联。

② 持久化对象和数据库中的相关记录对应。

③ Session 在清理缓存时，会根据持久化对象的属性变化，来同步更新数据库。

Session 的下列方法都能够触发 Java 对象进入持久化状态。

- save()方法把瞬时对象转变为持久化对象；
- load()或 get()方法返回的对象总是处于持久化状态；
- find()方法返回的 List 集合中存放的都是持久化对象；
- update()、saveOrUpdate()和 lock()方法使托管对象转变为持久化对象；
- 当一个持久化对象关联一个瞬时对象，在允许级联保存的情况下，Session 在清理缓存时会把这个瞬时对象也转变为持久化对象。

Hibernate 保证在同一个 Session 实例的缓存中，数据库表中的每条记录只对应唯一的持久化对象。例如，对于以下代码，共创建了两个 Session 实例：session1 和 session2。session1 和 session2 拥有各自的缓存。在 session1 的缓存中，只会有唯一的 OID 为 1 的 Customer 持久化对象。在 session2 的缓存中，也只会有唯一的 OID 为 1 的 Customer 持久化对象。因此，在内存中共有两个 Customer 持久化对象，一个属于 session1 的缓存，一个属于 session2 的缓存。引用变量 a 和变量 b 都引用 session1 缓存中的 Customer 持久化对象，而引用变量 c 引用 session2 缓存中的 Customer 持久化对象。

```
Session session1=sessionFactory.openSession();
Session session2=sessionFactory.openSession();
Transaction tx1 = session1.beginTransaction();
Transaction tx2 = session2.beginTransaction();
Customer a=(Customer)session1.load(Customer.class,new Long(1));
Customer b=(Customer)session1.load(Customer.class,new Long(1));
Customer c=(Customer)session2.load(Customer.class,new Long(1));
System.out.println(a= =b); //true
System.out.println(a= =c); //false
tx1.commit();
tx2.commit();
session1.close();
session2.close();
```

Java 对象的持久化状态是相对于某个具体的 Session 实例的，以下代码试图使一个 Java 对象同时被两个 Session 实例关联。

```
Session session1=sessionFactory.openSession();
Session session2=sessionFactory.openSession();
Transaction tx1 = session1.beginTransaction();
Transaction tx2 = session2.beginTransaction();
```

```
Customer c=(Customer)session1.load(Customer.class,new Long(1));          //Customer
对象被 session1 关联
session2.update(c); //Customer 对象被 session2 关联
c.setName("Jack"); //修改 Customer 对象的属性
tx1.commit(); //执行 update 语句
tx2.commit(); //执行 update 语句
session1.close();
session2.close();
```

当执行 session1 的 load()方法时，OID 为 1 的 Customer 对象被加入到 session1 的缓存中，因此它是 session1 的持久化对象，此时它还没有被 session2 关联，因此相对于 session2，它处于托管状态。当执行 session2 的 update()方法时，Customer 对象被加入到 session2 的缓存中，因此也成为 session2 的持久化对象。接下来修改 Customer 对象的 name 属性，会导致两个 Session 实例在清理各自的缓存时，都执行相同的 update 语句。

```
update CUSTOMERS set NAME='Jack' ……where ID=1;
```

在实际应用程序中，应该避免一个 Java 对象同时被多个 Session 实例关联，因为这会导致重复执行 SQL 语句，并且极容易出现一些并发问题。

（3）托管对象具有以下特征

① 不再位于 Session 的缓存中，也可以说，托管对象不被 Session 关联。

② 托管对象是由持久化对象转变过来的，因此在数据库中可能还存在与它对应的记录（前提条件是没有其他程序删除了这条记录）。

托管对象与瞬时对象的相同之处在于，两者都不被 Session 关联，因此 Hibernate 不会保证它们的属性变化与数据库保持同步。托管对象与瞬时对象的区别在于：前者是由持久化对象转变过来的，可能在数据库中还存在对应的记录，而后者在数据库中没有对应的记录。

Session 的以下方法使持久化对象转变为托管对象。

- 当调用 Session 的 close()方法时，Session 的缓存被清空，缓存中的所有持久化对象都变为托管对象。如果在应用程序中没有引用变量引用这些托管对象，它们就会结束生命周期。
- Session 的 evict()方法能够从缓存中删除一个持久化对象，使它变为托管状态。当 Session 的缓存中保存了大量的持久化对象，会消耗许多内存空间，为了提高性能，可以考虑调用 evict()方法，从缓存中删除一些持久化对象。但是，多数情况下不推荐使用 evict()方法，而应该通过查询语言，或者显式的导航来控制对象图的深度。

下面的代码是托管对象的一个例子。

```
Student stu = new Student();
Session s = HibernateUtil.getSession();   //通过 HibernateUtil 类获得 Session 实例
Transaction tr = s.beginTransaction()
s.save(stu);          //将 stu 持久化
tr.commit();
s.close;
stu.setSex("F");
stu.setColor(new Color("white");
s = HibernateUtil.getSession();
tr = s.beginTransaction()
tr.commit();
s.close();
```

在上面例子中，s 对象第一次关闭后，stu 就成为托管对象。由于 stu 对象曾被持久化过，它具有持久化标志符。在 s 对象第二次对 stu 对象进行 update 操作后，根据 stu 对象的持久化操作符，将修改持久化到数据库。由此可知，托管对象的特征是：①所在会话实例的生命周期已经结束。②具有持久化标志符。

7.3 Hibernate 事务

7.3.1 事务概述

1. 数据库事务的概念

数据库事务是指由一个或多个 SQL 语句组成的工作单元，这个工作单元中的 SQL 语句相互依赖，如果有一个 SQL 语句执行失败，就必须撤销整个工作单元。

在并发环境中，多个事务同时访问相同的数据资源时，可能会造成各种并发问题，可通过设定数据库的事务隔离级别来避免，还可采用悲观锁和乐观锁来解决丢失更新这一并发问题。

2. 数据库事务 ACID 特征

- A：Atomic 原子性，整个事务不可分割，要么都成功，要么都撤销。
- C：Consistency 一致性，事务不能破坏关系数据的完整性和业务逻辑的一致性，例如转账，应保证事务结束后两个账户的存款总额不变。
- I：Isolation 隔离性，多个事务同时操纵相同数据时，每个事务都有各自的完整数据空间。
- D：Durability 持久性，只要事务成功结束，对数据库的更新就必须永久保存下来，即使系统发生崩溃，重启数据库后，数据库还能恢复到事务成功结束时的状态。

只要声明了一个事务，数据库系统就会自动保证事务的 ACID 特性。

3. 事务边界

（1）事务的开始边界。

（2）事务的正常结束边界（commit）：提交事务，永久保存。

（3）事务的异常结束边界（rollback）：撤销事务，数据库回退到执行事务前的状态

4. 数据库支持两种事务模式

（1）自动提交模式：每个 SQL 语句都是一个独立的事务，数据库执行完一条 SQL 语句后，会自动提交事务。

（2）手工提交模式：必须由数据库的客户程序显式指定事务的开始和结束边界。

JDBC Connection 类的事务控制方法如下。

```
setAutoCommit(boolean autoCommit) 设置是否自动提交事务，默认自动
commit() 提交事务
rollback() 撤销事务
```

5. Hibernate 控制事务的方法

（1）调用 sessionFactory 不带参数的 openSession 方法，从连接池获得连接，Session 自动把连接设为手工提交事务模式。

```
Session session = sessionFactory.openSession();
```

若调用带 connection 参数的 openSession，则需要先调用 connection 类的 setAutoCommit，自己设置手工提交。

```
connection.setAutoCommit(false);
Session session = sessionFactory.openSession(connection);
```

（2）声明事务的开始边界。

```
Transaction tx = session.beginTransaction();
```

（3）提交事务调用 Transaction 类的 commit()方法。

```
tx.commit();
```

（4）撤销事务调用 Transaction 类的 rollback()方法，使事务回滚。

```
tx.rollback();
```

一个 Session 可以对应多个事务，但是应优先考虑让一个 Session 只对应一个事务，当一个事务结束或撤销后，就关闭 Session.

不管事务成功与否，最后都应调用 Session 的 close 方法关闭 Session。

任何时候一个 Session 只允许有一个未提交的事务，不能同时开始两个事务。

7.3.2 JDBC 中使用事务

当 JDBC 程序向数据库获得一个 Connection 对象时，默认情况下这个 Connection 对象会自动向数据库提交，在它上面发送的 SQL 语句。若想关闭这种默认提交方式，让多条 SQL 在一个事务中执行，并且保证这些语句是在同一时间共同执行时，就应该为这多条语句定义一个事务。

其中，银行转账这一示例，最能说明使用事务的重要性了。

```
update from account set money=money-100where name='a';
update from account set money=money+100 where name='b';
```

因为这时，两个账户的增减变化是在一起执行的。现实生活中这种类似于同步通信的例子还有很多，这里不再赘述。

当然，对于事务的编写，也是要遵守一定的顺序。

首先，设置事务的提交方式为非自动提交。

```
conn.setAutoCommit(false);
```

接下来，将需要添加事务的代码放入 try 和 catch 块中。

然后，在 try 块内添加事务的提交操作，表示操作无异常，提交事务。

```
conn.commit();
```

尤其不要忘记，在 catch 块内添加回滚事务，表示操作出现异常，撤销事务。

```
conn.rollback();
```

最后，设置事务提交方式为自动提交：

```
conn.setAutoCommit(true);
```

这样，通过简单的几步，就可以完成对事务处理的编写了。

例：定义了一个事务方法并在方法内实现了语句之间的一致性操作。

```
Connection con =null;
   Statement st=null;
```

```
    ResultSet rs=null;
    PreparedStatement ps=null;
publicvoid startTransaction(){
    con = DBCManager.getConnect();//获取连接对象
    try {
     //设置事务的提交方式为非自动提交:
            con.setAutoCommit(false);
            //将需要添加事务的代码一同放入try和catch块中

            //创建执行语句
            String sql ="delete from me where id = 7";
            String sql1 = "update me set name ='chengong' ,age ='34' where id =4";
            //分别执行事务
            ps = con.prepareStatement(sql);
            ps.executeUpdate();
            ps = con.prepareStatement(sql1);
            ps.executeUpdate();
            //在try块内添加事务的提交操作，表示操作无异常，提交事务

            con.commit();

            } catch (SQLException e) {
            try {
                //.在catch块内添加回滚事务，表示操作出现异常，撤销事务
                con.rollback();
            } catch (SQLException e1) {
                // TODO Auto-generatedcatch block
                e1.printStackTrace();
            }
                e.printStackTrace();
            }finally{
                try {
                   //设置事务提交方式为自动提交
                   con.setAutoCommit(true);
                } catch (SQLException e) {
                   // TODO Auto-generatedcatch block
                   e.printStackTrace();
                }
                DBCManager.release(rs, ps, con);
            }

    }
```

7.3.3 Hibernate 事务管理

Hibernate 是 JDBC 的轻量级封装，本身并不具备事务管理能力。在事务管理层，Hibernate 将其委托给底层的 JDBC 或者 JTA，以实现事务管理和调度功能。Hibernate 的默认事务处理机制基于 JDBC Transaction。当然，也可以通过配置文件设定采用 JTA 作为事务管理实现。

```
<hibernate-configuration>
<session-factory>
……
<property name="hibernate.transaction.factory_class">
net.sf.hibernate.transaction.JTATransactionFactory
```

```
<!--net.sf.hibernate.transaction.JDBCTransactionFactory-->
</property>
……
</session-factory>
</hibernate-configuration>
```

基于 JDBC 的事务管理将事务管理委托给 JDBC 进行处理无疑是最简单的实现方式，Hibernate 对于 JDBC 事务的封装也极为简单。

我们来看下面这段代码。

```
session = sessionFactory.openSession();
Transaction tx = session.beginTransaction();
……
tx.commit();
```

从 JDBC 层面而言，上面的代码实际上对应着：

```
Connection dbconn = getConnection();
dbconn.setAutoCommit(false);
……
dbconn.commit();
```

Hibernate 并没有做更多的事情（实际上也没法做更多的事情），只是将这样的 JDBC 代码进行了封装而已。

这里要注意的是，在 sessionFactory.openSession()中，Hibernate 会初始化数据库连接。与此同时，将其 AutoCommit 设为关闭状态（false）。而后，在 Session.beginTransaction 方法中，Hibernate 会再次确认 Connection 的 AutoCommit 属性被设为关闭状态（为了防止用户代码对 Session 的 Connection.AutoCommit 属性进行修改）。

这也就是说，一开始从 SessionFactory 获得的 session，其自动提交属性就已经被关闭（AutoCommit=false），下面的代码将不会对数据库产生任何效果。

```
session = sessionFactory.openSession();
session.save(student);
session.close();
```

这实际上相当于 JDBC Connection 的 AutoCommit 属性被设为 false，执行了若干 JDBC 操作之后，没有调用 commit 操作即将 Connection 关闭。如果要使代码真正作用到数据库，必须显式的调用 Transaction 指令。

```
session = sessionFactory.openSession();
Transaction tx = session.beginTransaction();
session.save(user);
tx.commit();
session.close();
```

7.4 Hibernate 反向工程

Hibernate 反向工程的作用是在 MyEclipse 环境下连接数据库，并自动生成配置文件和对应的类代码。

以前面的 student 类为例。

（1）打开“DB Browser”，选择“Window”→“Open Perspective”→“Other”，如图 7-9 所示。

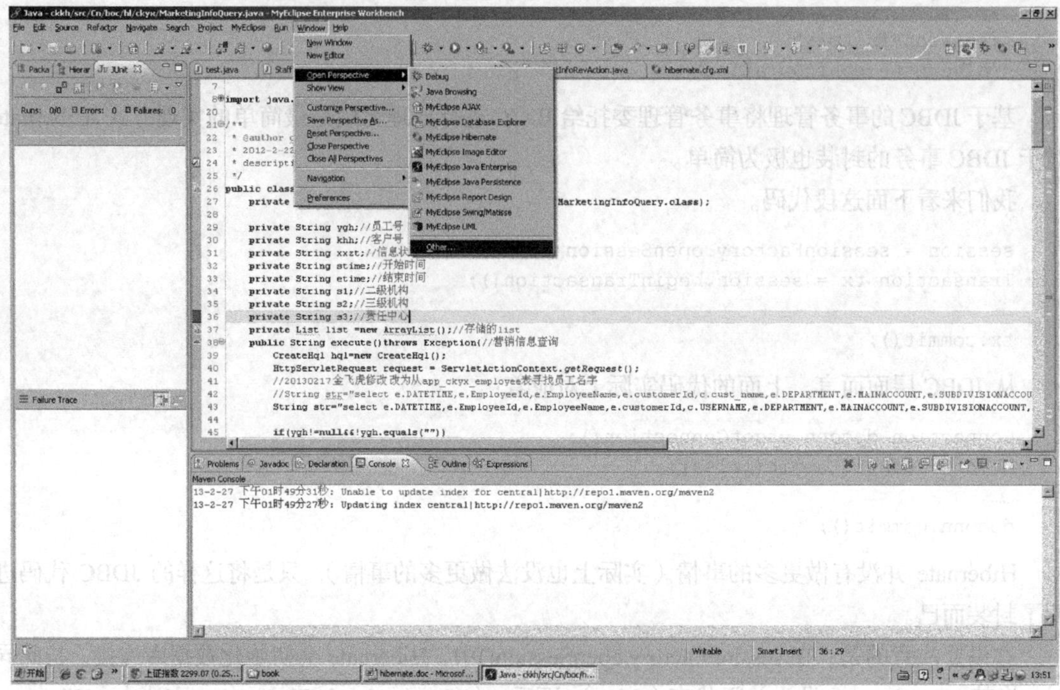

图 7-9　打开“DB Browser”

（2）在“Open Perspective”窗口中，选择“MyEclipse Database Explore”。如图 7-10、图 7-11 所示。

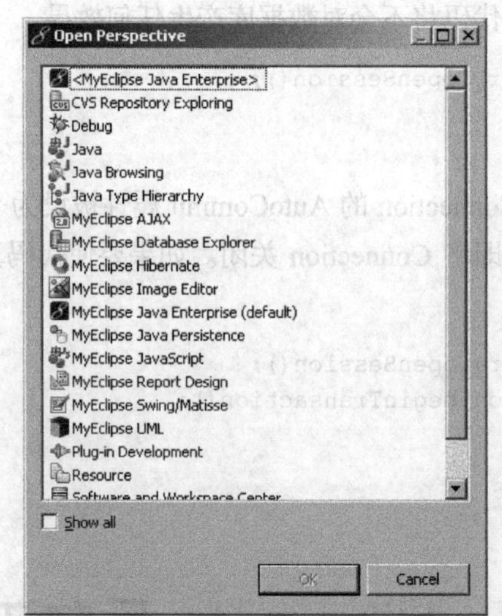

图 7-10　选择“MyEclipse Database Explore”

（3）新建数据库连接：在工作空间上将会出现一个 DB Browser 的配置页面，在配置页面空白处单击鼠标右键，选择“New”按钮。

（4）填写配置信息，如图 7-13 所示。

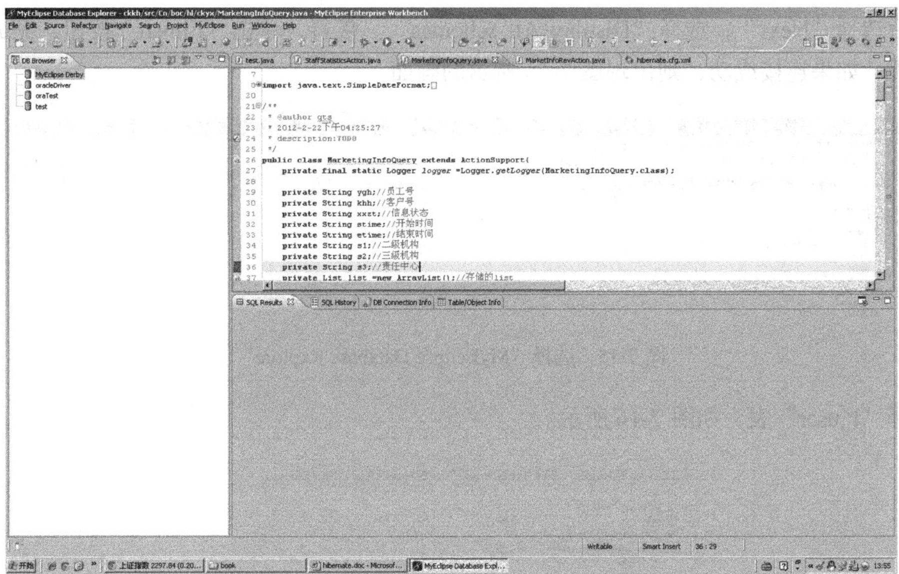

图 7-11　进入到“MyEclipse Database Explore”

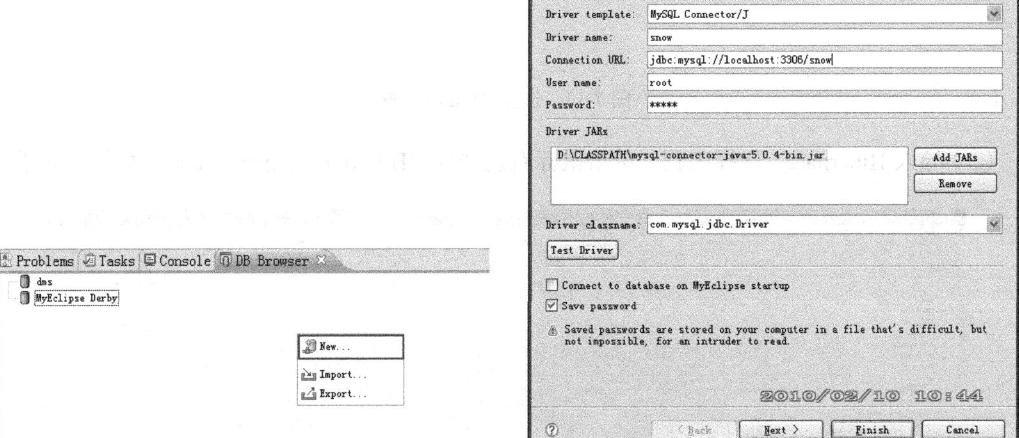

图 7-12　新建数据库连接

图 7-13　填写数据库连接信息

在弹出的对话框中配置数据库连接。在配置页面上，选择数据库类型，输入数据库配置名称，输入数据库用户名密码，导入数据库驱动。单击“Finish”按钮后，双击启动连接或单击启动按钮，如图 7-14 所示。

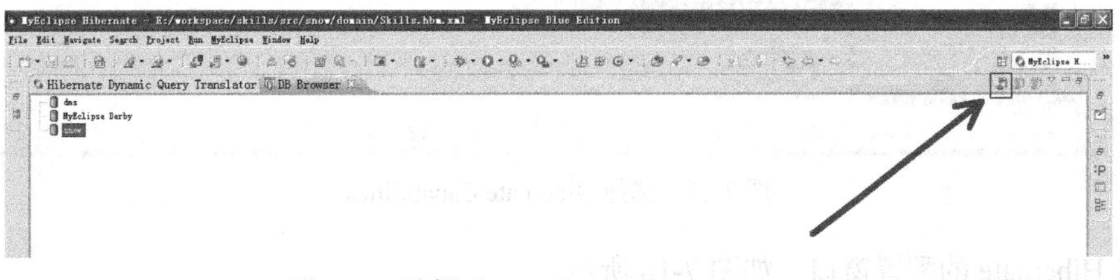

图 7-14　选择“MyEclipse Database Explore”

然后选择“Next”，选择“Display All schemas”。接着，单击“Finish”按钮，完成了数据库的配置。如果连接成功，则出现图 7-15 所示的画面。

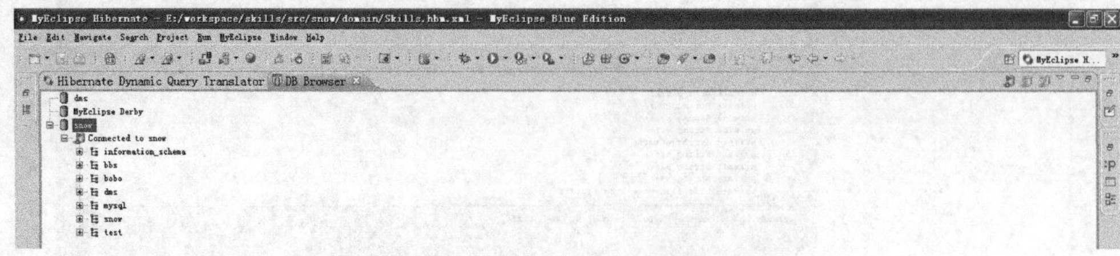

图 7-15　选择“MyEclipse Database Explore”

选择“t_user”表，如图 7-16 所示。

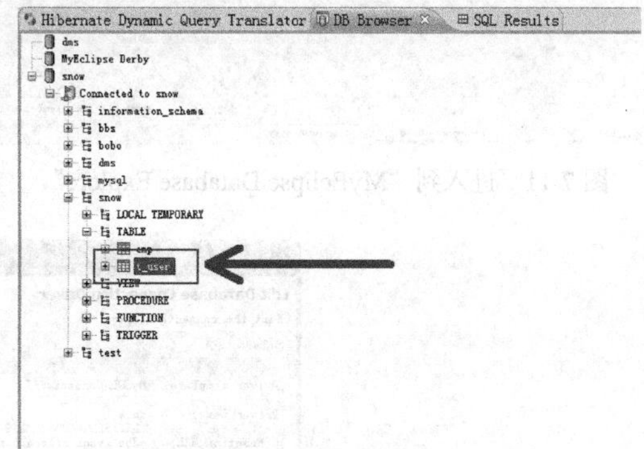

图 7-16　选择“t_user”表

（5）导入 Hibernate：选择工程，单击鼠标右键选择“Hibernate Capabilities”，如图 7-17 所示。

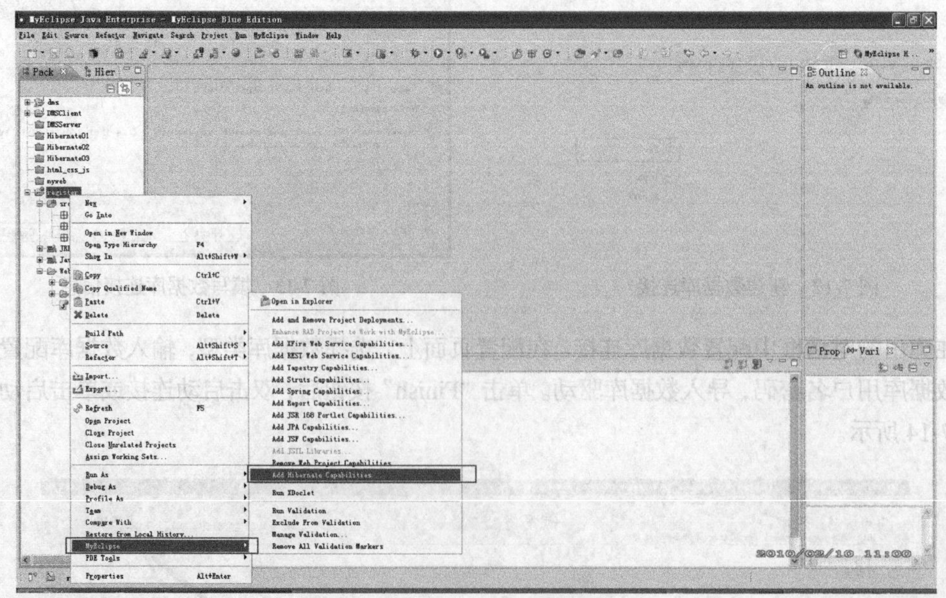

图 7-17　选择 Hibernate Capabilities

弹出 Hibernate 的配置窗口，如图 7-18 所示。

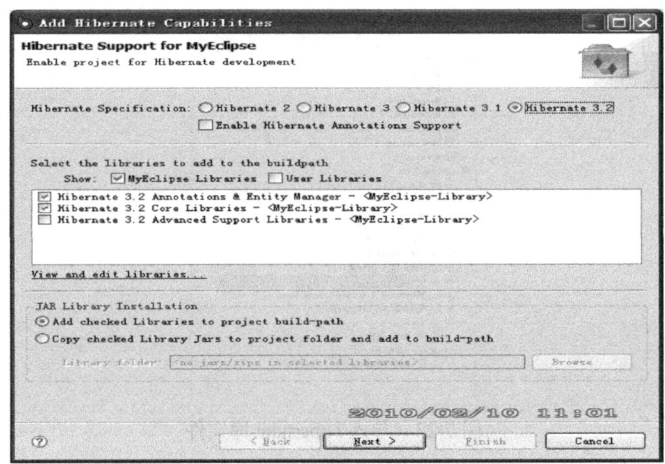

图 7-18　选择合适的 Hibernate 版本

（6）选择填入信息，单击“Next”按钮，如图 7-19、图 7-20 所示。

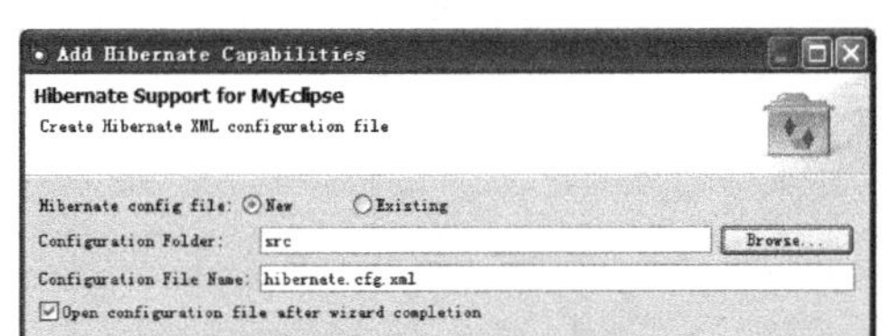

图 7-19　填写 Hibernate 配置文件

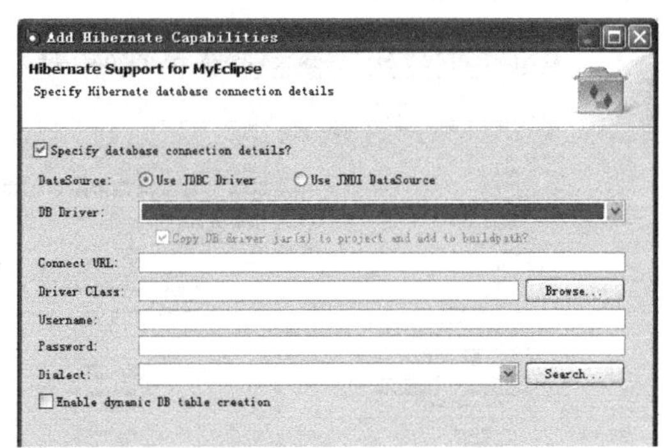

图 7-20　进入到“Hibernate Capabilities”页面

单击“Next”按钮，配置数据库的信息，在 DB Driver 当中选择刚刚定义的数据库连接配置，MyEclipse 将自动填充相应的配置信息值，包括 JDBCDriver，URL，UserName，Password 及 Dialect，如图 7-21 所示。

（7）关闭 create SessionFactory。

单击“Finish”按钮，Hibernate 成功导入到工程中。

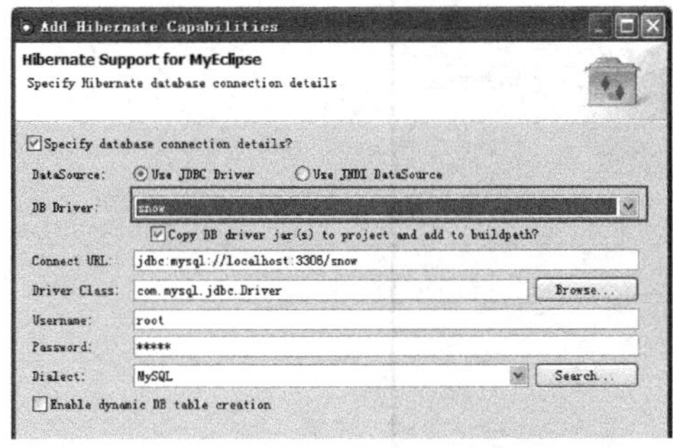

图 7-21　填写“Hibernate Capabilities”信息

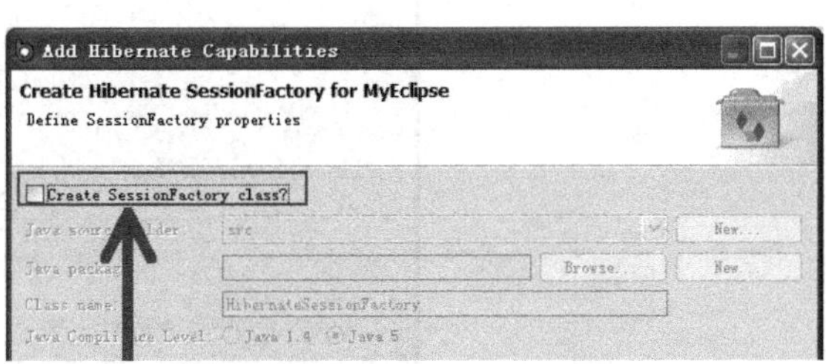

图 7-22　关闭“create SessionFactory”选项

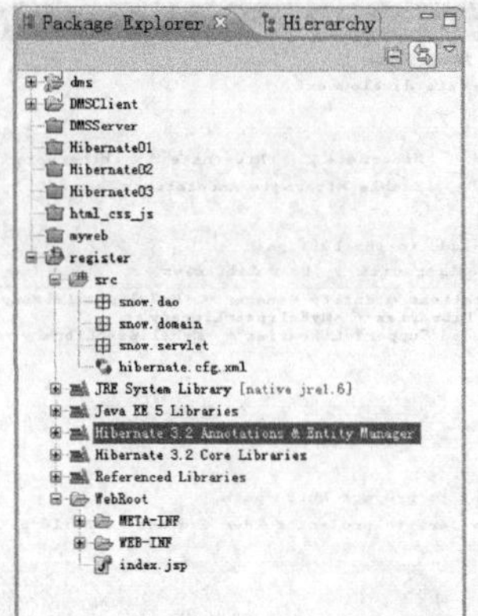

图 7-23　导入 Hibernate 库文件

（8）用 Hibernate 自动生成配置文件。

选择新建的表 t_user，右键单击，在弹出的快捷菜单中选择“Hibernate Reverse Enginering”，如图 7-24、图 7-25 所示。

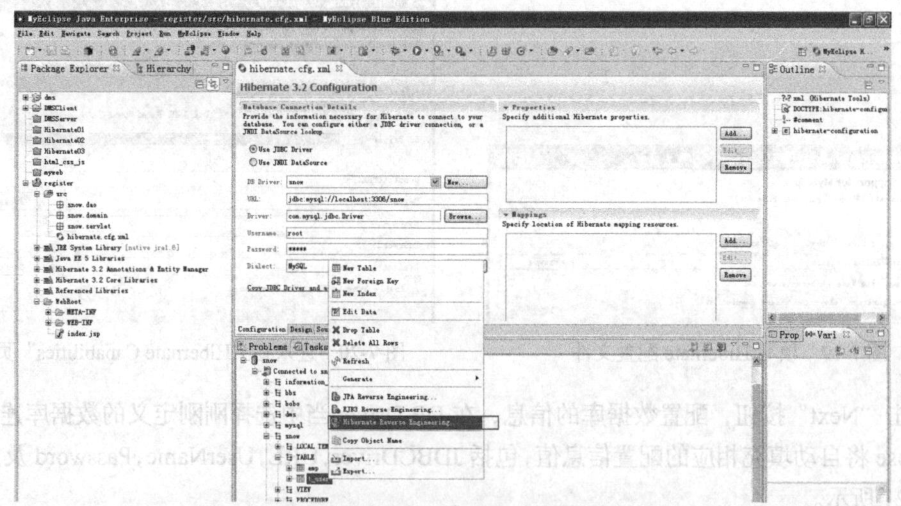

图 7-24　选择 Hibernate 反向工程

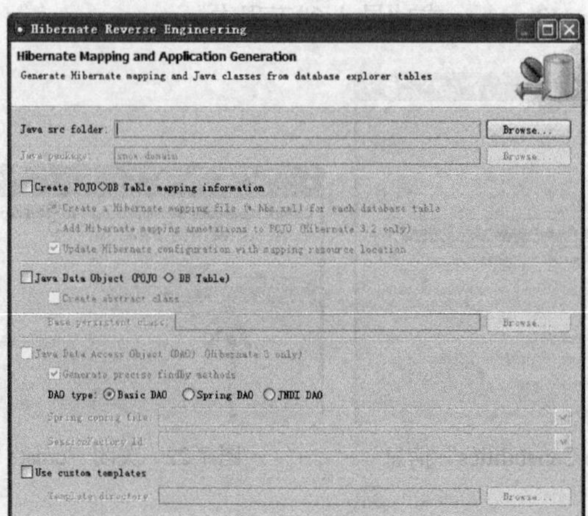

图 7-25　反向工程信息画面

选择并填入信息，单击“Next”按钮，如图 7-26、图 7-27 所示。

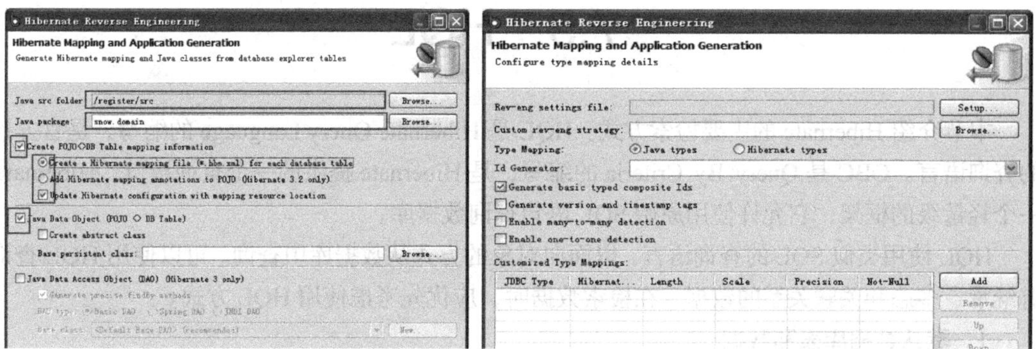

图 7-26　填写“反向工程”信息　　　　图 7-27　填写主键信息画面

（9）填写主键信息，如图 7-28 所示。

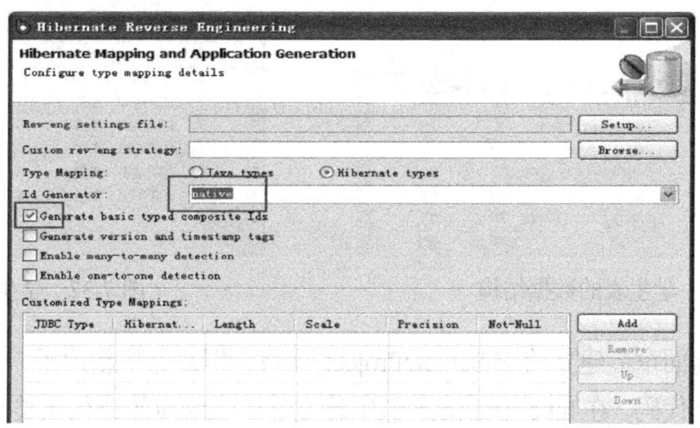

图 7-28　填写主键信息

（10）填写类名及所在包名，如图 7-29 所示。

（11）单击“Finish”按钮，自动生成 Hibernate 配置文件。新的工程目录结构如图 7-30 所示。可以看到，系统自动生成了 User.java 及 hibernate.cfg.xml 配置文件，并将 Hibernate 环境所需要的外部包文件也加入到 CLASSPATH 中。

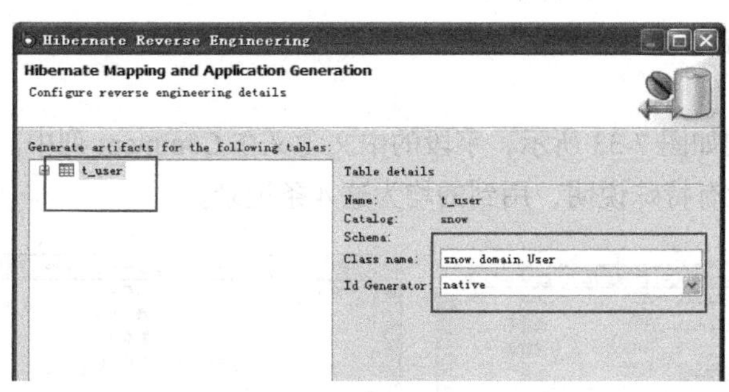

图 7-29　选择数据表

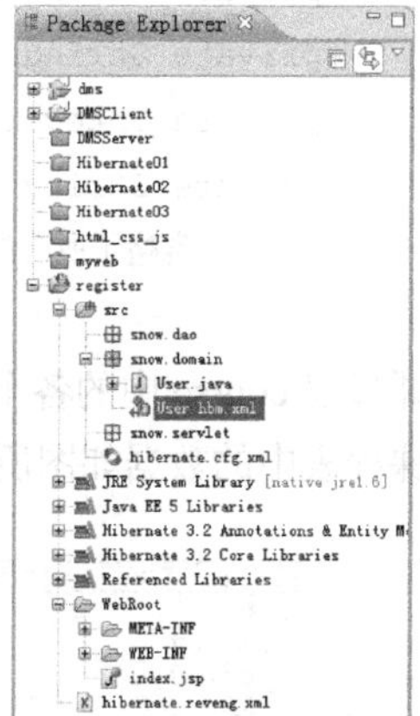

图 7-30　选择表对应的配置文件

7.5 HQL

本节介绍 Hibernate 的主要检索方式：HQL 是 Hibernate Query Language 的缩写，是官方推荐的查询语言。QBC 是 Query By Criteria 的缩写，是 Hibernate 提供的一个查询接口。Hibernate 是一个轻量级的框架，它允许使用原始 SQL 语句查询数据库。

HQL 使用类似 SQL 的查询语言，以面向对象的方式从数据库中查询。可以使用 HQL 查询具有继承、多态和关联关系的数据。在检索数据时，应优先考虑使用 HQL 方式。

1．默认数据库表和数据

向数据库中添加了 3 个表：学生表 student、课程表 course 和选课表 sc。

学生表 student 中各字段的结构如 7-31 所示，字段的中文含义在 Comment 列中。

学生表 student 中的数据如图 7-32 所示，没有特殊说明时，用到的均为这 6 条记录。

Column Name	Datatype	NOT NULL	AUTO INC	Flags	Default Value	Comment
id	INT(10)	✔	✔	☐ UNSIGNED ☐ ZEROFILL	NULL	id
Sno	INT(10)	✔		☐ UNSIGNED ☐ ZEROFILL	0	学号
Sname	VARCHAR(45)			☐ BINARY	NULL	姓名
Ssex	CHAR(2)			☐ BINARY ☐ ASCII ☐ UNIC	NULL	性别
Sdept	VARCHAR(10)			☐ BINARY	NULL	所在系
Sage	INTEGER			☑ UNSIGNED ☐ ZEROFILL	NULL	年龄
Saddress	VARCHAR(45)			☐ BINARY	NULL	籍贯

图 7-31　学生表的数据结构

id	Sno	Sname	Ssex	Sdept	Sage	Saddress
1	20040001	李晓梅	F	计算机系	22	上海
2	20040002	王蒙	M	外语系	23	南京
3	20050003	姜浩	M	化学系	21	山东
4	20050004	李文	F	计算机系	22	北京
5	20050005	薛鹏	M	生物系	24	山东
6	20050006	李思	M	数学系	20	湖北

图 7-32　学生表中的数据

此处仍然使用在前面章节建立的 HibernateProject 项目，但是这里新建了一个包 hibernate.ch06，这个包存放本章中的所有代码。在 hibernate.ch06 包中建立学生表对应的持久化类 Student.java，代码如下。

```
package hibernate.ch06;
//学生类
public class Student {
    private Integer id;                  //对象标识符
    private Integer sno;                 //学号
    private String sname;                //姓名
    private String ssex;                 //性别
    private String sdept;                //所在系别
    private Integer sage;                //年龄
    private String saddress;             //籍贯
    ...... //省略了所有的 get/set 访问器
}
```

课程表 course 中的各个字段的结构如图 7-33 所示，字段的中文含义在 Comment 列中。

课程表中的数据如图所示，如果没有特殊说明，用到的均为这 4 条记录。

Column Name	Datatype	NOT NULL	AUTO INC	Flags	Default Value	Comment
id	INT(10)	✔	✔	☐ UNSIGNED ☐ ZEROFILL	NULL	id
Cno	INTEGER			☑ UNSIGNED ☐ ZEROFILL	NULL	课程号
Cname	VARCHAR(45)			☐ BINARY	NULL	课程名
Ccredit	INTEGER			☑ UNSIGNED ☐ ZEROFILL	NULL	学分

图 7-33　课程表的结构

id	Cno	Cname	Ccredit
1	1	数据库	3
2	2	操作系统	3
3	3	数据结构	4
4	4	系统结构	2

图 7-34　课程表的数据

在 hibernate.ch06 中新建持久化类 Course.java 类，代码如下。

```
package hibernate.ch06;
//课程类
public class Course {
    private Integer id;                      //对象标识符
    private Integer cno;                     //课程号
    private String cname;                    //课程名
    private Integer Ccredit;                 //学分

    ...... //省略了 get/set 访问器
}
```

选修表 sc（sc 为 student-course 的缩写）的结构如图 7-35 所示，字段的中文含义在 Comment 列中。

选修表中的数据如图 7-36 所示，没有特殊说明时，用到的均为这 5 条记录。

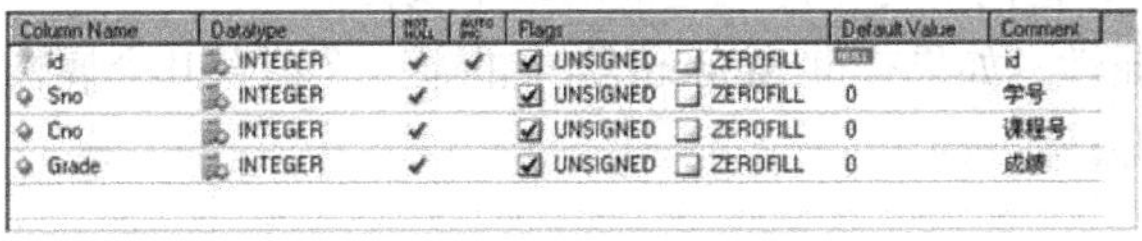

Column Name	Datatype	NOT NULL	AUTO INC	Flags		Default Value	Comment
id	INTEGER	✓	✓	☑ UNSIGNED	☐ ZEROFILL	[illegible]	id
Sno	INTEGER	✓		☑ UNSIGNED	☐ ZEROFILL	0	学号
Cno	INTEGER	✓		☑ UNSIGNED	☐ ZEROFILL	0	课程号
Grade	INTEGER	✓		☑ UNSIGNED	☐ ZEROFILL	0	成绩

图 7-35　选修表的结构

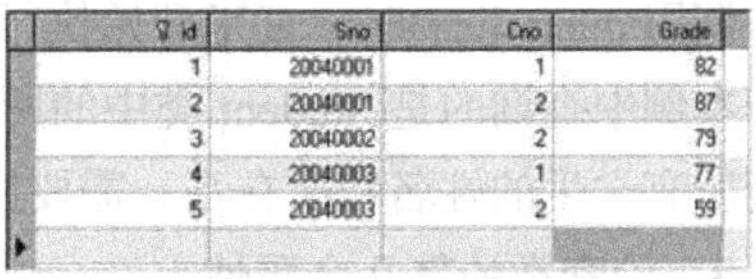

id	Sno	Cno	Grade
1	20040001	1	82
2	20040001	2	87
3	20040002	2	79
4	20040003	1	77
5	20040003	2	59

图 7-36　选修表的数据

在 hibernate.ch06 中新建持久化类 SC.java，SC.java 的代码如下。

```
package hibernate.ch06;
//选课类
public class SC  implements java.io.Serializable {
    private Integer id;             //id
    private Integer sno;            //学号
    private Integer cno;            //课程号
    private Integer grade;          //成绩
    public SC() {
    }
    ...... //省略 get/set 访问器
}
```

后面的章节中将用这 3 个表和 3 个持久化类进行讲解。

2. 检索类的所有对象

使用 HQL 语句可以检索出一个类的所有对象，如 HQL 语句“from Student”表示检索 Student 类的所有对象。下面的程序检索学生类的所有对象。

```
Query query=session.createQuery("from Student"); //创建 Query 对象
List list=query.list();                          //执行查询

 //以下代码做显示用，以后不再写出来
Iterator it=list.iterator();
while(it.hasNext()){
        Student stu=(Student)it.next();
        System.out.println("id"+stu.getId());
```

```
            System.out.println("name"+stu.getSname());
            System.out.println("\n");
        }
```

session.createQuery()以 HQL 查询语句为参数，生成一个查询对象。本例中的 HQL 语句为“from Student”，这是 from 子句，格式如下。

```
from 类名
```

其中，类名可以为类的全限定名，如，

```
from hibernate.ch06.Student
```

Hibernate 使用自动引入功能（auto import），会自动寻找需要的类，所以不推荐使用类的全限定名。注意，类名区分大小写，如果写成 from student，将会抛出以下异常。

```
java.lang.NoClassDefFoundError: hibernate/ch06/student (wrong name: hibernate/ch06/Student)
```

HQL 关键字不区分大小写，FROM、from 和 From 是一样的。

调用 query.list()时，真正开始执行 HQL 查询语句，并把查询的结果放在 list 中。

本例中查询的是 Student 类中的所有属性，如果查询 Student 类中的某一个或某几个属性，如查询所有学生的姓名和所在系，需要用到属性查询。

3. 检索类的某几个属性

与 SQL 语句类似，HQL 语句可以检索类的某一个或者某几个属性。以下代码查询所有学生的姓名和所在系。

```
//创建 Query 对象
Query query=session.createQuery("select Student.sname,Student.sdept from Student");
List list=query.list();          //执行查询
//以下代码显示查询的信息
Iterator it=list.iterator();
while(it.hasNext()){
        Object[] stu=(Object[])it.next();
        System.out.println("id"+stu[0]);
        System.out.println("name"+stu[1]);
        System.out.println("\n");
    }
```

属性查询使用 select 关键字，属性查询的格式如下。

```
select 属性 1, 属性 2, …from 类名
```

属性前可以加上类名加以限定，如，

```
select 类型 1, 属性 1, …from 类名
```

但一般没有必要。

属性查询区分大小写，上面的代码中如果写成：

```
select SNAME, Sdept from Student
```

将抛出异常，提示找不到属性 SNAME 和属性 Sdept。

查询结果将只显示查询的属性列。

属性查询的结果，对于用 it.next()获得的每条记录，可以存储在 Object[]数组中，以便进行存取。

4. 指定别名

在查询时，可以用关键字 as 指定查询的别名，指定别名可以简化查询，有时必须指定别名才能进行查询。以下代码查询学号中含有 4 的学生的姓名和所在系。

```
select s.sname, s.sdept from Student as s where s.sno like '%4%'from Student s
```

s 就是类 Student 的别名。注意 as 可以省略，即下面的查询语句和上面的语句是等效的。

```
select s.sname, s.sdept from Student s where s.sno like '%4%'from Student s
```

5. where 条件子句

where 条件子句跟 SQL 中的 where 条件子句类似，它检索符合条件的对象。例如，查询所有所在系别为计算机系的学生。

```
select s.sname, s.sdept from Student s where s.dept='计算机'
```

where 子句指定查询的条件，其语法和 SQL 类似。

在 where 子句中可以指定比较运算符：>、>=、<、<=、<>，其含义分别为大于、大于等于、小于、小于等于、不等于。

查询年龄在 22 岁到 23 岁的学生。

```
from Student s where s.sage>=22 and s.sage<=23
```

在 where 子句中指定查询的属性是否为 null：is null、is not null，其含义分别表示为空和不为空。

查询所在籍贯为空的学生：

```
from Student s where s.saddress is null
```

6. 使用 distinct 过滤掉重复值

使用 distinct 关键字将去掉结果中的重复值，只检索符合条件的对象。如下面的例子，检索学生实例中的不重复的年龄。

```
Session session=HibernateSessionFactory.currentSession();
//创建 Session
String hql="select distinct s.sage from Student ";
//HQL 查询语句
Query query=session.createQuery(hql);
//创建查询
List list=query.list();
//执行查询
```

检索的结果如下，可见结果中去掉了一个重复的 22 岁的记录。

```
20
21
22
23
24
```

7. 删除对象

HQL 语句可以直接对符合条件的对象进行删除，可以指定删除的对象，并在提交后永久持久化到数据库。HQL 使用 delete 进行删除，如，删除年龄大于 25 岁的学生可以使用如下代码。

```
Session session=HibernateSessionFactory.currentSession();
```

```
//创建 Session
        Transaction tx=null;
//声明事务

        try{
            tx=session.beginTransaction();                          //开始事务
              //创建查询
              String hql="delete Student s where s.sage>25";
              Query query=session.createQuery(hql);
              query.executeUpdate();                                 //执行
              tx.commit();                                           //成功，则提交
              tx=null;
        }catch(Exception e){
              e.printStackTrace();
              if(tx!=null){
             tx.rollback();                                          //失败则回滚
    }
        }finally{
              session.close();
}
```

注意以下两点。

（1）在删除对象时，执行 query.executeUpdate()进行数据删除，但只有执行了 tx.commit()进行事务提交时，才真正从数据库中删除数据。

（2）如果设置了级联删除，则与之相关联的对象实例也被删除。

8. 更新对象值

更新对象的 HQL 语句与 SQL 语法很相似，使用 update 更新对象的值。如下面例子，更新对象的 sage 属性。

```
        Transaction tx=null;                                         //声明事务
        try{
              tx=session.beginTransaction();                         //开始事务
              String hql="update Student s set s.sage='22' where s.id=11"; //更新语句
              Query query=session.createQuery(hql);
              query.executeUpdate();                                 //执行
              tx.commit();                                           //成功，则提交
              tx=null;
          }catch(Exception e){
              e.printStackTrace();
              if(tx!=null){
              tx.rollback();                                         //失败则回滚
              }
     }finally{
              session.close();
        }
```

9. 查询计算属性值

HQL 可以查询经过计算的值，在一些地方可以进行计算。例如，查询全体学生的姓名和出生年份。

```
select s.sname,2006-s.sage from Student as s
```

select 子句十分灵活，几乎和 SQL 语句有着同样的能力，对象的属性值可以参与运算。

这行代码假设当前的年份是 2006 年。

10. 使用函数

当需要调用函数时，HQL 提供了一些类似 SQL 的函数。这些函数可以简化操作。例如，查询学生的姓名、出生日期和性别，其中性别用小写表示。

```
select s.sname,2006-s.sage,lower(s.ssex) from Student as select s.sname,2006-s.sage from Student as s
```

11. between……and……和 not between……and……确定查询范围

between……and……用来查询属性值在指定范围内的实体对象，not between……and……用来查询属性值不在指定范围内的实体对象。如，查询学生年龄在 22 岁到 23 岁之间的学生。

```
select s.sno,s.sname,s.sage from Student s where s.sage between 22 and 23
```

查询将返回如下结果。

```
------------------------------------------------------------------------
1   20040001  李晓梅   22    计算机系
------------------------------------------------------------------------
2   20040002  王蒙      23    外语系
------------------------------------------------------------------------
4   20050004  李文      22    计算机系
```

between 后跟的是查询范围的下限，and 后跟的是查询范围的上限，所以下面的查询语句没有对象返回。

```
from Student s where s.sage between 23 and 22
```

12. in 和 not in 确定查询集合

关键字 in 用来查询指定属性值属于指定集合的对象，关键字 not in 用来查询指定属性值不属于指定集合的对象。如，查询不是计算机系，也不是数学系的学生。

```
select s.sno,s.sname,s.sdept from Student s where s.sdept not in ('计算机系','数学系')
```

查询将返回如下结果。

```
------------------------------------------------------------------------
20040002        王蒙          外语系
------------------------------------------------------------------------
20050003        姜浩          化学系
------------------------------------------------------------------------
20050005        薛鹏          生物系
```

13. like 进行模糊查询

用 like 进行模糊查询时有两个可用的通配符：“%”和“_”。“%”代表长度大于等于 0 的字符串，“_”代表单个字符。

查询姓李的学生。

```
select s.sno,s.sname,s.sdept from Student s where s.sname like '%李%'
```

查询结果如下。

```
------------------------------------------------------------------------
20040001        李晓梅     计算机系
```

```
-----------------------------------------------------------------
20050004          李文          计算机系
-----------------------------------------------------------------
20050006          李思          数学系
```

查询姓名为两个字符的学生。

```
select s.sno,s.sname,s.sdept from Student s where s.sname like '__'
```

查询结果如下。

```
-----------------------------------------------------------------
20040002      王蒙      外语系
-----------------------------------------------------------------
20050003      姜浩      化学系
-----------------------------------------------------------------
20050004      李文      计算机系
-----------------------------------------------------------------
20050005      薛鹏      生物系
-----------------------------------------------------------------
20050006      李思      数学系
```

14. and 逻辑与

当要检索指定的多个条件，且条件的逻辑关系为“与”时，使用“and”关键字。如，检索计算机系的女生，这个检索要求包含两个条件：“计算机系”和“女生”。

```
select s.sno,s.sname,s.sdept from Student s where s.sdept='计算机系' and s.ssex='F'
```

检索的结果如下。

```
-----------------------------------------------------------------
20040001          李晓梅      计算机系
-----------------------------------------------------------------
20050004          李文        计算机系
```

15. or 逻辑或

当检索的多个条件，且条件的逻辑关系为“或”时，使用“or”关键字。如，检索姓王，或者年龄大于 22 岁的学生。

```
select s.sno,s.sname,s.sdept from Student s where s.sname like '王%' or s.sage>22
```

检索结果如下。

```
-----------------------------------------------------------------
20040002          王蒙          外语系
-----------------------------------------------------------------
20050005          薛鹏          生物系
```

16. order by 对结果进行排序

“order by”关键字对结果进行排序，默认为升序。“order by asc”为升序，“order by desc”为降序。例如，将学生表中的学生按照年龄升序排序。

```
from Student s order by s.sage
```

检索结果如下。

```
------------------------------------------------------------------------
6   20050006          李思          20           数学系
------------------------------------------------------------------------
3   20050003          姜浩          21          化学系
------------------------------------------------------------------------
1   20040001          李晓梅        22          计算机系
------------------------------------------------------------------------
4   20050004          李文          22           计算机系
------------------------------------------------------------------------
2   20040002          王蒙          23           外语系
------------------------------------------------------------------------
5   20050005          薛鹏          24           生物系
```

将学生表中的学生按照年龄降序排列，按照所在系升序排列。

```
from Student s order by s.sage,s.sdept desc
```

17. group by 对记录进行分组

对查询进行分组可以对查询进行细化。分组经常和聚集函数一起使用，这样聚集函数将作用于每个分组。

group by 的用法为：

```
select 属性 1，属性 2，属性 3，…，属性 n from 类名 group by 属性 m
```

其中，属性 1，属性 2，…，属性 n 必须满足下列条件。

要么作为聚集函数的参数，要么为属性 m。例如，检索各个系的学生的平均年龄：

```
select avg(s.sage),s.sdept from Student s group by s.sdept
```

其中字段 s.sage 作为平均值函数的参数，s.sdept 是 group by 后的一个属性，检索的结果如下。

```
------------------------------------------------------------------------
化学系         21.0
------------------------------------------------------------------------
计算机系       22.0
------------------------------------------------------------------------
生物系         24.0
------------------------------------------------------------------------
数学系         20.0
------------------------------------------------------------------------
外语系         23.0
```

检索各个课程号与对应的选课人数。

```
select cno,count(sno) from SC s group by s.cno
```

18. having 关键字

having 关键字和 group by 关键字搭配使用，它对分组后的记录进行筛选，输出符合 having 指定条件的组。例如，查询人数超过 1000 人的系。

```
select s.sdept from Student s group by s.sdept having count(*)>1000
```

查询男生人数多于 500 人的系。

```
select s.sdept from Student where s.ssex='M' group by s. sdept having count(*)>500
```

以上面查询男生人数多于 500 人的系为例，查询过程中同时使用 group by 和 having 关键字，查询步骤如下。

（1）检索符合 s.ssex='M'的所有男生。

（2）根据 s.sdept 分组成不同的系。

（3）对于每一个分组，计算分组中的记录条数大于 500 的系。

（4）将符合上述条件的 s.sdept 选出来。

where 和 having 的区别在于作用对象不同。where 作用于基本表，而 having 作用于分组后的组。

19. 聚集函数

聚集函数包括 count()、avg()、sum()、max()、min()，其含义如表 7-1 所示。

表 7-1　　聚集函数及其含义

聚集函数	含义
count()	计算符合条件的记录条数
avg()	计算符合条件的平均值
sum()	计算符合条件的和
max()	计算符合条件的最大值
min()	计算符合条件的最小值

各个函数的用法举例如下。

检索学生实例的对象个数。

```
select count(*) from Student
```

检索计算机系的人数。

```
select count(*) from Student s where s.sdept='计算机系'
```

检索学生实例的平均年龄。

```
select avg(s.sage) from Student s
```

检索课程表 course 的所有课程的学分的总和。

```
select sum(c.ccredit) from Course c
```

检索课程号为“1”的课程的最高成绩。

```
select max(s.grade) from SC s where s.cno=1
```

检索课程号为“1”的课程的最低成绩。

```
select min(s.grade) from SC s where s.cno=1
```

聚集函数经常和 group by 分组关键字搭配使用。

检索各门课程的平均成绩。

```
select s.cno,avg(s.grade) from SC s group by s.cno
```

检索各科不及格人数。

```
select s.cno,count(*) from SC s where s.grade<60 group by s.cno
```

7.6 小　　结

本章主要介绍了持久化、对象/关系映射等概念，简单介绍了 Hibernate 框架的核心接口。利用一个示例对 Hibernate 编程的基本步骤进行了介绍，并介绍了如何使用 MyEclipse 的反向工程功能，从 Hibernate 的配置文件产生所用的 Java 代码。最后对 HQL 语言也做了较为详细的说明。

7.7 习　　题

1. 目前流行的 ORM 框架有哪些？
2. 在 Hibernate 中如何进行 O/R 映射？
3. 介绍 Hibernate 中的核心接口。
4. 使用 Hibernate 更新数据库中的记录并调试。
5. 使用 Hibernate 删除数据库中的记录并调试。

第8章 Spring2

本章内容

- Spring2 概述
- Spring 快速入门
- IoC 的基本概念
- 依赖注入的形式
- IoC 的装载机制
- AOP 概述
- AOP 实现原理
- AOP 框架
- Spring 中的 AOP

Spring 是一种开源框架。它可以降低企业应用开发的复杂性。Spring 允许用一般的 JavaBean 来完成由 EJB 完成的功能。Spring 的用途不仅仅限于服务器端的开发。Spring 具有简单性、可测试性和松耦合性等特性。这些特性使绝大部分 Java 项目都可以从 Spring 中受益。

8.1 Spring2 概述

Spring 是一个轻量级的 Java 开源开发框架，是为了解决企业应用开发的复杂性而创建的，它可以使用基本的 JavaBean 来完成以前只能由 EJB（Enterprise JavaBean）完成的事情，可以简化企业应用的开发、降低开发成本，并能够整合多种流行框架，如 Struts 和 Hibernate 等。本章主要讲解 Spring 的 IoC（控制反转）和 AOP（面向切面编程）。

8.1.1 Spring 框架简介

Spring 的基础架构起源于 2000 年以前，是由 Rod Johnson 在一些成功的商业项目中构建的开发基础设施。在 2002 年后期，Rod Johnson 又发布了《Expert One-on-One Java EE Design and Development》一书，在书中他指出了当时较为流行的 EJB[①]开发的种种问题，并提出了相应地解决办法，同时随书提供了一个初步的开发框架实现 interface21 开发包，该包就是书中阐述的思想

① EJB（企业 JavaBean）这里指 Spring 框架出现以前的 1.x 和 2.x 版本的 EJB，因为 EJB3 现在已经受 Spring 框架的影响，也主打基于 POJO（普通的 Java 对象）的轻量级应用解决方案了。

的具体实现。后来，Rod Johnson 在 interface21 开发包的基础之上，进行了进一步的改造和扩充，使其发展为一个更加开放、清晰、全面、高效的开发框架，也就是后来的 Spring。2003 年 2 月 Spring 框架正式成为一个开源项目，并发布于著名的开源项目网站 SourceForge（http://sourceforge.net）。

Spring 以 IoC（控制反转）和 AOP（面向切面编程）两种先进的技术为基础，较为完美地简化了企业级开发的复杂度，而使开发者不用担心工作量太大、开发进度难以控制和测试过程复杂等问题，同时也容易与 Struts、Tapestry、JSF 和 Hibernate 等多种流行框架进行集成开发，大大降低了开发基于 Java 企业级软件的开发成本。

8.1.2 Spring 的特征

简单地说，Spring 就是一个轻量级的控制反转（IoC）和面向切面（AOP）的容器框架，它的主要特征如下。

1. 轻量级框架

从框架的大小与使用开销两方面来说，Spring 都是轻量级的。实际上，Spring 框架的核心包可以在一个很小的 JAR 文件里发布，并且 Spring 所需的处理开销也是微不足道的。可以用于移动设备的程序开发，也可以用于应用程序的中间件。此外，Spring 是非侵入式的。当使用 Spring 时，写的代码还是简单的 Java 类，完全不用继承和实现 Spring 的类和接口等。也就是说，采用 Spring 框架开发的应用程序并不依赖于 Spring 的特定类。

2. IoC 容器

IoC（控制反转）是 Spring 的核心概念，Spring 正是通过这种技术促进了对象之间的松耦合。传统程序设计中，应用程序要使用某个对象必须要先编码创建它，使用完之后还要将对象销毁（如数据库的连接 Connection 等），程序中的对象和它所依赖的对象之间紧密藕合。采用 Spring 的 IoC 后，依赖的对象是在程序运行期间由容器创建和销毁，即由容器来控制依赖对象的生命周期，称之为控制反转，它使对象之间实现了松耦合。

3. AOP 实现

面向切面编程（AOP）是 Spring 的又一强大功能。AOP 可以将程序的业务代码和系统服务代码（如事务管理、日志记录等）分离开，在业务逻辑完全不知道的情况下为其提供系统服务。这样，业务逻辑只需要负责和业务处理有关的操作，不用关心系统服务问题。通过 AOP 技术可以将业务与非业务实现分离。

4. 容器

Spring 包含并管理应用对象的配置和生命周期，从这个意义上讲它是一种容器，可以配置你的每个 Bean 如何被创建——Bean 只创建一个单独的实例或者每次需要时都生成一个新的实例——以及它们是如何相互关联的。

5. 框架

Spring 可以将简单的组件进行配置，组合成为复杂的应用。在 Spring 中，应用对象可以被声明进行组合，一般是在一个 XML 文件中进行声明。此外，Spring 也提供了很多基础功能（事务管理、持久化框架集成等），使用户把更多的时间和精力花费在用于实现业务逻辑上。

6. 其他企业级服务

除以上功能外，Spring 还封装了一些企业级服务，它们拥有一致的使用模式，在使用上更为简化。这些企业服务包括：远程服务（Remoting）、电子邮件（E-mail）、JMS、JNDI、Web Services 和任务调试等。

所有 Spring 的这些特征都能够帮助我们编写更干净、更易于管理、更易于测试的代码，也为 Spring 中的各种模块提供了基础支持。

8.1.3 Spring 的优点

在介绍了 Spring 的特征以后，下面让我们看一下 Spring 具体有哪些优点。

- 降低组件间的耦合度：借助 Spring，实现依赖注入、AOP 应用和面向接口编程，可以降低业务组件之间的耦合度，增强系统的扩展性。
- AOP 编程的支持：通过 Spring 提供的 AOP 功能，可以方便进行面向切面的编程，许多不容易用传统 OOP 实现的功能可以通过 AOP 轻松应付，让程序员可以集中精力处理业务逻辑。
- 声明式事务的支持：在 Spring 中，可以从单调乏味的事务管理代码中解脱出来，通过声明方式灵活地进行事务的管理，提高开发效率和质量。
- 方便程序的测试：可以用非容器依赖的编程方式进行几乎所有的测试工作，在 Spring 里，测试不再是昂贵的操作，而是随手可做的事情。
- 方便集成各种优秀框架：Spring 不排斥各种优秀的开源框架，相反 Spring 可以降低各种框架的使用难度，Spring 提供了对各种优秀框架（如 Struts、Hibernate）等的直接支持。
- 降低 Java EE API 的使用难度：Spring 对很多难用的 Java EE API（如 JDBC、JavaMail、远程调用等）提供了一个封装层，通过 Spring 的简易封装，使这些 Java EE API 的使用难度大为降低。

总之，采用 Spring 并不是完全要取代那些已有的框架，而是实现与它们的整合，降低这些框架的使用难度。所以，Spring 的重要目标之一就是整合和兼容。

8.1.4 Spring 框架结构

Spring 框架的主要优势之一就是其分层架构，分层架构允许您选择使用某一个组件，同时为 Java EE 应用程序开发提供集成的框架。Spring 框架主要由 7 大模块组成，它们提供了企业级开发需要的所有功能，而且每个模块既可以单独使用，也可以和其他模块组合使用，灵活且方便的部署可以使开发的程序更加简洁、灵活。如图 8-1 所示，Spring 框架的许多功能被组织在这几个模块中。

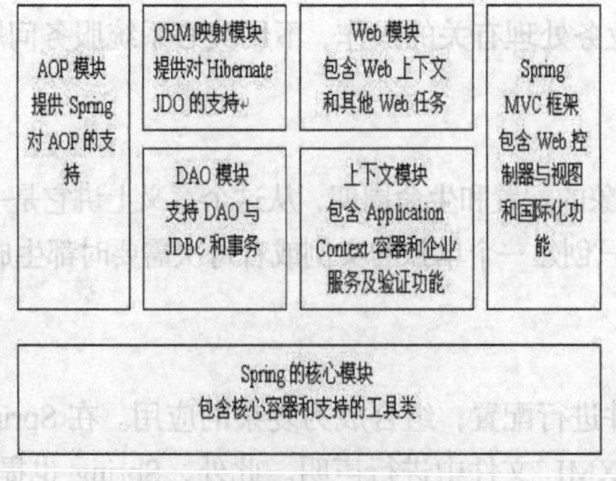

图 8-1　Spring 的 7 个模块

1．核心模块

核心模块是 Spring 的核心容器，它实现了 IoC 模式，提供了 Spring 框架的基础功能。此模块中包含的 BeanFactory 类是 Spring 的核心类，负责 JavaBean 的配置与管理。它采用 Factory 模式实现了 IoC 容器，即依赖注入。

2. Context 模块

Spring Context 模块继承自 Spring 核心类 BeanFactory，并且添加了事件处理、国际化、资源装载、透明装载以及数据校验等功能，它还提供了框架式的 Bean 访问方式和很多企业级的功能，如 JNDI、EJB 支持、远程调用、集成模板框架、E-mail 和定时任务调度等。

3. AOP 模块

Spring 集成了所有 AOP 功能。通过事务管理，可以使任意 Spring 管理的对象 AOP 化。Spring 提供了用标准 Java 语言编写的 AOP 框架，它的大部分内容都是基于 AOP 联盟的 API 开发的。它使应用程序抛开 EJB 的复杂性，但拥有传统 EJB 的关键功能。

4. DAO 模块

DAO 模块提供了 JDBC 的抽象层，简化了数据库厂商的异常错误（不再从 SQLException 继承大批代码），大幅度减少代码的编写，并且提供了对声明式事务和编程式事务的支持。

5. ORM 映射模块

Spring ORM 模块提供了对现有 ORM 框架的支持，各种流行的 ORM 框架已经做得非常成熟，并且拥有大规模的市场（如 Hibernate）。Spring 没有必要开发新的 ORM 工具，它对 Hibernate 提供了完美的整合功能，同时也支持其他 ORM 工具。

6. Web 模块

Spring Web 模块建立在 Spring Context 基础之上，它提供了 Servlet 监听器的 Context 和 Web 应用的上下文，对现有的 Web 框架（如 JSF、Tapestry、Struts 等）提供了集成功能。

7. MVC 模块

Spring Web MVC 模块建立在 Spring 核心功能之上，这使它能拥有 Spring 框架的所有特性，能够适应多种视图、模版技术、国际化和验证服务，实现控制逻辑和业务逻辑的清晰分离。

8.2 Spring 快速入门

8.2.1 手动搭建 Spring 开发环境

通过前面的介绍，我们对 Spring 已经有了一个大体的了解，下面将介绍 Spring 开发环境的搭建。为了手工搭建 Spring 开发环境，需要先安装 JDK 和 MyEclipse（本章的所有示例都基于 JDK1.6 和 MyEclipse 10）。

1. 获取 Spring 发布包

Spring 是 SourceForge 发布的一个开源框架，可以到下列地址：http://www.springsource.org/download/community 进行下载。Spring 的版本较多，本书将以 Spring 2.5.6 版为例介绍其使用方法，该版本提供两个文件 spring-framework-2.5.6.zip 和 spring-framework-2.5.6-with-dependencies.zip 可供下载，后者可称为 Spring 的依赖版，它比前者多了 Spring 所依赖的第三方类库，如 Hibernate、Structs 等，这里我们选择下载依赖版。

解压后，可以看到发布包中包含很多目录，各目录的说明如下。

- dist：Spring 的开发类库、Spring 定制的 JSP 标签库、Spring-beans.dtd 文件等。
- docs：存放各类文档，包含 Spring 的 API 和标签库文档以及一些教程。
- lib：存放第三方类库。

- mock：存放测试用的 Mock 类。
- samples：存放演示实例。
- src：存放 Spring 的源代码。
- test：存放 Spring 的单元测试代码。

2. 在项目中应用 Spring

（1）创建一个 Java 项目

创建一个名为 IoC 的 Java 项目，依次单击或输入如下。

单击菜单“File”，→“New”→“Java Project”，输入项目名：IoC，单击按钮“Finish”，完成 Java 项目的创建。

（2）引入 Spring 的开发包

项目中使用 Spring 时，可以直接将需要的 jar 文件复制到工程 CLASSPATH 指定的目录中即可。本例中，在 Java 项目下创建一个 lib 文件夹，把 Spring 框架需要的包 Spring.jar 和 commons-logging.jar 拷贝到该文件夹下，然后在项目中引用该 Jar 文件，如图 8-2 所示。其中，前者包含了所有 Spring 标准模块，后者是 Spring 用于输出日志信息。这两个包的存放位置为：dist\spring.jar 和 lib\jakarta-commons\commons-logging.jar。

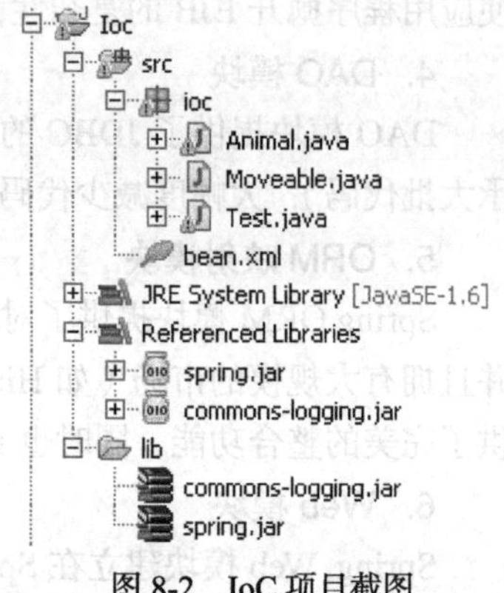

图 8-2　IoC 项目截图

这样，就完成了 Spring 开发环境的最简单的配置。

下载包内 dist 文件中除 spring.jar 文件外，每个 jar 文件都对应一个 Spring 模块。可以根据需要引入单独的模块，也可以直接使用 spring.jar 文件来应用整个 Spring 框架，这里选择使用整个 Spring 框架。另外，如果需要使用其他的功能，可以再酌情加入 lib 文件夹下的依赖包。

对于 Web 应用，必须将需要的 JAR 文件拷贝到 Web 应用的 WEB-INF/lib 文件夹下的 lib 文件夹中，Web 服务器启动时会自动装载 lib 文件夹中所有的 JAR 文件。如果要使 Web 服务器的所有应用都支持 Spring，需要根据不同服务器进行设置。

3. 创建 Spring 的配置文件

一个 Spring 项目需要创建一个或多个 Bean 配置文件，这些配置文件用于在 Spring 容器里配置应用程序中的 Java Bean，Bean 的配置文件可以放在 CLASSPATH 下，也可以放在其他目录下。

配置信息用 XML 文件存贮，可以从 Spring 用户手册中查到，然后手动创建它，也可以复制 samples\jpetstore\war\WEB-INF\applicationContext.xml 文件。这里，我们采用复制的方法，把它复制到项目的 src 路径下，并改名为 bean.xml，如图 8-2 所示。

8.2.2　应用 MyEclipse 工具搭建 Spring 开发环境

上面，手动搭建了一个简单的 Spring 环境，接下来利用 MyEclipse IDE 来配置 Spring 开发环境。

首先，同样建立一个 Java 项目，然后右键单击项目名称，找到“MyEclipse”→“Add Spring Capabilities…”（添加 Spring 环境支持），在弹出的对话框（图 8-3）中选择“Spring 2.5”，再勾选“Spring 2.5 Core Libraries-<MyEclipse-Library>”，并单击“Finish”按钮，完成搭建过程。

可以看到，在源代码 src 文件夹下，MyEclipse 自动为我们创建了 Spring 的配置文件 applicationContext.xml，项目的名称上也多了一个 Spring 项目标志 s。

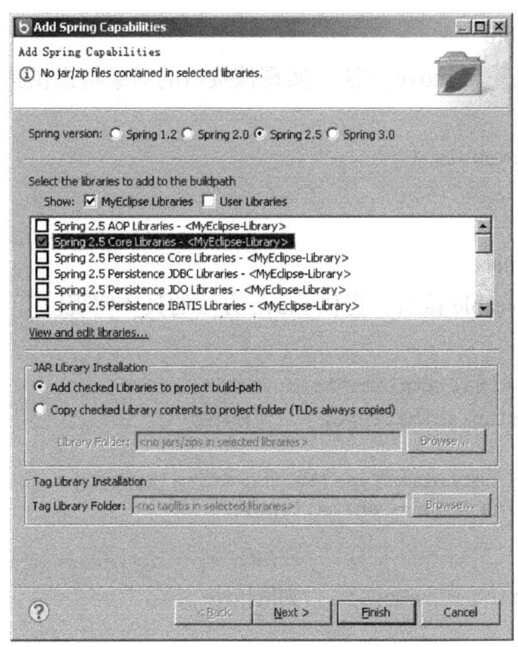

图 8-3 Add Spring Capabilities 对话框

8.3 IoC 的基本概念

本节将使用一个简单的示例来测试开发环境是否搭建成功，并通过这个例子引入 Spring 的核心功能 IoC。

8.3.1 什么是 IoC

在实际应用开发中，需要尽量避免和降低对象之间的依赖关系，即降低耦合度。一般的业务对象之间、业务对象与持久层等之间都存在这样或那样的依赖关系。那么，如何降低对象之间的依赖关系，IoC 正是为了解决这一问题而出现的。

在传统的实现中，由程序内部的代码来控制对象之间的关系。当一个对象需要依赖另一个对象时，我们用 new 来创建它的依赖对象，实现两个组件间的组合关系，这种实现方式会造成组件之间的耦合。控制反转（Inversion of Control，IoC），是指应用程序中对象的创建、销毁等不再由程序本身编码实现，而是由外部的 Spring 容器在程序运行时根据需要注入到程序中，也就是对象的生命周期不是由程序本身决定，而是由容器来控制，所以称为控制反转。这种控制权的转移带来的好处是降低了对象间的依赖关系，即实现了解耦。

IoC 的这种设计思想符合好莱坞设计原则 “Don’t call us，we’ll call you”（不要打电话给我们，需要时我们会打电话给你）②。先看下面的例子：

【例 8.1】不同的动物，它们移动的方式各不相同，有的跑（run），有的飞（fly）。

② 在美国好莱坞，众多电影工厂在寻找演员时通常奉行这么一个原则：不要找我们，需要时我们会找你，这种思想用到软件设计领域则称为好莱坞原则，即告诉开发者不要主动去构造依赖，而是需要时由容器将对象注入进来。

（1）创建接口 Moveable

Moveable 接口中定义一个 move 方法，实现该接口的对象将提供具体的方法实现。

```
Moveable.java
public interface Moveable {
     void move();
}
```

（2）创建一个类 Animal

Animal 类实现了 Moveable 接口，提供 move 方法的具体实现。

```
Animal.java
public class Animal implements Moveable {
    private String animalType;  //何种动物

    public void setAnimalType(String animalType) {
        this.animalType = animalType;
    }

    private String moveMode;  //如何 move

    public void setMoveMode(String moveMode) {
        this.moveMode = moveMode;
    }

    @Override
    public void move() { //move 接口的实现
    String moveMessage= animalType + " can " + moveMode;
         System.out.println(moveMessage);
    }
}
```

（3）添加 Spring 配置信息

建立 Spring 的配置文件 bean.xml，其内容如下。

```
bean.xml
<?xml version="1.0" encoding="UTF-8"?>
<beans xmlns="http://www.springframework.org/schema/beans"
xmlns:xsi="http://www.w3.org/2001/XMLSchema-instance"
xmlns:p="http://www.springframework.org/schema/p"
xsi:schemaLocation="http://www.springframework.org/schema/beans
http://www.springframework.org/schema/beans/spring-beans-2.5.xsd">
<bean id="animal" class="ioc.Animal">
<property name="animalType">
<value>Bird</value>
</property>
<property name="moveMode">
<value>fly</value>
</property>
</bean>
</beans>
```

该配置文件的模版可以从 Spring 的参考手册或 Spring 的例子中得到，配置文件的名称可以自己指定，配置文件可以存放在任何目录下，但文件扩展名必须为 xml。这里，将配置文件存放在 src 文件夹中，即 CLASSPATH 路径下。

该配置文件的作用是将 ioc.Animal 类实例化为对象，该对象可以通过 id 值 animal 来获取，并设置对象的 animalType 属性值为 Bird，设置其 moveMode 属性值为 fly。

（4）创建测试类 Test

```
Test.java
class Test{
    public static void main(String []args){
        //创建 Spring 容器
        ApplicationContext ctx = new ClassPathXmlApplicationContext("bean.xml");
        //从容器中获取 Animal 类的实例
        Moveable animal = (Moveable) ctx.getBean("animal");
        //调用 move 方法
        animal.move();
    }
}
```

代码创建完成以后，程序的文件结构如图 8-2 所示。这段代码的作用为：首先加载 Spring 容器，然后通过键值 animal 在容器中获取 Animal 类的 JavaBean 实例，同时将 animalType 和 moveMode 的属性值注入该对象，最后调用对象的 move 方法。

程序 Test 的运行结果如下：

```
Bird can fly
```

然后，我们对 bean 配置节中的 moveMessage 和 moveMode 的值稍作修改。

```
<bean id="animal" class="ioc.Animal">
    <property name="animal Type">
        <value>Dog</value>
    </property>
    <property name="moveMode">
        <value>run</value>
    </property>
</bean>
```

再次运行程序，结果变为：Dog can run

通过上面的例子，可以看到。

（1）除测试代码之外，所有程序代码中，并没有依赖 Spring 中的任何组件。由于不依赖框架，可以轻松地将组件从 Spring 中脱离。

（2）Animal 类的 animalType 和 moveMode 属性均由 Spring 通过读取配置文件（bean.xml）动态设置。由于属性是程序运行期间需要时才注入，减少了 Animal 类对这些属性的依赖，降低了耦合性。

因为 Animal 类属性的值不是硬编码产生，而是由 Spring 容器注入，不依赖于自身而依赖于外部容器，由容器控制，所以称之为控制反转（IoC）。

（3）在不改变 Animal 类任何代码的情况下，可以通过简单地修改配置文件来实现了不同类型动物的 move 行为。

当我们开发一个应用系统时，通常需要大量的 Java Bean，这些 Bean 之间通过互相调用产生了依赖。在一个系统中，可以将所有的类分成两类：调用者和被调用者。在软件设计方法和设计模式中，共出现了 3 种不同的类间调用模式：自己创建、工厂模式和外部注入。其中，外部注入就是 IoC 模式。可以用 3 个形象的动词来分别表示这 3 个调用方法，即 new、get 和 set。new 表示对象由自己通过 new 创建，get 表示从别人（即工厂）那里取得，set 表示由别人推送进来（注入）。其中，get 和 set 分别表示了主动去取和等待送来两种截然不同的方式，这 3 个单词代表了这 3 种方式的精髓。

不管是哪一种方式，都存在两个角色，那就是调用者和被调用者。下面，以一个例子来讲解这 3 种方式的具体含义。

【例 8.2】对例 8.1 进行扩展。考虑 Animal 类，有时需要将 moveMessage 在屏幕中显示出来，有时又需要将它写入文件，所以在 Animal 类中引入 MessagePrinter 接口类，由它负责将信息输出到控制台或文件中。本例中的调用者为 Animal，被调用者为 MessagePrinter。

为此，需要创建接口 MessagePrinter（信息输出接口类）以及实现这个接口的具体实现类 ScreenPrinter 和 FilePrinter。

（1）创建接口 MessagePrinter

该接口中定义一个 printMessage 方法，实现该接口的对象将提供具体的方法实现。

```
MessagePrinter.java
public interface MessagePrinter {
    void printMessage(String msg) ;
}
```

（2）创建 ScreenPrinter 类

该类实现 MessagePrinter 接口中的 printMessage 方法，将信息在屏幕中显示。

```
ScreenPrinter.java
public class ScreenPrinter implements MessagePrinter{
   public void printMessage(String msg) {
      System.out.println(msg);
   }
}
```

（3）创建 FilePrinter 类

该类也实现 MessagePrinter 接口中的 printMessage 方法，其功能是将信息输出到文件 output.txt 中保存。

```
FilePrinter.java
public class FilePrinter implements MessagePrinter {

public void printMessage(String msg) {
File file = new File("output.txt");
try {
    PrintWriter fwriter = new PrintWriter(
      new BufferedWriter(new FileWriter(file)));
    fwriter.println(msg);
    fwriter.close();
   } catch (Exception ex) {
   ex.printStackTrace();
   }
}
}
```

下面，我们来看这 3 种模式中，调用者类 Animal 是如何调用 MessagePrinter 接口类的。

方法 1：new—自己创建

（1）修改 Animal 类，为了支持将 moveMessage 输出到显示屏或文件，给 Animal 类增加一个 MessagePrinter 类型的依赖对象 printer 作为属性，由它决定信息如何输出。

```
Animal.java
```

```
public class Animal implements Moveable {//保持Moveable接口不变
    private MessagePrinter printer;
    private String animalType;

    public void setAnimalType(String animalType) {//注入animalType值
        this.animalType = animalType;
    }

    private String moveMode;

    public void setMoveMode(String moveMode) {//注入moveMode值
        this.moveMode = moveMode;
    }
    @Override
    public void move() {
        String moveMessage=animalType + " can " + moveMode;
        printer.printMessage(moveMessage);
    }

    public void setPrinter(MessagePrinter printer) {//注入printer
        this.printer = printer;
    }
}
```

（2）创建测试类 TestNew

```
TestNew.java
public class TestNew {
    public static void main(String []args){
        MessagePrinter printer=new ScreenPrinter();//创建屏幕输出类
        Animal animal=new Animal();//创建Animal类
        animal.setAnimalType("Bird");
        animal.setMoveMode("fly");
        animal.setPrinter(printer);
        //调用move方法
        animal.move();
    }
}
```

运行测试类，在控制台输出：Bird can fly

如果需要将这段信息输出到文件中，则必须将代码：

```
MessagePrinter printer=new ScreenPrinter();//创建屏幕输出类
```

修改为：

```
MessagePrinter printer=new FilePrinter();//创建文件输出类
```

可以看出，Animal 调用信息输出对象时，需要由自己来创建一个 MessagePrinter 对象。这种方法的缺点是无法更换被调用者，除非修改源代码。

方法 2：get—工厂模式

方法 1 的缺点是，每一次调用都要自己来创建依赖对象，需要关注目标对象的细节，造成管理上的不便。为此，将对象的创建过程统一集中到一个工厂类中，由它来负责创建，需要什么对象可以从工厂中取得。

（1）Animal 类同方法 1

（2）创建 PrinterFactory 工厂类

```
PrinterFactory.java
public class PrinterFactory {
    public static MessagePrinter getScreenPrinter(){//产生 ScreenPrinter
        MessagePrinter printer=new ScreenPrinter();
        return printer;
    }

    public static MessagePrinter getFilePrinter(){//产生 FilePrinter
        MessagePrinter printer=new FilePrinter();
        return printer;
    }
}
```

（3）创建测试类 TestGet

```
TestGet.java
public class TestGet {
    public static void main(String []args){
        MessagePrinter printer=PrinterFactory.getScreenPrinter();//屏幕输出类
        Animal animal=new Animal();
        animal.setAnimalType("Bird");
        animal.setMoveMode("fly");
        animal.setPrinter(printer);
        //调用 move 方法
        animal.move();
    }
}
```

运行测试类，在控制台输出：Bird can fly

如果需要将这段信息输出到文件中，则必须将代码：

```
MessagePrinter printer=PrinterFactory.getScreenPrinter();//屏幕输出类
```

修改为：

```
MessagePrinter printer=PrinterFactory.getFilePrinter();//文件输出类
```

可以看出，该方法与方法 1 的区别是增加了一个工厂类，Animal 类依赖的 MessagePrinter 对象由工厂类统一创建，使调用者无需关心对象的创建过程，只管从工厂中取得即可。这种方法实现了一定程度的优化，使得代码的逻辑趋于统一。但是，缺点是对象的创建和替换依然不够灵活，完全取决于工厂，并且多了一道中间工序。

方法 3：set—外部注入

显然方法 1 和方法 2 都有其缺陷，不够灵活，下面使用 IoC。

（1）创建配置文件 bean.xml

```
bean.xml
<bean id="movePrinter" class="ioc.ScreenPrinter"></bean>
<bean id="animal" class="ioc.Animal">
<property name="printer" ref="movePrinter" />
<property name="animalType">
<value>Bird</value>
```

```
</property>
<property name="moveMode">
<value>fly</value>
</property>
</bean>
```

该配置文件的作用如下。

① 产生一个 ioc.ScreenPrinter 类型的对象，它作为 ioc.Animal 类的一个依赖对象，由 printer 属性来引用这个对象。

② 产生 ioc.Animal 类对象，并设置 3 个属性的值。ioc.Animal 类的对象共依赖 3 个对象，分别为 printer、animalType 和 moveMode，即为对象的 3 个属性，它们的值分别通过相应的设值方法 setPrinter( )、setAnimalType( )和 setMoveMode( )注入到对象中。

（2）创建测试类 TestIoc

```
TestIoc.java
class TestIoc{
    public static void main(String []args){
        //创建 Spring 容器
        ApplicationContext ctx = new ClassPathXmlApplicationContext("bean.xml");
        //从容器中获取 Animal 类的实例
        Moveable animal = (Moveable) ctx.getBean("animal");
        //调用 move 方法
        animal.move();
    }
}
```

其他 Java 文件内容同上。

运行 TestIoc，在控制台输出：Bird can fly

修改配置文件 bean.xml，用 FilePrinter 替换 ScreenPrinter。

```
bean.xml
<bean id="movePrinter" class="ioc.FilePrinter"></bean>
<bean id="animal" class="ioc.Animal">
<property name="printer" ref="movePrinter" />
<property name="animalType">
<value>Bird</value>
</property>
<property name="moveMode">
<value>fly</value>
</property>
</bean>
```

再次运行后，在项目文件夹下创建一个文本 output.txt，其内容为：Bird can fly。

在第 3 种方式中，没有修改源程序，而只是修改了配置文件 bean.xml 的内容，就实现了信息输出从控制台到文件的切换。也就是说，采用 IoC 不需要重新修改并编译具体的 Java 代码就实现了对程序功能的动态修改，实现了热插拔，提高了灵活性。可见，这种方式可以完全抛开依赖的限制，由外部容器自由地注入，这就是 IoC，将对象的创建和获取提到外部，由外部容器提供需要的组件。

IoC 是一种新的设计模式，把支持这种模式的 Spring 容器称为 IoC 容器。IoC 模式可以看成是工厂模式的升华，它只是把原来写死在工厂方法里的对象生成代码，改由 XML 文件来定义和注册，目的就是提高灵活性和可维护性。在 Spring 中，IoC 使用 XML 配置来生成对象，采用了 Java 的反射技术。反射是一个较为晦涩概念，通俗地说，反射就是根据类名（字符串）来创建对象，这种技术允许在程序运行时才决定生成哪种对象，而不是在编译时就确定。

8.3.2 依赖注入

依赖注入（Dependency Injection，DI），是 Martin Fowler 在他的经典文章 *Inversion of Control Containers and the Dependency Injection pattern* 中为 IoC 另取的一个更形象的名字[③]。相对 IoC 而言，“依赖注入”的确更加直观和准确地描述了这种设计理念。从名字上理解，所谓依赖注入，即组件之间的依赖关系由容器在运行期间决定，形象地说，即由容器动态地将某种依赖关系注入到组件之中。

此外，本书作者还总结了 3 种依赖注入的方式，即接口注入（interface injection）、setter 方法注入（setter injection）和构造方法注入（constructor injection）。在此，本书仅介绍 setter 方法注入和构造方法注入，因为这两者是应用 Spring 时较为常用的注入方式。

8.4 依赖注入的形式

8.4.1 setter 方法注入

在各种类型的依赖注入方式中，setter（设值）方法注入在实际开发中使用最为广泛，基于设值的依赖注入机制比较直观、自然。在例 8.1 中，Animal 类中的 animalType 和 moveMode 属性的值，都是通过相应的设值方法 setAnimalType( )和 setMoveMode( )，将配置文件 bean.xml 中指定的值（value 部分）分别注入给这两个属性。即通过类的 setter 方法完成依赖关系的设置。

当采用 setter 方法注入时，属性的设值方法的命名必须符合 JavaBean 的命名规范，如属性 propertyName 对应的设置方法名称必须是 setPropertyName，否则将无法实现 setter 方法注入，所以在添加属性的 getter/setter 方法时应尽量借助 MyEclipse 工具来自动生成，以减少出错的机会。

8.4.2 构造方法注入

在创建对象时，可通过含有参数的构造函数来初始化新对象的属性。顾名思义，构造方法注入，依赖关系是通过类构造函数建立，容器通过调用类的构造方法，将其所需的参数值注入其中。分析下面的例子。

【例 8.3】利用构造函数注入方式实现“例 8.1”的功能。

（1）创建 Animal 类

```
Animal.java
public class Animal implements Moveable {//Moveable 接口不变
```

③ 本书更多的是将 IoC 和 DI 看作等同的概念，但是，在这一点上可能存在不同的观点，比如《Expert One-on-One J2EE without EJB》等书都将依赖注入看作是 IoC 的一种方式。

```
    private String animalType;
    private String moveMode;
    //构造函数，有两个参数
    public Animal(String animalType, String moveMode) {
        this.animalType = animalType;
        this.moveMode = moveMode;
    }

    @Override
    public void move() {
        String moveMessage=animalType + " can " + moveMode;
        System.out.println(moveMessage);
    }
}
```

（2）修改 bean.xml 文件的内容

其中，<bean>元素的内容如下。

```
<bean id="animal" class="constructor.Animal">
<constructor-arg index="0" type="java.lang.String" value="Bird" />
<constructor-arg index="1" type="java.lang.String" value="fly"/>
</bean>
```

每一个<constructor-arg>指定构造函数的一个参数，index 指定参数的顺序，即指定是构造方法的第几个参数，type 指定参数的数据类型，value 指明参数的值。其中，index 和 type 属性为可选项，value 为必选项。

（3）创建测试类 Test

测试类的内容同“例 8.1”。

运行后，控制台输出：Bird can fly。

8.4.3 3 种依赖注入方式的对比

1. 接口注入

从注入方式的使用上来说，接口注入是不提倡的一种方式，极少被用户使用。因为它强制被注入对象实现容器的接口，带有“侵入性”，而构造方法注入和 setter 方法注入则不需要如此。

2. setter 注入

这种注入方式与传统的 JavaBean 写法很相似，程序员更容易理解和接受，通过 setter 方式设定依赖关系显得更加直观、自然。

缺点是组件使用者或许会忘记组件注入需要的依赖关系，同时依赖可能会因为 setter 方法的调用而被修改。

3. 构造注入

这种方法的优点是：构造注入可以在构造器中决定依赖关系的注入顺序。依赖关系只能在构造器中设定，则只有组件的创建者才能改变组件的依赖关系。对组件的调用者而言，组件内部的依赖关系完全透明，更符合高内聚的原则。

但这种方法的缺点也很明显：对于复杂的依赖关系，如果采用构造注入，会导致构造器过于臃肿，难以阅读。Spring 在创建 Bean 实例时，需要同时实例化其依赖的全部实例，当某些属性是可选时，此时多参数的构造器则显得更加笨拙，而使用设置注入，则避免这个问题。

综上所述，构造方法注入和 setter 方法注入因为其侵入性较弱，且易于被理解和使用，所以目前使用较多，而接口注入因为侵入性较强，几乎很少被使用。

8.5 IoC 的装载机制

8.5.1 IoC 容器

Spring 提供了强大的 IoC 容器来管理组成应用程序中的 Bean，要利用容器提供的服务，就必须配置 Bean，配置文件描述了 Bean 的定义和它们之间的依赖关系。Spring 通过大量引入了 Java 的反射机制，动态生成 Bean 对象并注入到程序中避免了硬编码，实现该功能的核心组件是 BeanFactory，而 ApplicationContext 继承了 BeanFactory 接口，提供了更多的高级特性，建议优先使用后者，但无论使用哪一个组件，配置文件是相同的，且必须要对其实例化。

Spring 通过 ApplicationContext（或 BeanFactory）接口来实现对容器的加载。ApplicationContext 的实现类主要如下。

（1）ClassPathXmlApplicationContext：从 CLASSPATH 下加载配置文件。

（2）FileSystemXmlApplicationContext：从文件系统中加载配置文件。

首先，可以通过任一实现类来将配置文件中定义的 Bean 加载到容器中。如，

```
//创建 Spring 容器，bean.xml 保存于类路径下
ApplicationContext ctx = new ClassPathXmlApplicationContext("bean.xml");
```

或者

```
ApplicationContext ctx=new FileSystemXmlApplicationContext("classpath:bean.xml");
```

然后，通过下列语句来获取 Bean 的实例。

```
//从容器中获取 Animal 类的实例：bean 配置 id 为 animal 的对象
    Moveable animal = (Moveable) ctx.getBean("animal");
```

用户自己用 new 产生的对象，Spring 是无法通过依赖注入的方式注入其属性的。换句话说，只有 Spring 管理的对象，Spring 才能为其注入依赖对象。

注意

在本例中，当使用 ClassPathXmlApplicationContext 来调用配置文件时，必须将其置于类路径下，即项目 IoC 的 src 文件夹下；当使用 FileSystemXmlApplicationContext 来打开文件时，需要将 Bean 配置文件置于项目的工作路径下，即项目 IoC 目录下。由于本例中配置文件位于类路径下，所以采用 FileSystemXmlApplicationContext 打开时，在该文件的前面加上 CLASSPATH，以标识文件的位置。

对于 Web 项目，通常 ApplicationContext 还可以用声明的方式来创建，一般是在启动 Web 服务器的同时自动加载 Spring 的容器功能。方法是在 web.xml 中配置监听器 ContextLoaderListener，它的作用就是启动 Web 容器时，自动装配 ApplicationContext 的配置信息。

```
<context-param>
    <param-name>contextConfigLocation</param-name>
    <param-value>/WEB-INF/beans-config.xml</param-value>
</context-param>
```

```
<listener>
<listener-class>
      org.springframework.web.context.ContextLoaderListener
   </listener-class>
</listener>
```

在上面配置信息中，<context-param>配置项中参数名 contextConfigLocation 用以指定 Spring 配置文件存放的位置和名称。如果缺少这一项，Web 服务器在启动时，ContextLoaderListener 会加载/WEB-INF/applicationContext.xml，如果目标位置找不到需要的文件，则 Web 服务器将会报错。

对于 Servlet 2.2 及以前的版本，需要以 ContextLoaderServlet 代替 ContextLoaderListener，配置信息如下。

```
<servlet>
    <servlet-name>contextLoader</servlet-name>
    <servlet-class>
       org.springframework.web.context.ContextLoaderServlet
    </servlet-class>
    <load-on-startup>1</load-on-startup>
</servlet>
```

配置完成之后，在 Web 应用中，可通过下列方法，获取 ApplicationContext 的引用。

```
WebApplicationContext ctx = ContextLoader.getCurrentWebApplicationContext();
```

或者

```
WebApplicationContext ctx =
WebApplicationContextUtils.getWebApplicationContext(servletContext);
```

8.5.2 Spring 的配置文件

在 Spring 中，需要从配置文件中读取 JavaBean 的定义信息，再根据这些信息去创建 JavaBean 的实例对象并注入其依赖的属性。由此可见，Spring 配置文件中主要描述了 Bean 的基本信息和 Bean 之间的依赖关系。

Spring 配置文件中<beans>是其根元素，包含一个或多个 bean 元素。每个<bean> 用于告诉 Spring 容器一个类是如何组成的，它有哪些属性，多个类之间的引用构成了类之间的关系。下面将介绍<bean>标签相关的配置项。

<bean>标签用于定义 JavaBean 的配置信息，最简单的<bean>标签也需要包含“id”(或“name”)和“class”两个属性来说明 Bean 的实例名称和类信息。实例化 JavaBean 对象时会以“class”属性指定的类来生成 JavaBean 的实例，可以通过 id（或 name）作为索引名称获取实例。<bean>标签的属性请参见表 8-1，更加详细的说明可以参见 Spring 帮助文档。

这段配置表示按类型进行自动装配，意味着容器尝试着通过属性的类型来查找并引用前面已经定义的 bean。当执行按类型自动装配时，Spring 容器在为 animal 对象确定 printer 属性时，将从上下文描述符中搜索能实现 MessagePrinter 接口的组件，符合条件的只有 id 为“movePrinter”的组件，从而实现了 printer 属性和 movePrinter 的自动对接，然后调用 setter 方法为其注入。Spring 除了支持按类型自动装配以外，还支持按名称、构造器等自动装配。

在具有复杂依赖关系的系统中，自动连接可以大大节省工作量。然而，如果自动装配存在不确定时（如同一接口存在多个实现 bean 时），就应该执行显示的连接，否则系统会报错。

<bean>的 autowire 属性共有如下取值，说明如表 8-2 所示。

表 8-1　　　　　　　　　　　　Spring 的配置参数

属性或子标签	描述	举例
id	代表 JavaBean 的实例对象。在 Bean 实例化之后可以通过 id 来引用 Bean 的实例对象	<bean id="animal" class="ioc.Animal"/>
name	代表 JavaBean 的实例对象名。与 id 属性的意义基本相同	<bean name="animal" class="ioc.Animal"/>
class	JavaBean 的类名（全路径），它是<bean>标签必须指定的属性	同上
singleton	是否使用单例（Singleton）模式。如果设置成 false，在每次调用容器的 getBean()方法时，都会返回新的实例对象。如果采用默认设置 true，那么在 Spring 容器的上下文中只维护此 Java Bean 的一个实例	<bean name="animal" class="ioc.Animal" singleton="false"/>
autowire	Spring 的 JavaBean 自动装配功能，详细介绍请参见 8.5.3	请参见 8.5.3 Bean 的自动装配
depends-on	通过 depends-on 指定其依赖关系可保证在此 Bean 加载之前，首先对 depends-on 所指定的资源进行加载。一般情况下无需设定	<bean name="animal" class="ioc.Animal " depends-on="printer "/>
init-method	初始化方法，此方法将在 BeanFactory 创建 JavaBean 实例之后，在向应用程序返回引用之前执行。一般用于一些资源的初始化工作	<bean id="school" class="School" init-method="init"/>
destroy-method	销毁方法。此方法将在 BeanFactory 销毁的时候执行，一般用于资源释放	<bean id="school" class="School" destroy-method=" destroy "/>
factory-method	指定 JavaBean 的工厂方法。指定的方法必须是类的静态方法，并且返回 JavaBean 的实例	<bean id="school" class="School" factory-method="getInstance"/>
factory-bean	通过实例工厂方法创建 bean，class 属性必须为空，factory-bean 属性必须指定一个 bean 的名字，这个 bean 一定要在当前的 bean 工厂或者父 bean 工厂中，并包含工厂方法。而工厂方法本身通过 factory-method 属性设置	<bean name="factory" class="Factory" /> <bean name="school" factory-bean="factory" factory-method="createFactory" />
<property>	可通过<value/>节点可指定属性值。BeanFactory 将自动根据 Java Bean 对应的属性类型加以匹配	<property name="moveMode"> <value>fly</value> </property> 可简写为： <property name="moveMode" value="fly" />
<constructor- arg>	构造方法注入时确定构造参数。index 指定参数顺序，type 指定参数类型	<constructor-arg index="0" type="java.lang.String" value="fly"/>
<ref>	指定了属性对 BeanFactory 中其他 Bean 的引用关系	<bean id="prt"class="ioc.FilePrinter"/> <bean id="animal" class="ioc.Animal"> <property name="printer" ref="prt"/> </bean>

8.5.3　Bean 的自动装配

在应用中，常常使用<ref>标签为 JavaBean 注入它依赖的对象。但是，对于一个大型的系统，不得不花费大量的时间和精力用于创建和维护系统中的<ref>标签。实际上，这种方式也会在另一种形式上增加了应用程序的复杂性，那么如何解决这个问题呢？Spring 为我们提供了一个自动装配的机制，在应用中结合<ref>标签可以大大的减少工作量。前面提到过，在定义 Bean 时，<bean>标签有一个 autowire 属性，可以通过设定它的值来让容器为 Bean 自动注入依赖对象。

例如，在没有使用自动装配的情况下，animal 对象必须要显示引用前面产生的 JavaBean：movePrinter。如下所示。

```
<bean id="movePrinter" class="ioc.ScreenPrinter"/>
<bean id="animal" class="ioc.Animal">
<property name="printer" ref="movePrinter"/>
<property name="animalType" value="Bird"/>
<property name="moveMode" value="fly"/>
</bean>
```

表 8-2　　<bean>的 autowire 属性

自动装配模式	说明
no	即不启用自动装配。autowire 默认值
byName	通过属性名称的方式查找 JavaBean 依赖的对象并为其注入
byType	通过属性的类型查找 JavaBean 依赖的对象并为其注入
constructor	同 byType 一样，也是通过类型查找依赖对象。与 byType 的区别在于它不是使用 setter 方法注入，而是使用构造器注入
autodetect	在 byType 和 constructor 之间自动选择注入方式

Spring 的自动装配实际上就是查找匹配的 bean 的过程。不需要给出将这些 bean 连接在一起的具体指令，容器能自动完成装配，有很多种方法可完成自动装配，包括按名称、按类型、利用构造函数等。下面是按类型自动装配。

```
<bean id="movePrinter" class="ioc.ScreenPrinter"/>
<bean id="animal" class="ioc.Animal" autowire="byType">

<property name="animalType" value="Bird"/>
<property name="moveMode" value="fly"/>
</bean>
```

8.5.4　IoC 中使用注解

在 Spring 项目中，既可以使用 XML 来配置 bean 的信息，也可以使用注解达到简化配置文件的目的。

1. @Autowired

Spring 2.5 引入了 @Autowired 注解，它可以对类成员变量、方法及构造函数进行标注，完成自动装配的工作。

（1）Animal.java 的部分代码

```
@Autowired//对需要类成员变量的方法使用自动装配注解
public void setPrinter(MessagePrinter printer) {
    this.printer = printer;
}
```

（2）XML 配置文件的部分代码

```
<context:annotation-config/>
<!--<bean class="org.springframework.beans.factory.annotation.
     AutowiredAnnotationBeanPostProcessor"/>-->
<bean id="movePrinter" class="annotation.ScreenPrinter"/>
<bean id="animal" class="annotation.Animal">
      <property name="animalType" value="Bird"/>
      <property name="moveMode" value="fly"/>
</bean>
```

使用注解@Autowired 时，需要在配置文件中注册 AutowiredAnnotationBeanPostProcessor 类。实际上，为了方便，采用注解时一般使用<context:annotation-config/>代替。这样，当 Spring 容器启动时，将扫描 Spring 容器中所有 bean，当发现 bean 中拥有 @Autowired 注解时就找到和其匹配（默认按类型）的 bean 并注入。本例中通过方法 setPrinter()注入了 MessagePrinter 类型的成员变量，当然也可在私有成员变量上直接加注解@Autowired。

```
@Autowired
private MessagePrinter printer;
```

这样，就可以将相应的 setter 方法 setPrinter()从 Animal 类中删除。

2. @Qualifier

如果一个 bean 的属性可能来自多个其他的候选 bean，导致 Spring 无法确定使用哪一个 bean，当 Spring 容器在启动时就会抛出 BeanCreationException 异常。Spring 允许我们通过 @Qualifier 注解指定注入 bean 的名称。

（1）配置 XML 文件的部分代码

```
<context:annotation-config/>
<bean id="screen" class="annotation.ScreenPrinter"/>
<bean id="file" class="annotation.FilePrinter"/>
<bean id="animal" class="annotation.Animal">
  <property name="animalType" value="Bird"/>
  <property name="moveMode" value="fly"/>
</bean>
```

在本例中，接口 MessagePrinter 的实现实例有两个：screen 和 file，必须指定一个。

（2）Animal.java 的部分代码

```
@Autowired//对类的私有成员变量使用自动装配注解
private @Qualifier(value="screen")MessagePrinter printer;
```

@Qualifier 通常与 @Autowired 结合使用，且置于成员变量类型的前面。@Qualifier（value="screen"）中的 screen 是 bean 的名称，可简写为 @Qualifier（"screen"）所以，这里自动注入的策略就从 byType 转变成 byName 了。

3. @Resource

@Resource 的作用相当于 @Autowired，只不过 @Autowired 按 byType 自动注入，而 @Resource 默认按 byName 自动注入罢了。@Resource 有两个属性是比较重要的，分别是 name 和 type，Spring 将 @Resource 注解的 name 属性解析为 bean 的名字，而 type 属性则解析为 bean 的类型。所以如果使用 name 属性，则使用 byName 的自动注入策略，而使用 type 属性时则使用 byType 自动注入策略。如果既不指定 name 也不指定 type 属性，这时将使用 byName 自动注入策略。

```
@Resource(name="screen")
private MessagePrinter printer;
```

Resource 注解类位于 Spring 发布包的 lib\Java EE\common-annotations.jar 类包中。因此，在使用之前必须将其加入到项目的类库中。

4. @Component

虽然可以通过 @Autowired 或 @Resource 在 Bean 类中使用自动注入功能，但是还是需要在 XML 文件中定义 <bean> 。那么能否也通过注解来定义 bean，从 XML 配置文件中完全移除 bean 定义的配置呢？答案是肯定的，通过 Spring 2.5 提供的 @Component 注解就可以达到这个目标。

（1）ScreenPrinter.java 的部分代码

```
package annotation;
import org.springframework.stereotype.Component;
@Component("screen")
public class ScreenPrinter implements MessagePrinter{
  ......
}
```

@Component（"screen"）加在类名的前面，相当于 XML 文件中的<bean>。

```
<bean id="screen" class="annotation.ScreenPrinter"/>
```

screen 为指定的 id，如果不指定，默认值为小写字母开头的类名（screenPrinter）。

（2）FilePrinter.java 的部分代码

```
@Component(value="file")
  public class FilePrinter implements MessagePrinter {
      ......
  }
```

（3）Animal.java 的部分代码

```
@Component  //可以省略 xml 中关于该类的<bean>元素配置
public class Animal implements Moveable {
   @Autowired
   private @Qualifier("screen")MessagePrinter printer;
   //下面两行直接赋值是为了对其初始化，不必在 xml 文件中配置
   private String animalType="Bird";
   private String moveMode="fly";
   ......
}
```

（4）XML 配置文件的完整代码

```
<?xml version="1.0" encoding="UTF-8" ?>
<beans xmlns="http://www.springframework.org/schema/beans"
       xmlns:xsi="http://www.w3.org/2001/XMLSchema-instance"
       xmlns:context="http://www.springframework.org/schema/context"
       xsi:schemaLocation="http://www.springframework.org/schema/beans
    http://www.springframework.org/schema/beans/spring-beans-2.5.xsd
    http://www.springframework.org/schema/context
    http://www.springframework.org/schema/context/spring-context-2.5.xsd">
  <context:annotation-config/>
  <context:component-scan base-package="annotation"/>
</beans>
```

当使用@Component 注解时，需要使用<context:component-scan/>元素，它的属性 base-package 指定了需要扫描的类包。当 Spring 容器加载时，会扫描“annotation”类包及其递归子包中所有的类，根据注解来产生并注入需要的 Bean。

其他文件保持不变，运行结果为：Bird can fly。

由于注解大大简化了 XML 配置，那么是否可以完全摒除 XML 配置方式呢？答案是否定的。有以下几点原因。

- 如果 Bean 的依赖关系是固定的（如访问数据库的 Service 使用了几个 DAO 类），这种配置信息不会在部署时发生调整，那么注解配置会更简洁；反之，如果这种依赖关系会在部署时发生调整，使用 XML 配置则更加灵活，因为只需修改 XML 文件的配置即可完成调整，而使用注解则需要改写源代码并重新编译才可以实施调整。
- 如果 Bean 不是自己编写的类（如 SessionFactory），注解配置将无法实施，此时 XML 配置是唯一可用的方式。

在实现应用中，往往需要根据情况选择使用注解配置和 XML 配置，有时也会同时使用两种配置。

8.6 AOP 概述

8.6.1 AOP 简介

AOP 是 Aspect-Oriented Programming 的缩写，即面向切面编程，由 Gregor Kiczales 在 Palo Alto 研究中心领导的一个研究小组于 1997 年提出。AOP 实际上是一种编程思想，目前实现 AOP 的有 Spring、AspectJ、JBoss 等。

我们知道，利用面向对象编程（Object-Oriented Programming，OOP）思想，可以很好地处理业务流程，但是不能把系统中某些特定的重复性行为封装在模块中。例如，在很多业务中都需要记录操作日志，结果我们不得不在业务流程中嵌入大量的日志记录代码。无论是对业务代码还是对日志记录代码来说，维护都是非常复杂的。由于系统中嵌入了这种大量的与业务无关的其他重复性代码，系统的复杂性、代码的重复性增加了，从而使 bug 的发生率也大大的增加。

AOP 可以很好地解决这些问题，AOP 可以关注系统的“截面”，在适当的时候“拦截”程序的执行流程，把程序的预处理和后处理交给某个拦截器来完成。比如，访问数据库时需要记录日志，如果使用 AOP 的编程思想，那么在处理业务流程时不必再考虑记录日志，而是把它交给一个专门的日志记录模块去完成。这样，程序员就可以集中精力去处理业务流程，而不是在实现业务代码时嵌入日志记录代码，实现业务代码与非业务代码的分别维护。在 AOP 术语中，这称为关注点分离。AOP 的常见应用有：日志拦截、授权认证、数据库的事务拦截和数据审计等

可以看到，虽然 AOP 可以更好地解决 OOP 所面临的这些问题，但是 AOP 的提出并不是取代 OOP，而是对 OOP 的完善和补充。为了更好地理解 AOP 思想，下面先看一个例子。

【例 8.4】给 Animal 类的所有方法增加一个日志功能，在该方法调用之前先记录一段日志。

（1）创建日志类

LoggingAspect.java

```
@Component
```

```
@Aspect
public class LoggingAspect {
    //拦截指定的目标类中方法的执行
    @Before("execution(public void ioc.Animal.move(..))")
    public void logMethod(JoinPoint jp) {
        System.out.println( "AOP Before 日志 :"
                + jp.toShortString() );
    }
}
```

@Component 表示将该 bean 自动注入到 Spring IoC 容器中，默认 id 为 loggingAspect；@Aspect 说明该类是个切面类，它定义了一些非业务的功能，最终需要将此代码混合到目标业务代码中去；@Before()注解指定在执行 ioc.Animal 类的 move()方法之前，先执行 logMethod()日志方法。JoinPoint 类型参数 jp 是一个连接点，它是一个上下文对象，用来标记切面插入到应用程序中的位置。

（2）修改 XML 配置文件

```
<?xml version="1.0" encoding="UTF-8" ?>
<beans xmlns="http://www.springframework.org/schema/beans"
xmlns:xsi="http://www.w3.org/2001/XMLSchema-instance"
xmlns:context="http://www.springframework.org/schema/context"
xmlns:aop="http://www.springframework.org/schema/aop"
xsi:schemaLocation="http://www.springframework.org/schema/beans
http://www.springframework.org/schema/beans/spring-beans-2.5.xsd
http://www.springframework.org/schema/context
http://www.springframework.org/schema/context/spring-context-2.5.xsd
http://www.springframework.org/schema/aop
http://www.springframework.org/schema/aop/spring-aop-2.5.xsd">
<context:annotation-config />
<context:component-scan base-package="ioc" />
<aop:aspectj-autoproxy />
<bean id="movePrinter" class="ioc.ScreenPrinter" />
<bean id="animal" class="ioc.Animal">
<property name="printer" ref="movePrinter" />
<property name="animalType" value="Bird" />
<property name="moveMode" value="fly" />
</bean>
</beans>
```

注解的方式实现 AOP 需要在配置文件中加入配置<aop:aspectj-autoproxy/>。

（3）保持应用的目标类 Animal.java、测试类 TestIoc.java 等文件不变，参见【例 8.2】。

此外，Spring AOP 需要用到 Spring 发布包中的 lib\aspectj\aspectjweaver.jar 和 aspectjrt.jar 文件。

运行测试类，结果如下：

```
AOP Before 日志 :execution(move)
Bird can fly
```

可以看到，在调用目标类 Animal 的 move()方法之前，先调用了切面类 LoggingAspect 的 logMothed()方法，将切面代码切入到目标代码中，而目标类并不知道被切入了切面类，这两个类的代码单独维护，实现了解耦，是 AOP 的简单实现。

8.6.2 AOP 中的术语

上文列举了 AOP 的一个简单应用，使我们对 AOP 有了一个直观的认识，下面将介绍 AOP

应用中涉及的一些术语。

（1）关注点（concern）

关注点指所关注的与业务无关的公共服务，如日志、授权认证或事务管理等，就是一个关注点，也称横切关注点。关注点表示“要做什么”。

（2）连接点（join point）

连接点是在程序执行过程中某个特定的点，通常在这些点需要添加关注点的功能。比如，方法之前或之后或抛出异常时都可以是连接点，Animal类的move()方法之前是一个连接点。在Spring AOP中，一个连接点总是代表一个方法的执行，表示“在哪里做”。

（3）切面（aspect）

将各个业务对象之中的关注点收集起来，设计成独立、可重用、职责清楚的对象，称为切面。如，【例 8.4】中的日志切面类 LoggingAspect，它可能会横切多个对象。

（4）通知（advice）

指切面在程序运行到某个连接点时所触发的动作，在这个动作中可以定义自己的处理逻辑。一个切面可以包含多个通知。切面的真正逻辑，就是通过编写通知来提供与业务无关的系统服务逻辑。通知有许多类型，其中包括“BeforeAdvice”和“AfterAdvice”等。许多 AOP 框架，包括 Spring，都是以拦截器作通知模型。通知表示“具体怎么做”。

（5）目标对象（target object）

目标对象就是指一个通知被应用的对象或目标，也称被通知的对象（advised object），如，【例 8.4】中的 Animal 对象。

（6）织入（weaving）

织入是把切面连接到目标对象上的过程。这个过程可以在编译期完成，也可以在类加载和运行时完成。采用 AspectJ 编译器是在编译时织入，Spring AOP 是在运行期完成织入的。

（7）切入点（pointcut）

切入点是匹配连接点的断言。当切面横切目标对象时，会产生许多“交叉点”，这些点都由切入点表达式来决定，如【例 8.4】中的 execution（public void ioc.Animal.move（..））。在 AOP 中，通知和一个切入点表达式相关联，切入点表达式如何和连接点匹配是 AOP 的核心，Spring 缺省使用 AspectJ 切入点语法。

8.7 AOP 实现原理

AOP 作为 OOP 的一种补充，专门用于将一些系统级服务（如日志、事务管理、安全检查等）织入到系统的业务逻辑中。AOP 的实现主要是使用了代理模式，AOP 框架可以自动创建 AOP 代理。代理主要分为静态代理和动态代理两大类，动态代理又有 JDK 动态代理和 CGLib 动态代理之分，Spring AOP 正是使用了其中的一种动态代理来实现 AOP 的。本节将主要介绍这 3 种代理模式以及它们是如何实现 AOP 的，从而理解 Spring AOP 框架的实现原理。

8.7.1 静态代理

代理模式是常用的设计模式，它的特征是代理类与委托类（也称被代理类）有同样的接口，代理类主要负责为委托类处理消息、过滤消息等。代理类与委托类之间通常会存在关联关系，代理类的对象本身并不真正实现服务，而是通过调用委托类对象的相关方法，来提供服务。静态代理必须要创建接口、被代理类、代理类和测试类。

【例 8.5】为了跟踪数据库的访问过程，我们在操作数据库时需要同时记录访问日志，类结构关系如图 8-4 所示。

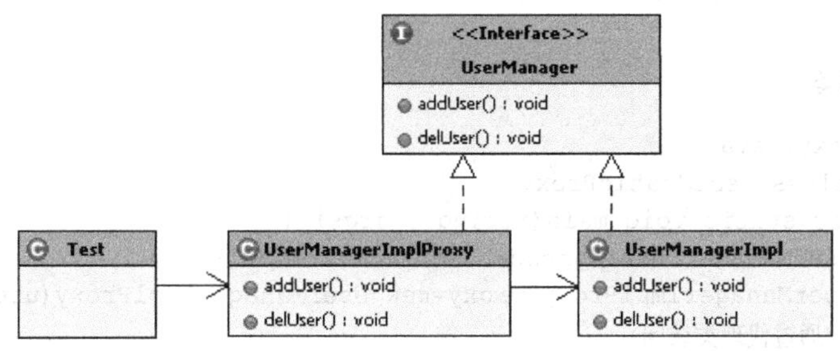

图 8-4　类结构关系

（1）创建数据库访问接口 UserManager

```
UserManager.java
public interface UserManager {
    public void addUser(String username,String password); //添加用户
    public void delUser(String username);//删除用户
}
```

（2）创建被代理类 UserManagerImpl（数据库访问实现类）

```
UserManagerImpl.java
public class UserManagerImpl implements UserManager {
    @Override  //添加用户的实现
    public void addUser(String username, String password) {
        System.out.println("user added!");
    }
    @Override  //删除用户的实现
    public void delUser(String username) {
        System.out.println("user deleted!");
    }
}
```

（3）创建代理类 UserManagerImplProxy

```
UserManagerImplProxy.java
public class UserManagerImplProxy implements UserManager {
    private UserManager userManager;//被代理对象

    public UserManagerImplProxy(UserManager userManager) {
        this.userManager = userManager;
}

    @Override
    public void addUser(String username, String password) {
        System.out.println("addUser start!");//添加日志
        userManager.addUser(username, password);
    }

```

```
    @Override
    public void delUser(String username) {
        System.out.println("delUser start!");//添加日志
        userManager.delUser(username);

    }
}
```

（4）创建测试类

```
TestStaticProxy.java
public class TestStaticProxy {
    public static void main(String[] args) {
        UserManager userMgr=new UserManagerImpl();
        UserManagerImplProxy proxy=new UserManagerImplProxy(userMgr);
        //通过代理类访问
        proxy.addUser("admin","123");
        proxy.delUser("admin");
    }
}
```

运行结果如下：

```
addUser start!
user added!
delUser start!
user deleted!
```

从上例可以看到，我们没有直接访问数据库访问类 UserManagerImpl，而是通过其代理类 UserManagerImplProxy 来达到间接访问的目的。代理类在调用被代理类的方法之前还添加了自身的日志代码，从而实现了在访问数据库的同时添加日志，成功实现了 AOP。但是，这种设计的缺陷是日志代码写在代理类中，在编译期间已经确定，日志类没有从代理类中独立出来，不能实现单独维护，这种代理方式称为静态代理。

8.7.2 JDK 动态代理

静态代理虽然能够实现 AOP，但不能实现切面类和代理类的分离，代理类对于每一个方法都需要添加自已的逻辑，设计存在缺陷。采用动态代理则可以解决这个问题，Spring AOP 是采用动态代理来实现 AOP 框架的。Spring AOP 框架对 AOP 代理类的处理原则是：如果目标对象实现了接口，Spring AOP 将会采用 JDK 动态代理来生成 AOP 代理类；如果目标对象没有实现接口，Spring 无法使用 JDK 动态代理，将会采用 CGLIb 来生成 AOP 代理类，不过这个选择过程对开发者完全透明、开发者也无需关心。

与静态代理一样，JDK 动态代理也必须要创建接口、被代理类、代理类和测试类，所不同的是：代理类由 JDK 提供，此外还要创建拦截器用以处理被代理类方法的调用及增加非业务功能。

【例 8.6】Spring AOP 的一个典型应用是事务管理，以事务为例，采用 JDK 动态代理实现 AOP，加深对 Spring 中事务管理机制的理解。

（1）创建数据库访问接口和相应的实现类，代码参见例 8.5。

（2）获取动态代理对象。

JDK 的 java.lang.reflect.Proxy 类提供了用于创建动态代理类实例的静态方法，如下。

```
public static Object newProxyInstance(ClassLoader loader,Class<?>[] interfaces,
```

```
InvocationHandler h)throws IllegalArgumentException
```

参数说明：

ClassLoader loader：被代理类的类加载器。

Class<?>[] interfaces：被代理类要实现的接口列表。

InvocationHandler h：指派方法调用的调用处理程序。

例如，

```
//target 为目标对象,handler 为代理类的调用处理程序
Proxy.newProxyInstance(target.getClass().getClassLoader(),
target.getClass().getInterfaces(), handler);
```

该方法利用了 Java 的反射机制，可以生成任意类型的动态代理类。需要说明的是，这里的 Class<?>[] interfaces 不可为空，所以 JDK 的动态代理要求被代理类必须是某个接口的实现，否则无法为其构造动态代理类，这也就是为什么 Spring 对实现接口的被代理类使用动态代理实现 AOP，而对于没有实现任何接口的类通过 CGLib 实现 AOP 机制的原因。

（3）创建代理对象的调用处理程序（拦截程序）。

代理类有一个关联的调用处理程序，它相当于 AOP 中的切面，这个调用处理程序需要实现接口 InvocationHandler，该接口的 invoke()回调方法负责处理代理类方法的调用。

```
Object invoke（Object proxy, Method method, Object[] args）throws Throwable
```

参数说明：

Object proxy：调用方法的代理实例。

Method method：代理实例中实现方法接口的 Method 实例。

Object[] args：方法参数的对象数组。

返回值： 调用代理实例的方法得到的返回值。

```
TransactionHandler.java
public class TransactionHandler implements InvocationHandler {
private Object target;// 目标对象，即被代理对象

// 绑定被代理对象并返回一个代理类实例
public Object bind(Object target) {
this.target = target;
// 取得代理对象
return Proxy.newProxyInstance(target.getClass().getClassLoader(),
target.getClass().getInterfaces(), this);
}

@Override
public Object invoke(Object proxy, Method method, Object[] args)
                                        throws Throwable {
Object result = null;
System.out.println("事务开始");
result = method.invoke(target, args);// 执行代理类的方法
System.out.println("事务结束");
return result;
}
}
```

为了方便调用，将产生代理对象的 Proxy.newProxyInstrance( )方法封装到该类的 bind()方法中，返回任意对象的代理。创建动态代理时，拦截程序的代码相对变化不大。

（4）创建测试程序。

```
TestJdkProxy.java
public class TestJdkProxy {
    public static void main(String[] args) {
        TransactionHandler handler = new TransactionHandler();//拦截程序
        //获取动态代理类
        UserManager proxy = (UserManager)handler.bind(new UserManagerImpl());
        proxy.addUser("admin","123");//通过代理，调用其方法
        proxy.delUser("admin");
    }
}
```

运行结果如下：

```
事务开始
user added!
事务结束
事务开始
user deleted!
事务结束
```

8.7.3 CGLib 代理

JDK 的动态代理有一个限制，就是使用动态代理的对象必须实现一个或多个接口。如果想代理的类没有实现接口，Spring AOP 使用 CGLib（Code Generation Library）来实现动态代理。CGLib 代理必须要创建被代理类、拦截器类和测试类，代理对象可通过 CGLib 提供的 API 得到，与 JDK 动态代理不同的是不需要创建接口。

【例 8.7】题目内容同例 8.6。

（1）创建数据库访问类 UserManagerImpl。

```
UserManagerImpl.java
public class UserManagerImpl{//没有实现接口
    public void addUser(String username, String password) {
        System.out.println("添加用户到数据库...!");
    }

    public void delUser(String username) {
        System.out.println("从数据库删除用户...!");

    }
}
```

（2）获取动态代理对象。

CGLib 使用了继承的方式产生动态代理对象，为此需要一个派生类 Enhancer，它继承被代理类。

```
Enhancer enhancer = new Enhancer(); //创建一个派生类实例
enhancer.setSuperclass(target.getClass()); //target 为被代理类对象，设为超类
//这里的 MethodInterceptorImpl 为方法的拦截程序，相当于 AOP 的切面
```

```
enhancer.setCallback(new MethodInterceptorImpl());
Object proxy = enhancer.create();//产生动态代理对象
```

（3）创建代理对象的拦截程序。

代理对象的拦截程序的作用是，在调用被代理对象的方法时，将一些非业务的功能“织入”到目标对象中去，这个拦截程序需要实现接口 MethodInterceptor，该接口的回调方法 intercept()负责处理代理类方法的调用，它类似于 JDK 动态代理中的 invoke()方法。

```
TransactionInterceptor.java
public class TransactionInterceptor implements MethodInterceptor {
private Object target;

public Object bind(Object target) {
this.target = target;
// 创建增强类，用以继承目标类（被代理类）
Enhancer enhancer = new Enhancer();
// 设置被代理类为增强类的超类
enhancer.setSuperclass(this.target.getClass());
enhancer.setCallback(this); // 指定回调方法
// 创建代理类的实例，并返回
return enhancer.create();
}

@Override
// 回调方法
public Object intercept(Object obj, Method method, Object[] args,
MethodProxy proxy) throws Throwable {
Object result;
System.out.println("事务开始");
result = proxy.invokeSuper(obj, args);// 调用被代理类的方法
System.out.println("事务结束");
return result;
}
}
```

（4）创建测试程序。

```
TestCglibProxy.java
public class TestCglibProxy {

    public static void main(String[] args) {
        TransactionInterceptor interceptor = new TransactionInterceptor();
        UserManagerImpl proxy = (UserManagerImpl) interceptor.bind(new
                UserManagerImpl());
        proxy.addUser("admin","123");//调用代理对象的方法
        proxy.delUser("admin");
    }
}
```

此外，使用 CGLib 动态代理需要用到 Spring 发布包中的 lib\CGLib\CGLib-nodep-2.1_3.jar 文件。

测试结果如下：

```
事务开始
添加用户到数据库...!
```

事务结束
事务开始
从数据库删除用户...!
事务结束

8.8 AOP 框架

8.8.1 Advice

Advice 中包含了切面的真正逻辑，也就是说通过编写 Advice 可以提供与业务无关的系统服务逻辑。根据织入到目标对象的时机的不同，Spring 提供以下几种 Advice。

- Before Advice：在目标对象方法执行之前织入。
- After Advice：在目标对象方法执行之后织入。
- Around Advice：可在目标对象方法执行之前和之后织入。
- Throw Advice：在目标对象方法执行抛出异常时织入。

下面以 Around Advice 为例，介绍如何使用这些通知来实现 AOP。实际上，使用它们来实现 AOP 与前面采用代理模式实现 AOP 差不多。

Spring 中最基本的通知类型是拦截环绕通知（Interception Around Advice）。Spring 使用 Around 通知是和 AOP 联盟接口兼容的。实现 Around 通知的类需要实现接口 MethodInterceptor，需要用到 Spring 发布包中的 lib\aopalliance\aopalliance.jar 文件。

【例 8.8】题目内容同例 8.6。

我们仍然以例 8.6 的事务处理的例子进行讲解。

（1）创建接口和实现接口的目标类，参见例 8.5。

（2）创建环绕 Advice 类 AroundInterceptor。

```
AroundInterceptor.java
public class AroundInterceptor implements MethodInterceptor {
    @Override
    public Object invoke(MethodInvocation invocation) throws Throwable {
        System.out.println("Before:" + invocation.getMethod().getName());
        Object returnValue = invocation.proceed();//调用目标对象的方法
        System.out.println("After:" + invocation.getMethod().getName());
        return returnValue;
    }
}
```

（3）创建测试程序。

测试程序需要创建代理类，代理类的创建可以通过 Spring 框架提供的 ProxyFactory 类以编码的方式创建，或者通过配置文件利用 Spring 的 IoC 容器注入。

① 编码方式

```
private void testNoIoc() {
    ProxyFactory proxyFactory = new ProxyFactory();// 创建一个代理工厂
    proxyFactory.addAdvice(new AroundInterceptor());// 指定拦截程序
    proxyFactory.setTarget(new UserManagerImpl());// 设定目标类
```

```
        //产生代理对象
        UserManager proxy = (UserManager) proxyFactory.getProxy();
        proxy.addUser("admin", "123");// 通过代理调用目标对象的方法
        proxy.delUser("admin");
    }
```

② IoC 容器注入方式

XML 配置文件：

```
<bean id="aroundAdvice" class="advice.AroundInterceptor"/>
<bean id="userManagerImpl" class="advice.UserManagerImpl"/>
   <!-- 代理 （将切面织入到目标对象）-->
<bean id="proxyfactory"
              class="org.springframework.aop.framework.ProxyFactoryBean">
     <property name="proxyInterfaces"> <!--目标对象实现的接口-->
        <value>advice.UserManager</value>
     </property>
     <property name="target" ref="userManagerImpl"/> <!—配置目标对象-->
     <property name="interceptorNames"> <!—配置切面-->
          <value>aroundAdvice</value>
     </property>
  </bean>
```

对于代理工厂类 ProxyFactoryBean，需要配置其 3 个属性：interceptorNames（拦截器名）、proxyInterfaces（接口名）和 target（目标对象），其中前 2 个属性都为字符串类型。

测试代码如下。

```
private void testByIoc() {
    ApplicationContext context = new
        FileSystemXmlApplicationContext("classpath:/advice/bean.xml");
    UserManager proxy = (UserManager) context.getBean("proxyfactory");
    proxy.addUser("admin", "123");
    proxy.delUser("admin");
}
```

测试结果如下。

```
Before: addUser
user added!
After: addUser
Before: delUser
user deleted!
After: delUser
```

在 Spring 中，创建各通知需要实现的接口如表 8-3 所示，通知类的创建大同小异。

表 8-3 各通知需要实现的接口

通知名称	需要实现的接口	说明
Before 通知	BeforeAdvice	不需要调用 MethodInvocation 类的 proceed()方法
After 通知	AfterReturningAdvice	
Around 通知	MethodInterceptor	
Throw 通知	ThrowsAdvice	

8.8.2 Pointcut、Advisor

前面所定义的 Advice 只能织入到目标对象的所有方法执行之前和之后或发生异常时，可以使用 Pointcut 定义更细的织入时机，如织入到目标对象的某些方法。

可以将 Pointcut 与 Advice 结合起来，充当 Advice 和 Pointcut 之间的适配器，即指定某个时机织入什么 Advice，称之为 PointcutAdvisor。常用的 PointcutAdvisor 主要有：NameMatchMethodPointcutAdvisor 和 RegexpMethodPointcutAdvisor 两种，下面分别介绍。

【例 8.9】题目内容同例 8.6。

（1）创建接口和实现接口的目标类，参见例 8.5。

（2）创建 Advice，参见例 8.8。

（3）创建代理类。

```
<bean id="aroundAdvice" class="advice.AroundInterceptor"/>
<bean id="namematAdvisor"
class="org.springframework.aop.support.NameMatchMethodPointcutAdvisor">
       <property name="mappedName">
           <value>add*</value>
       </property>
       <property name="advice" ref="aroundAdvice"/>
</bean>
<bean id="userManagerImpl" class="pointcutadvisor.UserManagerImpl"/>
<bean id="proxyfactory"
 class="org.springframework.aop.framework.ProxyFactoryBean">
   <property name="proxyInterfaces">
     <value>pointcutadvisor.UserManager</value>
   </property>
   <property name="target" ref="userManagerImpl"/>
   <property name="interceptorNames">
      <value>namematAdvisor</value>
    </property>
</bean>
```

这里用配置文件创建代理对象，它的 interceptorNames 属性设置为前面创建的 advisor 名称。而 advisor 对象由 NameMatchMethodPointcutAdvisor 类创建，它有 2 个属性：advice 和 mappedName。其中，advice 指定通知名，mappedName 用以确定 pointcut，也即对哪些方法使用通知，其值为匹配的方法名，可以使用通配符，如 add*表示以 add 开头的所有方法。

```
private void testByIoc() {
   ApplicationContext context = new FileSystemXmlApplicationContext(
                                 "classpath:pointcutadvisor/bean.xml");
   UserManager proxy = (UserManager) context.getBean("proxyfactory");
   proxy.addUser("admin", "123");
   proxy.delUser("admin");
}
```

运行结果如下：

```
Before: addUser
user added!
After: addUser
user deleted!
```

可看到只有 addUser()方法被使用了 Around 通知，delUser()则没有。

类 RegexpMethodPointcutAdvisor 的使用方法与之类似，所不同的是：它有一个 patterns 属性，用正规表达式来描述匹配的方法集合，且需要指定完整的类名和方法名称，如 pointcutadvisor\.UserManagerImpl\. add.+，它表示以“pointcutadvisor.UserManagerImpl.

add”开头后跟一个或多个字符，符合这个条件的只有 addUser()方法；而按方法名称匹配的类 NameMatchMethodPointcutAdvisor 只需要指定方法名即可，不需要指定完整类名。下面这段代码是 RegexpMethodPointcutAdvisor 的应用。

```
<bean id="aroundAdvice" class="advice.AroundInterceptor"/>
<bean id="regexpAdvisor"
      class="org.springframework.aop.support.RegexpMethodPointcutAdvisor">
    <property name="patterns">
         <value>(pointcutadvisor.UserManagerImpl.)add.+</value>
    </property>
    <property name="advice" ref="aroundAdvice"/>
</bean>
   <bean id="userManagerImpl" class="pointcutadvisor.UserManagerImpl"/>
<bean id="proxyfactory"
           class="org.springframework.aop.framework.ProxyFactoryBean">
      <property name="proxyInterfaces">
         <value>pointcutadvisor.UserManager</value>
      </property>
      <property name="target" ref="userManagerImpl"/>
      <property name="interceptorNames">
          <value>regexpAdvisor</value>
      </property>
   </bean>
```

8.8.3 Introduction

引入通知（Introduction Advice）是一种特殊的 Advice，前面的 Advice 只在某些方法的前后附加特定的功能，而引入通知可以在不修改目标对象源代码的情况下，为目标对象动态地添加方法，Spring 把引入通知作为一种特殊的拦截通知进行处理。

【例 8.10】Data 类只有一个属性 data 和设值/取值 2 个方法，给它添加锁功能，可以对数据进行加锁和解锁。

（1）创建目标对象的接口和实现

```
IData.java
public interface IData {
   public Object getData();
   public void setData(Object data);

}
```

实现接口的目标对象，如下。

```
Data.java
public class Data implements IData {
   private Object data;
   @Override
   public Object getData() {
      return data;
   }
```

```
    @Override
    public void setData(Object data) {
      this.data = data;
    }
}
```

（2）创建含有新方法的接口

```
ILockable.java
public interface ILockable {
    public void lock();
    public void unlock();
    public boolean isLocked();
}
```

（3）创建引入类

引入类需要实现新接口，同时需要实现拦截器 IntroductionInterception 接口或者直接继承实现了该接口的 DelegatingIntroductionInterceptor 类，这里采用了直接继承的方式。

```
LockIntroduction.java
public class LockIntroduction extends DelegatingIntroductionInterceptor
                                                    implements ILockable {
private boolean locked;

@Override
public Object invoke(MethodInvocation invocation) throws Throwable {
// locked为true时不能执行set方法
if (isLocked() && invocation.getMethod().getName().startsWith("set")) {
throw new AopConfigException("数据被锁定，不能执行setter方法！");
}
return super.invoke(invocation);
}

@Override
public void lock() { // 加锁
locked = true;
}

@Override
public void unlock() { // 解锁
locked = false;
}

@Override
public boolean isLocked() { // 判断是否加锁
return locked;
}
}
```

（4）配置引入类

```
<bean id="data" class="introduction.Data" /> <!--目标对象 -->
<!--通知 -->
<bean id="lockIntroduction" class="introduction.LockIntroduction" />
    <!-- Advisor，只能以构造器方法注入-->
```

```
<bean id="lockAdvisor"
class="org.springframework.aop.support.DefaultIntroductionAdvisor">
<constructor-arg ref="lockIntroduction" />
<constructor-arg value="introduction.ILockable" />
</bean>
<!--代理（将我们的切面织入到目标对象）-->
<bean id="proxyFactoryBean"
 class="org.springframework.aop.framework.ProxyFactoryBean">
<!--目标对象实现的接口-->
<property name="proxyInterfaces" value="introduction.IData" />
<property name="target" ref="data" /> <!--目标对象-->
<property name="interceptorNames">   <!--配置切面-->
<list>
<value>lockAdvisor</value>
</list>
</property>
</bean>
```

（5）创建测试类

```
LockIntroduction.java
public class Test {
    public static void main(String[] args) throws Exception {
        ApplicationContext context =  new FileSystemXmlApplicationContext(
                    "classpath:introduction/bean.xml");
        IData data = (IData) context.getBean("proxyFactoryBean");
        //对象没有被锁定，可以使用 set 方法
        data.setData("Spring AOP");
        System.out.println(data.getData());//输出 Sprint AOP
        try {
            ((ILockable)data).lock();//数据被锁定
            data.setData("新数据");//加锁后，调用 set 方法，会抛出异常
            System.out.println(data.getData()); //由于抛出异常，无法执行这一行
        }
        catch(Throwable e) {
            System.out.println(e.getMessage());
            //e.printStackTrace();
        }
        ((ILockable) data).unlock(); //解锁
        data.setData("可调用 setter 方法！"); //又可以重新赋值
        System.out.println(data.getData());//输出数据
    }
}
```

测试结果如下：

```
Spring AOP
数据被锁定，不能执行 setter 方法！
可调用 setter 方法！
```

可以看到，在没有修改目标类 Data 源代码的情况下，实现了给对象添加了加锁和解锁的功能。当加锁后再调用目标对象的 setter 方法时，拦截器 LockIntroduction 将方法拦截，如果已经加锁则抛出异常，否则允许调用 setter 方法。

8.9 Spring 中的 AOP

前面主要介绍了采用动态代理模式或者运用Spring底层API来实现AOP的方法，从Spring 2.0开始引入了一种更加简单并且更强大的方式来自定义切面，就是用户可以选择使用基于 XML 模式的方式或者使用@AspectJ 注解。这两种风格都支持通知（Advice）类型和 AspectJ 的切入点语言。实际上仍然使用 Spring AOP 的 API 进行切面的织入，由于简单高效，这是 Spring 推荐的做法。这两种使用方式需要用到 Spring 发布包中的 lib\aspectj\aspectjweaver.jar 和 aspectjrt.jar 文件。

8.9.1 基于 XML Schema 的设置

当我们选择使用完全基于 Schema 的风格来配置 Spring AOP 时，需要在 <beans> 根元素中导入 AOP Schema，在 bean 配置文件中，所有的 Spring AOP 配置都必须定义在 <aop:config> 元素内部，<aop:config> 可以包含 pointcut、advisor 和 aspect 等元素。

（1）声明一个切面（Aspect）

对于每个切面类，与一般的 Java 对象一样，要首先定义为配置文件的一个 bean，然后还需要为它创建一个 <aop:aspect> 元素来引用该 bean 的实例。

```
<bean id="userManager" class="xmlschema.UserManagerImpl" />
<bean id="logger" class="xmlschema.LoggerAspect" />
<aop:config>
    <aop:aspect id="loggerAspect" ref="logger">
    </aop:aspect>
</aop:config>
```

（2）声明切入点（Pointcut）

切入点使用 <aop:pointcut> 元素进行声明，必须定义在 <aop:aspect> 元素下，或者直接定义在 <aop:config> 元素下。

定义在 <aop:aspect> 元素下：只对当前切面有效。

定义在 <aop:config> 元素下：对所有切面都有效，此时切点必须放在<aop:aspect>之前。

```
<bean id="logger" class="xmlschema.LoggerAspect" />
<aop:config>
    <aop:aspect id="loggerAspect" ref="logger">
        <aop:pointcut expression="execution(* xmlschema.UserManagerImpl.add*(..))"
            id="logPointcut" />
    </aop:aspect>
</aop:config>
```

这里将切点定义在切面中，意味着只有 loggerAspect 切面可以使用这个切点，其不能被其他切面所共享。切面表达式 execution（* xmlschema.UserManagerImpl.add*（..））表示将切面织入到符合条件的方法。前面的*表示方法可以返回任意值，后面的*表示以 add 开头的方法，（..）中的两点表示方法的参数可以是任意参数。

此外，切入点表达式可以通过 and（与）、or（或）、not（非）进行合并，例如，

```
<aop:pointcut expression="execution(* *.add*(..)) or
                          execution(* *.del*(..))" id="logPointcut"/>
```

（3）声明通知（Advice）

在 AOP Schema 中，每种通知类型都对应一个特定的 XML 元素，通知元素需要使用 pointcut-ref 属性来引用切入点，method 属性指定切面类中通知方法的名称，也可以用 pointcut 属性直接嵌入切入点表达式。

```
<bean id="logger" class="xmlschema.LoggerAspect"/>
    <aop:config>
    <aop:aspect id="loggerAspect" ref="logger">
        <aop:pointcut expression=
        "execution(* xmlschema.UserManagerImpl.add*(..))" id="logPointcut"/>
     <aop:before method="before" pointcut-ref="logPointcut"/>
     <aop:after method="after" pointcut-ref="logPointcut"/>
         </aop:aspect>
     <aop:aspect id="afterThrowingAdviceAspect" ref="afterThrowingAdviceBean">
            <!—直接指定切入点表达式-->
           <aop:after-throwing pointcut="execution(* xmlschema.UserManagerImpl.
                    add*(..))" method="doRecoverActions" throwing="ex"/>
           </aop:aspect>
    </aop:config>
```

此处的 after-throwing 通知中直接嵌入了切入点表达式，throwing 属性指定了参数 ex，则意味着切面类中有类似这样的方法 public void doRecoverActions（Throwable ex）{……}。

【例 8.11】题目内容参见例 8.5。

（1）创建数据库访问接口和相应的实现类

接口代码参见例 8.5，实现接口的类代码如下。

```
UserManagerImpl.java
public class UserManagerImpl implements UserManager {
@Override
// 添加用户的实现
public void addUser(String username, String password) {
System.out.println(username + "user added!");
// 产生异常 NumberFormatException，用于测试 after-throwing 通知
int age = Integer.parseInt("29old");
}

@Override
// 删除用户的实现
public void delUser(String username) {
System.out.println("user deleted!");
}
}
```

（2）创建切面类 LoggingAspect 和 AfterThrowingAspect

```
LoggerAspect.java
public class LoggerAspect {
public void before(JoinPoint jp) {// jp 为连接点
// jp.toShortString()返回横切的方法名称
System.out.println("Before: " + jp.toShortString());
}

public void after(JoinPoint jp) {
```

```
System.out.println("After: " + jp.toShortString());
}
}
```

如果需要访问目标方法，最简单的做法是定义 Advice 处理方法时将第一个参数定义为 JoinPoint 类型，当该处理方法被调用时，JoinPoint 参数就代表了织入的连接点。JoinPoint 类包含了如下几个常用方法。

- Object[] getArgs()：返回执行目标方法时的参数。
- Signature getSignature()：返回被通知的方法的相关信息。
- Object getTarget()：返回被织入通知的目标对象。
- Object getThis()：返回 AOP 框架为目标对象生成的代理对象。
- String toShortString()：以短格式返回匹配连接点的说明。

当使用 Around 处理时，需要将第一个参数定义为 ProceedingJoinPoint 类型，该类型是 JoinPoint 类型的子类。

```
AfterThrowingAspect.java
public class AfterThrowingAspect {
    public void doRecoverActions(Throwable ex) {
        System.out.println("目标方法中抛出的异常：\n" + ex);
    }
}
```

（3）创建配置文件 bean.xml

```
<bean id="userManager" class="xmlschema.UserManagerImpl"/>
<bean id="logger" class="xmlschema.LoggerAspect"/>
<bean  id="afterThrowingAdviceBean" class="xmlschema.AfterThrowingAspect"/>
<aop:config>
 <aop:aspect id="loggerAspect" ref="logger">
     <aop:pointcut expression="execution
              (* xmlschema.UserManagerImpl.add*(..))" id="logPointcut"/>
 <aop:before method="before" pointcut-ref="logPointcut"/>
 <aop:after method="after" pointcut-ref="logPointcut"/>
 </aop:aspect>
 <aop:aspect id="afterThrowingAspect" ref="afterThrowingAdviceBean">
  <aop:after-throwing pointcut="execution(* xmlschema.
  UserManagerImpl.add*(..))" method="doRecoverActions" throwing="ex"/>
    </aop:aspect>
</aop:config>
```

（4）创建测试类

```
Test.java
public class Test {
    public static void main(String[] args) throws Exception {
        ApplicationContext context =  new FileSystemXmlApplicationContext(
                        "classpath:xmlschema/bean.xml");
        UserManager userMgr=(UserManager)context.getBean("userManager");
        try{
            userMgr.addUser("admin", "123");
         }catch(Exception e){
           //e.printStackTrace();
         }
```

```
        userMgr.delUser("admin");
    }
}
```

运行结果如下：

```
            Before: execution (addUser)
            adminuser added!
```

目标方法中抛出的异常：

```
java.lang.NumberFormatException: For input string: "29old"
            After: execution(addUser)
            user deleted!
```

8.9.2　基于 Annotation 的支持

除了基于 XML 模式的支持外，Spring 2 还提供了对 AspectJ 注解的支持，AspectJ 可以看作是一种 Java 语言的扩展，是一个面向切面的框架。

在 Spring 中启用 AspectJ 注解支持，除了需要将 AOP Schema 添加到 <beans> 根元素中外，还需要在 bean 配置文件中定义一个空的 XML 元素 <aop:aspectj-autoproxy>，当 Spring IOC 容器侦测到 bean 配置文件中有这个元素时，会自动为 AspectJ 切面匹配的 bean 创建代理。

（1）声明切面（@AspectJ）

在 AspectJ 注解中，切面只是一个带有 @Aspect 注解的 Java 类。当 Spring IoC 容器初始化 AspectJ 切面之后，容器就会为那些与 AspectJ 切面相匹配的 bean 创建代理。

```
@Component("logger")
@Aspect
     public class LoggerAspect{
     ……
     }
```

这里的@Component（"logger"）相当于（详细参见 8.5.4 节）：

```
<bean id="logger" class="annotation.LoggerAspect"/>
```

@Aspect 相当于<aop:config>下：

```
<aop:aspect id="loggerAspect" ref="logger">
</aop:aspect>
```

（2）声明切点（Pointcut）

我们知道，可以直接在通知中书写切入点表达式，此时的表达式不可以被共享，当然就不需要定义切点。如果需要让多个通知共享同一个切入点表达式，必须要声明一个切点。在使用 Pointcut 注解时，一个切点由两部分组成：切点签名和切点表达式。其中，切点签名由一个无参方法表示，且方法体为空。

```
    @Component("logger")
    @Aspect
    public class LoggerAspect{
@Pointcut("execution(* annotation.UserManagerImpl.add*(..))")//切点表达式
    public void startWithAdd(){}//切点方法签名，可以被多个通知所共享
    ……
    }
```

此外，在 AspectJ 中，切入点表达式可以通过操作符&&、||、! 进行合并，例如，

```
@Pointcut("execution(* *.add*(..)) || execution(* *.del*(..))")
private void startWithAddDel(){}
```

（3）声明通知（Advice）

通知注解标注在 Java 的方法之前，通知中可以使用切点的签名来引用切点或者直接在通知中书写表达式，AspectJ 支持 5 种类型的通知注解。

① @Before：前置通知，在方法执行之前执行。

② @After：后置通知，在方法执行之后执行 。

③ @AfterReturning：返回通知，在方法返回结果之后执行。

④ @AfterThrowing：异常通知，在方法抛出异常之后。

⑤ @Around：环绕通知，环绕着方法执行。

```
@Component("logger")
@Aspect
public class LoggerAspect{
    @Pointcut("execution(* annotation.UserManagerImpl.add*(..))")//切点表达式
    public void startWithAdd(){}//切点方法签名
@Before("execution(* annotation.UserManagerImpl.del*(..))")
    public void before(JoinPoint jp){
        System.out.println("Before: "+jp.toShortString());
    }
@After("startWithAdd()")
    public void after(JoinPoint jp){
        System.out.println("After: "+jp.toShortString());
    }
}
```

【例 8.12】用基于注解的方式来改写例 8.11。

（1）创建数据库访问接口和相应的实现类

接口代码参见例 8.5，实现接口的类代码如下。

```
UserManagerImpl.java
@Component("userManager")
public class UserManagerImpl implements UserManager {
……
}
```

（2）创建切面类 LoggingAspect 和 AfterThrowingAspect

```
LoggerAspect.java
@Component("logger")
@Aspect
public class LoggerAspect{
@Pointcut("execution(* annotation.UserManagerImpl.add*(..))")//切点表达式
public void startWithAdd(){}//切点方法签名
@Before("execution(* annotation.UserManagerImpl.add*(..))")
public void before(JoinPoint jp){
System.out.println("Before: "+jp.toShortString());
}
@After("startWithAdd()")
public void after(JoinPoint jp){
```

```
    System.out.println("After: "+jp.toShortString());
  }
}
```

```
AfterThrowingAspect.java
@Component
@Aspect
public class AfterThrowingAspect {
    @AfterThrowing(pointcut="LoggerAspect.startWithAdd()",throwing="ex")
    public void doRecoverActions(Throwable ex) {
        System.out.println("目标方法中抛出的异常：\n" + ex);
    }
}
```

需要说明的是，在 AfterThrowingAspect 切面中通过方法签名引用了另一个切面 LoggerAspect 中定义的切点 startWithAdd()，所以，该切点的签名方法一定要定义为 public。

（3）创建配置文件 bean.xml

由于使用了注解的方式配置 Bean，大大简化了配置内容，配置信息如下。

```
<context:component-scan base-package="annotation"/>
<aop:aspectj-autoproxy/>
```

（4）创建测试类

测试类同例 8.11。

程序运行结果如下：

```
Before: execution(addUser)
user added!
After: execution(addUser)
```

目标方法中抛出的异常：

```
java.lang.NumberFormatException: For input string: "29old"
user deleted!
```

8.10 小　结

IoC 和 AOP 是 Spring 的两大核心技术。IoC（控制反转）也称 DI（依赖注入），就是指组件间的依赖关系是由外部的 Spring 容器在程序运行时根据需要注入到程序中，这种动态注入方式降低了对象之间的耦合性，提高了灵活性，注入的方式主要有两种：setter 方法注入和构造器方法注入。Spring 容器注入的对象和对象之间的依赖关系，可以通过配置 XML 文件或运用注解的方式产生，这两种配置方式是需要重点掌握的。此外，当依赖关系较为复杂时可以使用 Spring 为我们提供的自动装配功能。

AOP（面向切面编程）是对 OOP（面向对象编程）的补充。OOP 主要针对业务处理过程中的实体及其属性和行为进行抽象封装，以获得更加清晰高效的逻辑单元划分。而 AOP 主要是研究如何将与业务无关的服务代码和业务代码进行分离，实现两者在代码上互相分离、功能上彼此组合。需要理解 AOP 的一些概念术语，如切面、切点、连接点、通知、引入、织入等，理解和掌握如何运用动态代理或者 Spring 提供的 API 来实现 AOP。要重点掌握 Spring 2 引入的两种简单、高效的

AOP 实现方式：基于 XML 模式的方式和基于 AspectJ 注解的方式。

8.11 习　题

1. 简述 Spring 框架有哪些优点。
2. 比较几种依赖注入方式的优缺点。
3. 简述 Spring 中的 BeanFactory 与 ApplicationContext 的作用和区别。
4. 简述 Spring 配置文件中的<bean>标签。
5. 分别解释 AOP 有哪些关键词。
6. 简述动态代理模式，比较 JDK 动态代理和 CGLib 动态代理的区别。
7. 比较基于 XML Schema 和基于注解方式实现 AOP 的优缺点。
8. 运用 Spring AOP 实现这样一个工具，它能记录程序中所有方法的执行时间。

第 9 章 EJB

本章内容

- EJB 简介
- 会话 Bean
- 消息服务和消息驱动 Bean
- EJB 生命周期

EJB（Enterprise JavaBeans）是 Sun 公司提出的服务器端组件模型，是 Java 技术中服务器端软件构件的技术规范和平台支持。其最大的用处是部署分布式应用程序，类似微软的.com 技术。凭借 Java 跨平台的优势，用 EJB 技术部署的分布式系统可以不限于特定的平台。和其他 Java EE 技术一样，EJB 大大增强了 Java 的能力，并推动了 Java 在企业级应用程序中的应用。

9.1 EJB 概述

9.1.1 什么是 EJB

EJB 是使用 Java 语言构造的可移植、可重用和可伸缩的业务应用程序平台。从其诞生开始，EJB 就号称无须重新构造服务（比如事务、安全性、自动持久化等构造应用程序所需的工作），即可构造企业 Java 应用程序的组件模型或框架。EJB 允许开发者集中精力构造业务逻辑，不必在构造基础结构代码上浪费时间。

从 1996 年发布以来，产生了不同的 EJB 版本，到现在为止，已经成功地发布到了 EJB 3.1 版本。采用 EJB 架构的目标如下。

- 减轻直接操作底层数据库的工作量。
- 为企业级开发引入了面向对象/面向服务的开发架构。
- 数据对象生命周期的自动管理。
- 分布式能力。
- 集成/声明式的安全/事务管理。

在 EJB 2.1 以前，EJB 实现了大部分的目标。但是，其自身的复杂性限制了它的普及应用。它最大的缺陷是原有的模型在试图减轻数据访问工作量的同时也引入了更多复杂的开发需求。此外，它的缺点还表现在：EJB 模型需要创建若干个组件接口并实现若干个不必要的回调方法、部署复杂、容易出错、基于 EJB 模型容器管理的持久性复杂，不利于开发和管理、查找和调用复杂、用户必须了解 JNDI 的每个细节等。2004 年 9 月，Sun 公司在 Java EE 平台基础上集众家之所长，推出了跨越式的 Java EE5 规范，最核心的技术是全面引入了新的基于 POJO 和 IoC 技术的 EJB 3 模型。EJB 3 旨在解决原来 EJB 2 模型的复杂性问题，并且提高灵活性，具体体现在以下几方面。

- 消除了不必要的接口 Remote、Home，以及实现回调方法。
- 实体 Bean 采用了 POJO 模型，一个简单的 Java Bean 就可以是一个实体 Bean，无须依赖容器运行和测试。
- 全面采用 ORM 技术来实现数据库操作。
- 实体 Bean 可以运用在所有需要持久化的应用上，不管是客户端还是服务器端，从而真正实现面向构件的开发。
- 实体 Bean 支持继承和多态性。
- 灵活丰富的 EJB 3 查询语言及对 SQL 的支持。
- 使用元数据标注代替部署描述符，减少复杂配置，提高可维护性。
- 将常规 Java 类用作 EJB，并将常规业务接口用于 EJB。

Java EE 6 新提出的 EJB 3.1 又引入了一些新特性。例如，单例 Bean、简化 EJB 打包、异步 Session Bean、在 Java SE 环境中运行 EJB 的能力和 EJB Lite 的概念。

9.1.2 EJB 组件类型

根据 Bean 的不同用途，将 EJB 组件分为 3 种类型：Sessin Bean（会话 Bean）、Entity Bean（实体 Bean）和 Message-Driven Bean（消息驱动 Bean）。在 EJB 3 中实体 Bean 已随 Java 持久性 API（JPA）独立出去了，因此它的有关内容不再在本章介绍。

给 Bean 分类的目的是保证不会使它们过多地加载服务。Bean 分类也有助于开发人员能以有意义的方式了解和组织应用程序。

1. 会话 Bean

会话 Bean 是运行在 EJB 容器中的 Java 组件，根据其是否保存客户的状态，又分为有状态会话 Bean、无状态会话 Bean 和单例会话 Bean。

有状态会话 Bean 是一种保持会话状态的服务，每个实例都与特定的客户机相关联，在与客户机的方法调用之间维持对话状态。与之相反，无状态会话 Bean 不保存与特定客户的对话状态。因此，有状态会话 Bean 比无状态会话 Bean 具有更多的功能，而无状态会话 Bean 实例可以通过 EJB 容器自由地在客户机之间交换，从而少量的会话 Bean 就可以服务于大量的客户机，一个典型的应用例子就是网上商店的购物车。用户进入网上商店后，用户的帐号、选购的商品均被存入购物车，购物车始终跟踪用户的状态，购物车与客户一一对应，此购物车就可以用有状态会话 Bean 实现；而无状态会话 Bean 在客户调用期间不维护任何有关客户的状态信息。可以构造无状态会话 Bean 用于实现管理商品或查询商品这样的业务处理。

单例会话 Bean 对每个应用只实例化一次，生命周期是整个应用。单例会话 Bean 用于客户交叉共享和同步访问的企业应用。单例会话 Bean 和无状态会话 Bean 提供类似的功能，但不同的是：对每个应用，单例会话 Bean 只有一个实例，不为用户提供可以请求的会话 Bean 池。和无状态会话 Bean 一样，单例会话 Bean 可以实现 Web 服务端点。有状态会话 Bean 在客户端之间的调用中保持它们的状态，但不要求在服务器崩溃或关机时保持状态。使用单例会话 Bean 的应用程序可以规定，应用程序启动时实例化，允许单例会话执行初始化任务。单例会话 Bean 也可以执行应用程序关闭清理任务，因为单例会话 Bean 将在整个应用程序的生命周期运行。

2. 消息驱动 Bean

消息驱动 Bean 是 EJB 2.0 开始引入的一种 Bean 类型，主要用于对传入的 JMS（Java Message Service）消息及进行并发处理。它通常充当 JMS 消息监听者，类似于事件监听器，但它接收的是 JMS 消息而不是事件。JMS 消息可以由任何 Java EE 组件、JMS 应用程序或 Java EE 之外的系统发送。

消息驱动 Bean 和会话 Bean 的最明显区别是，客户端不通过接口访问消息驱动 Bean，客户端组件不定位消息驱动 Bean 和直接调用这些方法。相反，客户端访问一个消息驱动 Bean 是通过类似于 JMS 的方式发送消息到消息目的地，消息驱动 Bean 作为其监听者，这样就允许在系统组件之间发送异步消息。消息驱动 Bean 通常被用于健壮系统的集成或异步处理。

3. 实体 Bean 与 JPA

实体 Bean 用于建模应用程序的持久化部分。JPA 是 EJB 3 的持久化框架。JPA 定义了如下标准。

- ORM 配置元数据 用于把实体映射到数据库表。
- Entity Manager API 用于对实体执行 CRUD（创建、读取、更新和删除）和持久化操作的标准 API。
- Java 持久化查询语言（JPQL）用于搜索和检索持久化应用程序数据。

JPA 标准化了 Java 平台的 ORM 框架，可以插入 ORM 产品作为应用程序的底层 JPA“持久化提供器”。

9.1.3 EJB 3 的构成

EJB 3 的开发通常涉及以下 3 种不同的文件。

- 业务接口。
- Bean 类。
- 辅助类。

EJB 的名字一般需要符合规范：假设 Bean 名字为 Hello，则业务接口名字即为 Hello，而 Bean 类的名字为 HelloBean，EJB 名为 HelloBean，EJB JAR 名字为 HelloBean。

一个 Bean 类可有多个业务接口，这些接口按以下规则进行设计。

- 如果 Bean 类只有一个接口，则默认为业务接口。
- 如果没有在 Bean 类或接口上使用远程注释，也没有在部署描述符中声明这个接口为远程接口，则默认为本地接口。
- 如果 Bean 类有多个业务接口，必须明确使用本地或远程注释或用部署描述符说明业务接口。
- 同一个业务接口不能既为本地接口又为远程接口。

9.2 会话 Bean

9.2.1 创建无状态会话 Bean

无状态（stateless）会话组件不保留客户程序调用的状态，这意味着客户程序对这类组件的两次方法调用之间是没有关联的。由于无状态会话组件无须维持与客户程序的会话状态，因此针对这类组件采用的实例池机制具有较高的性能和可伸缩性，非常适合以一定数量的实例支持大量并发客户程序的调用请求。无状态会话 Bean 一经实例化就被加进会话池中，各个用户都可以使用。

即使用户已经消亡，Bean 的生命期仍可能未结束，它可能依然存在于会话池中，供其他用户调用。无状态会话 Bean 一般由两种元素组成：一种是业务接口，包含对客户应用程序可见的业务方法的声明；另一种是 Bean 实现类，包含执行业务方法的实现。

1. 定义业务接口

可使用@Remote 或@Local 标注，声明是远程接口或本地接口。如果无状态会话 Bean 的客户端和它在相同容器中，可通过@Local 标注把接口指定为本地接口。否则，要通过@Remote 标注把接口指定为远程接口。相比之下，通过远程接口访问比通过本地接口访问的开销大，它适合分布式应用场合。

例如，下面分别是关于订单的本地业务接口和远程业务接口。

```
@Local
public interface OrderServiceLocal{
   ......
}
@Remote
public interface OrderServiceRemote{
   ......
}
```

2. 定义会话 Bean

一个无状态会话 Bean 必须使用@Stateless 标注，以此表明它是一个无状态会话 Bean。

```
@Stateless
public class OrderService implements OrdrServiceLocal{
   ......
}
```

标注@Stateless 有三个属性：name、mappedName 和 description。name 属性指定组件的名称，使 JNDI 可以识别不同的 Bean，查找到某个 Bean；mappedName 属性定义 Bean 的一个全局 JNDI 名称，它是专用于访问远程会话 Bean 的；description 属性则是对会话 Bean 的描述。

如果会话 Bean 实现了普通的接口（没有加@Local 或@Remote 标注），要想显式表明会话 Bean 是本地的还是远程的，可以在会话 Bean 定义时使用@Local 或@Remote 标注。例如，

```
public interface OrderServiceLocal{
   ......
}
public interface OrderServiceRemote{
   ......
}
@Remote ({OrderServiceRemote.class})
@Local ({OrderServiceLocal.class})
@Stateless
public class OrderService implements OrderServiceRemote,OrdrServiceLocal {
   ......
}
```

会话 Bean 实现接口不是必需的。没有实现接口的会话 Bean，或者虽然实现了接口，但所实现的接口没有加@Local 标注或@Remote 标注，这时的会话 Bean 默认为本地会话 Bean。

9.2.2 访问无状态会话 Bean

1. 使用 JNDI

JNDI 要通过名称查找对象，JNDI Context 是一系列命名到对象绑定的集合，可应用 Context

提供的 lookup（String name）方法查找对象，例如，

```
InitialContext ctx = new InitialContext();
OrderServiceRemote osr = (OrderServiceRemote)ctx.lookup("OrderServiceRemote");
```

对于远程会话 Bean，如果只有一个接口，可以直接通过接口名查找。如果@stateless 指明一个 name，则名称格式为：

```
java:global/工程名/EJB 项目名/BeanName
```

这里 BeanName 是@stateless 中的 name 值。如果会话 bean 中实现了一个业务接口，可以不指明业务接口，如果实现了多个接口，需要指明业务接口。格式如下：

```
java:global/工程名/EJB 项目名/类名! 接口全名
```

2. 使用@EJB 自动注入

使用@EJB 标注可以自动注入对象。例如，在一个 Servlet 中，使用如下方式可以注入所需的对象。

```
@EJB
private OrderServiceLocal orderservice;
```

@EJB 标注常用的属性包括以下几种。

- name 指定引用 EJB 组件的名字。
- beanInterface 指定被引用的 EJB 组件的接口类型。
- beanName 如果两个以上的 Bean 实现了相同的接口，就要使用该属性来区分它们。

在 Servlet、Servlet 监听器、Servlet 过滤器、JSF 受管 Bean、EJB 拦截器以及 JAX-WS 服务端点中，都可以使用@EJB 注入。

9.2.3　有状态会话 Bean

对象的状态由实例变量的值描述。有状态的会话 Bean，实例变量描述了客户程序与 Bean 会话的状态。

有状态会话组件必须维持与客户程序的会话状态，并且这些状态又不是持久的，从而，在有状态会话组件的实例池中，不同的实例之间是有区别的。因此，针对有状态会话组件使用实例池机制的主要目的是实现缓存，而不是像实体组件技术或无状态会话组件那样，强调以少量实例为大量的并发客户请求服务。由于必须维持与客户端的联系，因此，通常开销比较大。

对于有状态会话 Bean，每个用户有自己特有的一个实例。在用户的生命周期内，Bean 保持了用户的信息，即状态，一旦用户不存在了（调用结束或实例结束），Bean 的生命周期也结束了。

有状态会话Bean的开发步骤与无状态会话Bean的开发步骤基本相同，不同之处主要有以下两点。

- 有状态会话 Bean 要使用@Stateful 标注而不是@Stateless。
- 有状态会话 Bean 要实现 Serializable 接口。

9.3　消息服务和消息驱动 Bean

9.3.1　Java 消息服务

1. JMS 概述

Java 消息服务（Java Message Service，JMS）是一种消息标准，它允许 Java EE 应用程序组件

生成、发送和读取消息，能够进行分布式、松耦合、可靠和异步的消息交流。

Java 消息服务由一组 API 构成，它定义了客户端程序与底层的消息服务提供者交互的一种机制和实现方法。

消息服务与方法调用都是从发送方把消息发送到接收方，接收方再对消息进行处理。但消息服务的发送者不需要等待接收者的响应，就是说是异步的关系；而方法调用则需要等待接收方的响应，就是说要同步。

消息服务的主要特点如下。

（1）属于异步通信。消息的发送者将消息发出后可立即开始另一个消息的发送，而不必一直等待接收者接收。

（2）属于可靠通信。消息可以持久地存储，提供通信的可靠性。

（3）属于松耦合。发送方和接收方可以对处理的消息和消息处理机制一无所知，实现了语言中立和平台中立，并且可以配置。

JMS 提供两种类型的消息服务：点对点方式和发布—订阅方式。点对点方式下，消息模型通过一个消息队列实现。消息的生产者向队列中写入消息，消息的消费者从队列中读取消息。发布—订阅消息模型则是把消息按主题发布，由消息服务器将消息发布给订阅该主题的每个订阅者。

2. JMS 消息

JMS 消息由消息头字段、一组可选属性以及消息体组成。头字段用于标识消息和路由消息。可选属性字段用于为消息添加额外的消息头。消息体装载消息的具体内容，消息的类型依赖于使用的消息接口。

JMS 消息接口为 javax.jms.Message，主要包括以下的消息类型。

- StreamMessage：消息由串行化的对象流组成，对象读取的顺序必须与对象写的顺序相同。
- MapMessage：消息由“键—值”对构成。数据同散列表一样是无序的，但映射中的每个名字都是唯一的。
- TextMessage：消息的主要内容都采用字符串的形式，这是最常见的消息类型。
- ObjectMessage：消息为串行化的 Java 对象形式。
- BytesMessage：消息为二进制数据形式。
- XMLMessage：WebLogic 使用 XMLMessage 扩展了 TextMessage 消息类型，提供了能更方便操作 XML 内容的方式。

3. 消息传递方式

JMS 消息能够暂存或者持久保存。消息暂存是可靠性最低的一种方式，当 JMS 服务器崩溃时，所有消息都将丢失。持久保存可以将消息保存到存储介质上。系统默认采用持久消息传递方式。

4. JMS API

JMS API 提供的主要消息服务接口如下。

（1）ConnectionFactory：连接工厂接口。用来为客户端程序创建一个连接的管理对象。通常由服务器管理员创建，并绑定到 JNDI 树上。客户端使用 JNDI 检索 ConnectionFactory，然后利用它建立 JMS 连接。

（2）Connection：连接接口。代表客户端到 JMS 提供者之间的一个活动连接。每个客户端都是用一个单独的 JMS 连接。一个 JMS 连接可以连接到多个 JMS 目标。

（3）Destination：目的接口。代表实际的消息源和消息存储位置。

（4）Session：会话接口。代表客户端与 JMS 服务器之间的会话状态，它定义了消息的顺序。

（5）MessageProducer：消息生产者接口。由 Session 创建，用于将消息发送到目标。

（6）MessageConsumer：消息消费者接口。由 Session 创建，用于从目标接收消息。

对于点对点消息，相应的子接口名字前有一个前导词 Queue，分别为 QueueConnectionFactory、QueueConnection、QueueDestination、QueueSession、QueueSender 和 QueueReceiver。对于发布—订阅消息类型，其子接口名字前有一前导词 Topic，即 TopicConnectionFactory、TopicConnection、TopicDestination、TopicSession、TopicPublisher 和 TopicSubscriber。

5. JMS 程序的构成

一个 JMS 程序主要有以下的组成部分。

（1）获得连接工厂（ConnectionFactory）。连接工厂是在服务器中创建的，它封装了一系列由管理员定义的连接。客户端使用它创建与 JMS 提供者之间的连接。针对两种不同的 JMS 消息模型，分别有 QueueConnectionFactory 和 TopicConnectionFactory 两种连接。可以通过 JNDI 或注入方式获得连接工厂。

（2）创建连接。JMS 客户端到 JMS Provider 的连接是通过连接工厂对象创建的。针对不同的消息模型，有两种不同的连接，即 QueueConnection 和 TopicConnection。

（3）创建会话。会话是一个发送或接收消息的线程。可以通过 Session 创建生产者、消费者、消息等。会话也分为 QueueSession 和 TopicSessioin 两种。

（4）获得目的地。目的地是某个队列（Queue）或主题（Topic）。对于消息生产者而言，它是消息发送的目标；对于消息的消费者而言，它是消息的来源。

（5）创建消息生产者。消息生产者由 Session 创建，用于将消息发送到目的地。同样，消息生产者分为两种类型：QueueSender 和 TopicPublisher。可以调用消息生产者的方法（send()和 publish()）发送消息。

（6）创建消息。通过 Scssion 创建消息。

（7）发送消息。通过消息生产者发送消息。

（8）创建消息消费者。消息消费者由 Session 创建，用于接收发送到目的地的消息。消息消费者分为两种类型：QueueReceiver 和 TopicSubscriber，可以通过 Session 的两个方法分别创建，即：createReceiver（Queue）和 createSubscriber（Topic）。

（9）接收消息。通过消息消费者接收消息。

（10）关闭会话和连接。

9.3.2　消息驱动 Bean

消息驱动 Bean（MDB）是设计用来处理基于消息请求的组件的。在以下几个方面，一个消息驱动 Bean 类似于无状态会话 Bean。

- 一个消息驱动 Bean 的实例不保留一个具体的客户数据或对话状态。
- 一个消息驱动 Bean 的所有实例都是等价的，EJB 允许分配一个信息到任何消息驱动 Bean 的实例容器，该容器可以集中这些实例，并允许同时处理消息。
- 单一消息驱动 Bean 可以处理来自多个客户端的消息。
- 使用消息池技术，容器可以使用一定数量的 Bean 实例并发处理成百上千个 JMS 消息。

当消息到达时，容器调用消息驱动 Bean 的 onMessage()方法处理该消息。onMessage()方法可以调用其他辅助方法，也可以调用一个会话 Bean 来处理消息，或将消息数据存储到数据库中。消息可以在事务范围内被传递到一个消息驱动 Bean。因此，所有在 onMessage()方法中的操作均是单一事务的一部分。如果消息处理被回滚，该消息将被交还。

消息驱动Bean使用@MessageDriven标注，并实现MessageListener接口。该接口的onMessage()方法用来获得消息。

9.4 EJB 生命周期

EJB 运行在 Java EE 服务器中，Bean 实例由容器管理。不同类型的 Bean 实例具有不同的生命周期。

下面按不同类型的 Bean，分别介绍其生命周期的状态及操作。

1. 有状态会话 Bean

有状态会话 Bean 的生命周期中有 3 种不同状态，它们是：不存在、准备就绪和挂起状态，如图 9-1 所示。

当客户端需要访问一个有状态会话 Bean 时，首先需要得到对有状态会话 Bean 的引用，并使用依赖注入或调用@PostConstruct 方法使 Bean 实例由不存在状态转为准备就绪状态，然后就可以接受客户端的访问了。

当客户端非常多的时候，容器为了合理利用内存，会把最近没有被访问过的 Bean 实例从内存转移到硬盘上，使其变成挂起状态。这时如果有@PrePassivate 方法存在，则容器会调用这个方法，通常用于存储一些状态信息。

如果客户端访问一个挂起的 Bean 实例时，容器会把硬盘中的这个 Bean 实例读入到内存，使其重新转为准备就绪状态，这个过程就是激活。这时若有@PostAcitivate 方法存在，则容器会调用这个方法，通常把存储的状态信息重新读入内存。

当不再需要访问 Bean 实例时，可以显式地调用@Remove 方法，在实例被删除前容器会调用@PreDestroy 方法做一些必要的处理工作。一个常时间未被访问的 Bean 实例达到设置的时间后也会被删除，此后将启动对该实例的垃圾回收机制。

2. 无状态会话 Bean

无状态会话 Bean 不跟踪用户的状态，不保存用户的状态信息，也就是没有挂起状态，即无状态会话 Bean 只有不存在和准备就绪两种状态，其生命周期如图 9-2 所示。

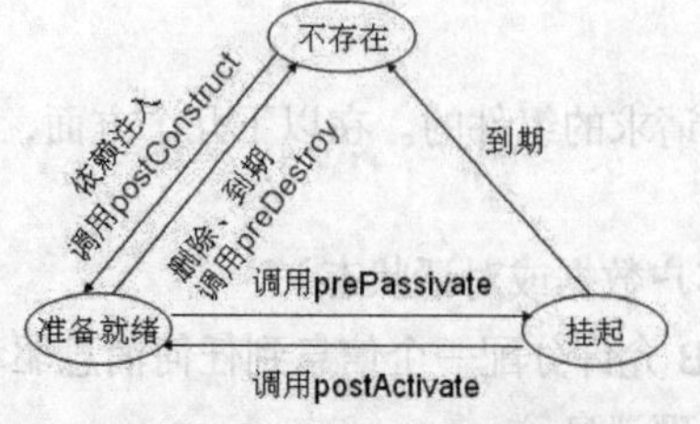

图 9-1 有状态会话 Bean 生命周期示意图

图 9-2 无状态会话 Bean 生命周期示意图

客户端通过获取一个对无状态会话 Bean 的引用完成无状态会话 Bean 的初始化。容器通过依赖注入，调用回调方法 postConstruct，使 Bean 进入准备就绪状态，为客户端调用做好准备。

在生命周期的最后，容器调用 preDestroy 方法启动 Bean 实例的垃圾回收机制，最终将 Bean 实例从内存中清除。

3. 消息驱动 Bean

与无状态会话 Bean 相同，消息驱动 Bean 也从来不会被挂起。所以，同样只有不存在和准备就绪两种状态。

与无状态会话 Bean 不同在于，消息驱动 Bean 不需要专门的客户端，它通过事件触发执行。容器一般会创建一个消息驱动 Bean 的实例池，对于每个实例，容器会执行下面的操作。

- 如果消息驱动 Bean 使用依赖注入，容器会在实例化这些实例之前注入这些引用，然后容器会调用方法@PostConstruct。
- 当有消息到达时，容器从 Bean 实例池中取得一个 Bean 实例，然后把这个消息作为参数调用这个 Bean 实例的 onMessage 方法。

消息驱动 Bean 的生命周期如图 9-3 所示。

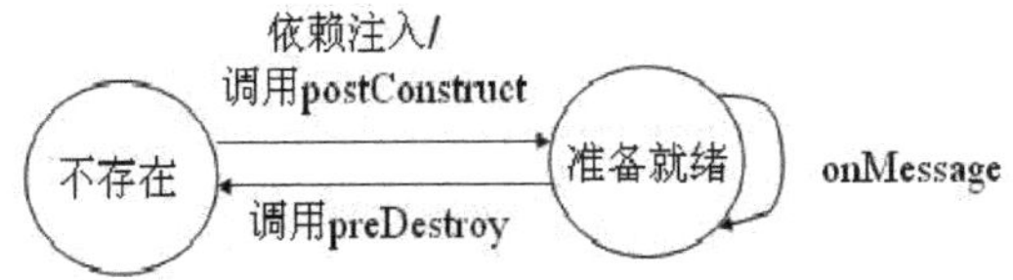

图 9-3　消息驱动 Bean 生命周期示意图

9.5 小　　结

本章介绍了 EJB 的基本概念和组成，阐明了 EJB 的主要特性。对无状态会话 Bean、有状态会话 Bean 和消息驱动 Bean 进行详细介绍，对其机制和编程方法进行了说明。

9.6 习　　题

1. 什么是 EJB？它的作用是什么？
2. 简述 EJB 3 的构成及 EJB 的分类。
3. 何谓无状态会话 Bean？说明其生命周期。
4. 何谓有状态会话 Bean？说明其生命周期。
5. 何谓 Java 消息服务？何谓消息驱动 Bean？它与会话 Bean 有何不同点？
6. 简述消息驱动 Bean 的工作模型。

第10章 SSH整合开发案例

本章内容

- 系统概述
- SSH 工程的配置
- DOMAIN 层
- DAO 层
- 验证码
- 用户注册
- 用户登录
- 视频上传与转码
- 首页及查询分页
- 播放及评论视频

本章将通过一个具体案例，讲解如何综合运用 SSH（Spring、Struts 和 Hibernate）这 3 个框架来开发功能相对复杂的企业级 Java Web 应用。读者在学习本章内容时，应注意以下几个方面。

1. 关注功能而非 UI

这里的 UI 是指与网页元素的 DIV 布局、CSS 样式表及相关的 JavaScript 代码等，其通常由编写静态页面的美工负责，而编程人员应着重关注系统要实现的功能。另一方面，Web 系统中涉及 UI 的代码通常较容易理解，并且一旦确定后便较少更改，而系统的功能细节却是经常变化的，实现代码也较 UI 复杂得多。

2. 关注功能点而非业务领域

任何软件系统都有自己的业务，对于专有业务领域的系统（如 ERP、CRM 等）更是如此。初学者通过具体案例学习某种开发技术，其所要关注的并不是该案例涉及的具体业务，而是实现这些业务的技术和方法。另外，很多不同业务领域的软件系统往往都具有相同的功能，例如，电子商务系统和医院管理信息系统中通常都有权限管理和文件上传这样的功能。

3. 理解 SSH 项目的分层模型

使用 SSH 框架的最为重要的目的就是解耦代码——让负责不同逻辑的代码（层）之间的依赖关系尽可能地小，其所带来的直接好处是提升代码可理解性及可扩展性。读者在学习时应注意理解系统的分层模型以及各层代码是如何编写的。

10.1 系 统 概 述

10.1.1 功能需求与系统架构

本系统是一个基于 Web 的视频分享应用，名为“播客”，类似于优酷网、我乐网等，其主要功能包括：用户注册和登录、上传视频文件、自动对视频文件转码并截图、在线播放视频、对视频留言、个人空间管理、粉丝管理等。

本系统的开发环境为 MyEclipse 10.5，并使用其内建的 Tomcat 6 作为 Web 服务器，数据库服务器为 MySQL 5.5。系统基于 SSH 框架开发，其中，Struts 作为表现层框架，Hibernate 作为持久层框架，并使用 Spring 管理 Struts 和 Hibernate。

从代码分层角度来看，系统可分为页面层、Action 层、Service 层、DAO 层及 Domain 层。

10.1.2 工程依赖的 jar 包

很多开发人员可能习惯于使用 IDE 的向导方式来为工程添加对 SSH 框架的支持，以获得代码提示和以可视化的方式编写 SSH 配置文件的能力。例如，在 MyEclipse 中新建了 Web 工程之后，可依次选择菜单“MyEclipse”→“Project Capabilities”→“Add Hibernate”（或 Struts、Spring）Capabilities”，使得该 Web 工程具备支持 Hibernate（或 Struts、Spring）的能力。然而，这样的工程配置方式存在以下不足。

- IDE 内建的 SSH 版本与预期不一致：SSH 框架从诞生到发展至今，每个框架都有多个常用的版本。IDE 内建支持的 SSH 版本可能与项目想要使用的不一致。例如，MyEclipse 10.5 中内建的 Hibernate 最高版本为 3.3，而项目需要用的版本是 3.5.6。
- 可能会出现 jar 包的版本冲突：SSH 框架可能同时依赖了某些名称相同但版本号不同的第三方 jar 文件。例如，Struts 2.2.1 和 Hibernate 3.3 的核心库均依赖了名为 antlr 的 jar 包，但前者的版本号是 2.7.2，而后者的版本号为 2.7.6。这就导致了在 SSH 整合开发中，用 IDE 的向导创建的 SSH 工程可能因为同时依赖了多个不同版本的 jar 包（API 有细微的差别），而使得代码出现难以察觉的错误。
- 工程的迁移能力差：通过 IDE 的向导创建的 SSH 工程所依赖的 jar 包的存放位置往往与 IDE 的安装路径有关，当开发人员将工程文件迁移到不同机器或不同 IDE 时，可能会因为 jar 包的路径问题降低工程迁移能力。

综上所述，在开发 SSH 项目时，为避免项目因 jar 包版本不一致而引发的问题，同时不失去以提示和可视化的方式编写 SSH 配置文件的能力，建议手工指定所有依赖的 jar 包。下面，以 MyEclipse 为例，讲解如何配置工程依赖的 jar 包。

（1）使用向导为工程添加 SSH 支持

新建名为“boke”的 Web 工程后，使用向导分别为工程添加 Struts、Hibernate 和 Spring 支持。执行完此步操作后，MyEclipse 会将之前在向导对话框中选择的与 SSH 相关的 jar 包信息添加到工程的依赖库，如图 10-1 中被选中的部分。

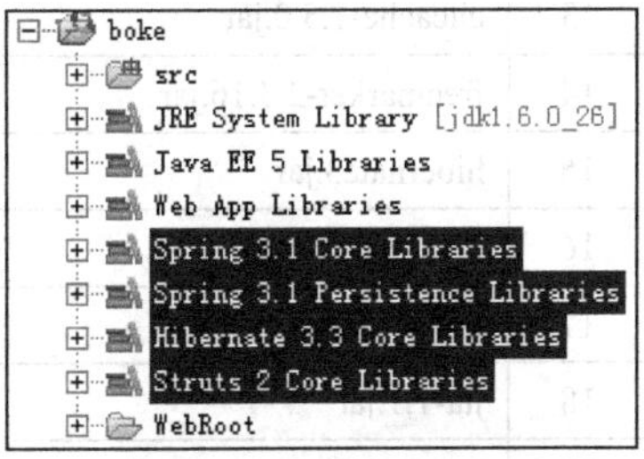

boke
src
JRE System Library [jdk1.6.0_26]
Java EE 5 Libraries
Web App Libraries
Spring 3.1 Core Libraries
Spring 3.1 Persistence Libraries
Hibernate 3.3 Core Libraries
Struts 2 Core Libraries
WebRoot

图 10-1　IDE 向导添加的 SSH 依赖库

（2）删除与 SSH 相关的所有库

在工程名“boke”上单击鼠标右键，选择“Properties”，在弹出对话框左侧选中“Java Build Path”，在“Libraries”选项卡中选中与 SSH 相关的所有库，并单击右侧的“Remove”按钮，如图 10-2 所示。

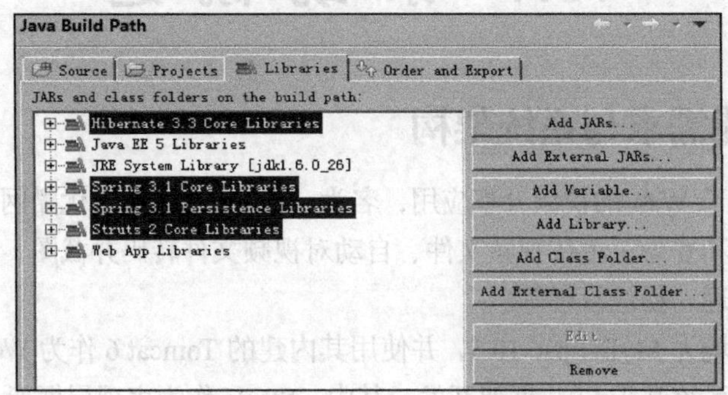

图 10-2　删除向导添加的 SSH 相关库

（3）将 jar 文件拷贝至 WebRoot/WEB-INF/lib

图 10-1 和图 10-2 中名为“Web App Libraries”的依赖库实际上指向“Web 工程名/WebRoot/WEB-INF/lib”文件夹，因此，可以将与 SSH 相关的（包括其他需要依赖的）jar 文件复制到该文件夹。

本案例采用的 SSH 框架的具体版本是 Spring 3.1.1、Struts 2.2.1 和 Hibernate 3.5.6，依赖的所有 jar 文件，如表 10-1 所示。

表 10-1　本章案例依赖的所有 jar 文件

序号	文件名	用途及说明
1	antlr-2.7.6.jar	词法分析，Struts、Hibernate 需要
2	aopalliance-1.0.jar	AOP 规范，Spring 需要
3	aspectjweaver.jar	切面编织，Spring 需要
4	backport-util-concurrent.jar	多线程并发访问，Spring 需要
5	c3p0-0.9.1.2.jar	数据库连接池
6	cglib-2.2.jar	字节码生成，Hibernate、Spring 需要
7	commons-collections-3.2.jar	Apache 的 commons 相关包
8	commons-fileupload-1.2.1.jar	
9	commons-io-1.3.2.jar	
10	commons-lang-2.5.jar	
11	commons-logging-1.0.4.jar	
12	dom4j-1.6.1.jar	XML 解析
13	ehcache-1.5.0.jar	二级缓存
14	freemarker-2.3.16.jar	页面模板引擎，Struts 需要
15	hibernate3.jar	Hibernate 3.5.6 的核心包
16	javassist-3.9.0.GA.jar	字节码处理，Struts、Hibernate 需要
17	jave-1.0.2.jar	音视频解码和编码
18	jta-1.1.jar	Java 事务 API，Hibernate 需要
19	log4j-1.2.16.jar	Apache 的日志系统

续表

序号	文件名	用途及说明
20	mysql-connector-java-5.1.16-bin.jar	mysql 5 的 jdbc 驱动
21	ognl-3.0.jar	OGNL 语法分析，Struts 需要
22	org.springframework.aop-3.1.1.RELEASE.jar	Spring 3.1.1 的相关包
23	org.springframework.asm-3.1.1.RELEASE.jar	
24	org.springframework.aspects-3.1.1.RELEASE.jar	
25	org.springframework.beans-3.1.1.RELEASE.jar	
26	org.springframework.context.support-3.1.1.RELEASE.jar	
27	org.springframework.context-3.1.1.RELEASE.jar	
28	org.springframework.core-3.1.1.RELEASE.jar	
29	org.springframework.expression-3.1.1.RELEASE.jar	
30	org.springframework.instrument.tomcat-3.1.1.RELEASE.jar	
31	org.springframework.instrument-3.1.1.RELEASE.jar	
32	org.springframework.jdbc-3.1.1.RELEASE.jar	
33	org.springframework.orm-3.1.1.RELEASE.jar	
34	org.springframework.transaction-3.1.1.RELEASE.jar	
35	org.springframework.web-3.1.1.RELEASE.jar	
36	slf4j-api-1.6.1.jar	slf 日志系统，Hibernate 需要
37	slf4j-log4j10-1.6.1.jar	
38	struts2-core-2.2.1.jar	Struts 2.2.1 的相关包
39	struts2-spring-plugin-2.2.1.jar	
40	xwork-core-2.2.1.jar	

需要说明的是，jar 包的组合及版本选择并非固定，取决于项目的具体需要，但应保证同一 API 不应在多个依赖的 jar 包中出现。

10.2 SSH 工程的配置

本节介绍 SSH 项目涉及的配置文件，它们是系统得以正确运行的关键。

10.2.1 Hibernate 配置

hibernate.cfg.xml 的完整内容如下。

hibernate.cfg.xml

```
<?xml version="1.0" encoding="UTF-8"?>
<!DOCTYPE hibernate-configuration PUBLIC
    "-//Hibernate/Hibernate Configuration DTD 3.0//EN"
    "http://hibernate.sourceforge.net/hibernate-configuration-3.0.dtd">

<hibernate-configuration>
    <session-factory>
        <property name="hibernate.dialect">
            org.hibernate.dialect.MySQL5Dialect
        </property>
        <property name="hibernate.hbm2ddl.auto">update</property>
        <property name="hibernate.show_sql">true</property>
```

```
013        <property name="hibernate.format_sql">true</property>
014
015        <!-- 配置启用二级缓存 -->
016        <property name="hibernate.cache.use_second_level_cache">true</property>
017
018        <!--配置二级缓存的提供商 -->
019        <property name="hibernate.cache.provider_class">
020            org.hibernate.cache.EhCacheProvider
021        </property>
022
023        <!-- 启用查询缓存 -->
024        <property name="hibernate.cache.use_query_cache">true</property>
025
026        <!-- 映射文件 -->
027        <mapping resource="edu/ahpu/boke/domain/Message.hbm.xml" />
028        <mapping resource="edu/ahpu/boke/domain/Face.hbm.xml" />
029        <mapping resource="edu/ahpu/boke/domain/User.hbm.xml" />
030        <mapping resource="edu/ahpu/boke/domain/Channel.hbm.xml" />
031        <mapping resource="edu/ahpu/boke/domain/Fan.hbm.xml" />
032        <mapping resource="edu/ahpu/boke/domain/Comment.hbm.xml" />
033        <mapping resource="edu/ahpu/boke/domain/Video.hbm.xml" />
034        <mapping resource="edu/ahpu/boke/domain/Config.hbm.xml" />
035
036        <!-- 配置类级别的二级缓存 -->
037        <class-cache class="edu.ahpu.boke.domain.Channel" usage="read-write" />
038        <class-cache class="edu.ahpu.boke.domain.Face" usage="read-write" />
039        <class-cache class="edu.ahpu.boke.domain.Config" usage="read-write" />
040    </session-factory>
041  </hibernate-configuration>
```

几点说明：

① 第 16～21 行启用了二级缓存，并指定了二级缓存 API（本例为 EhCache），其将 Hibernate 查询出来的数据存储在内存或者磁盘中，此后遇到同样的查询时，不再查询数据库，而直接从内存或磁盘中读取，以此大幅减轻数据库服务器的压力。EhCache 自身也有配置文件（与 hibernate.cfg.xml 位于相同目录），具体如下（各配置项的意义请读者查阅相关文档）。

ehcache.xml

```
<?xml version="1.0" encoding="UTF-8"?>
<ehcache>
    <diskStore path="java.io.tmpdir" />
    <defaultCache maxElementsInMemory="10000" eternal="true" overflowToDisk="true"
                  maxElementsOnDisk="10000000" diskPersistent="true"
                  diskExpiryThreadIntervalSeconds="120" />
</ehcache>
```

② 默认情况下，Hibernate 只会对使用 load 方法获得的单个持久对象使用缓存，若要对 findAll、list、iterator、createQuery 等方法获得的结果集使用缓存，则需要将 hibernate.cache.use_query_cache 设置为 true，如第 24 行。

③ 第 37～39 行指定了需要被二级缓存的实体类，这些实体类具有两个共同特点——经常被读取和很少被修改。

hibernate.cfg.xml 中并未配置与数据库连接有关的信息，它们位于 Spring 的配置文件中。

10.2.2　Struts 配置

因尚未编写 Web 层代码，目前仅在 Struts.xml 中指定一些常量即可，具体如下。

struts.xml

```
001 <?xml version="1.0" encoding="UTF-8"?>
002 <!DOCTYPE struts PUBLIC
003     "-//Apache Software Foundation//DTD Struts Configuration 2.1.7//EN"
004     "http://struts.apache.org/dtds/struts-2.1.7.dtd">
005
006 <struts>
007     <!-- 使用 Spring 的对象工厂（Spring 整合 Struts） -->
008     <constant name="struts.objectFactory" value="spring" />
009
010     <!-- 配置请求后缀名 -->
011     <constant name="struts.action.extension" value="do" />
012
013     <!-- 配置主题为简单主题 -->
014     <constant name="struts.ui.theme" value="simple" />
015
016     <!-- 配置 struts 为开发模式 -->
017     <constant name="struts.devMode" value="true" />
018
019     <!-- boke 应用对应的包 -->
020     <package name="boke" namespace="/" extends="struts-default">
021
022     </package>
023 </struts>
```

几点说明：

① 第 8 行的常量指定 Struts 使用 Spring 而非自身的对象工厂，即将 Struts 交由 Spring 管理，由后者负责 Action 类的实例化。

② 第 17 行的常量指定 Struts 以开发模式工作，其主要作用是提高开发效率——当每次修改 struts.xml 或其他与 struts 相关的配置或资源文件时，不用重新部署项目。当系统正式上线后，该常量应配置为 false，以提升运行性能。

③ 第 20～22 行指定了本案例系统对应的包，后续编写的各个 Action 类对应的配置应置于此标签下。

10.2.3　Spring 配置

将 Hibernate 和 Struts 交给 Spring 管理后，Spring 将成为整个应用的协调者，因此其配置内容较前二者多得多，具体如下。

beans.xml

```
<?xml version="1.0" encoding="UTF-8"?>
<beans xmlns="http://www.springframework.org/schema/beans"
    xmlns:xsi="http://www.w3.org/2001/XMLSchema-instance"
    xmlns:aop="http://www.springframework.org/schema/aop"
    xmlns:jee="http://www.springframework.org/schema/jee"
    xmlns:context="http://www.springframework.org/schema/context"
    xmlns:tx="http://www.springframework.org/schema/tx"
```

```
xsi:schemaLocation="http://www.springframework.org/schema/beans
http://www.springframework.org/schema/beans/spring-beans-3.1.xsd
http://www.springframework.org/schema/aop
http://www.springframework.org/schema/aop/spring-aop-3.1.xsd
http://www.springframework.org/schema/jee
http://www.springframework.org/schema/jee/spring-jee-3.1.xsd
http://www.springframework.org/schema/context
http://www.springframework.org/schema/context/spring-context-3.1.xsd
http://www.springframework.org/schema/tx
http://www.springframework.org/schema/tx/spring-tx-3.1.xsd">
<!-- 自动扫描 boke 包下所有类的注解 -->
<context:component-scan base-package="edu.ahpu.boke" />
<!-- 配置数据源 bean -->
<bean id="dataSource" class="com.mchange.v2.c3p0.ComboPooledDataSource"
                       destroy-method="close">
    <!-- JDBC 连接参数 -->
    <property name="driverClass" value="com.mysql.jdbc.Driver" />
    <property name="jdbcUrl" value="jdbc:mysql://localhost:3306/boke?
                                    useUnicode=true&amp;
                                    characterEncoding=utf-8" />
    <property name="user" value="root" />
    <property name="password" value="root" />
    <!-- 连接池保留的最小连接数 -->
    <property name="minPoolSize" value="5" />
    <!-- 连接池保留的最大连接数 -->
    <property name="maxPoolSize" value="30" />
    <!--系统初始化时获取的连接数 -->
    <property name="initialPoolSize" value="10" />
    <!-- 连接的最大空闲时间（时间达到则丢弃连接） -->
    <property name="maxIdleTime" value="60" />
    <!-- 连接被耗尽时，一次获取的连接数 -->
    <property name="acquireIncrement" value="5" />
    <!-- 空闲连接的检查周期 -->
    <property name="idleConnectionTestPeriod" value="60" />
    <!-- 获取新连接失败后重复尝试的次数 -->
    <property name="acquireRetryAttempts" value="30" />
</bean>
<!-- 配置 Hibernate 的会话工厂 bean（Spring 整合 Hibernate） -->
<bean id="sessionFactory"
      class="org.springframework.orm.hibernate3.LocalSessionFactoryBean">
    <!-- 注入上面配置的数据源 bean -->
    <property name="dataSource" ref="dataSource" />
```

```
        <!-- Hibernate 配置文件的位置 -->
        <property name="configLocation">
            <!-- 位于类路径下 -->
            <value>classpath:hibernate.cfg.xml</value>
        </property>
    </bean>

    <!-- 配置事务管理器 bean（让 Spring 管理事务） -->
    <bean id="txManager"
          class="org.springframework.orm.hibernate3.Hibernate TransactionManager">
         <!-- 注入上面配置的会话工厂 bean -->
        <property name="sessionFactory" ref="sessionFactory" />
    </bean>

    <!-- 定义事务通知 -->
    <tx:advice id="txAdvice" transaction-manager="txManager">
        <!-- 根据方法名称配置事务的传播属性 -->
        <tx:attributes>
            <!-- 事务方法 -->
            <tx:method name="save*" propagation="REQUIRED" />
            <tx:method name="add*" propagation="REQUIRED" />
            <tx:method name="create*" propagation="REQUIRED" />
            <tx:method name="insert*" propagation="REQUIRED" />
            <tx:method name="update*" propagation="REQUIRED" />
            <tx:method name="modify*" propagation="REQUIRED" />
            <tx:method name="merge*" propagation="REQUIRED" />
            <tx:method name="delete*" propagation="REQUIRED" />
            <tx:method name="remove*" propagation="REQUIRED" />
            <tx:method name="set*" propagation="REQUIRED" />
            <tx:method name="put*" propagation="REQUIRED" />

            <!-- 非事务方法 -->
            <tx:method name="get*" propagation="SUPPORTS" read-only="true" />
            <tx:method name="load*" propagation="SUPPORTS" read-only="true" />
            <tx:method name="count*" propagation="SUPPORTS" read-only="true" />
            <tx:method name="find*" propagation="SUPPORTS" read-only="true" />
            <tx:method name="query*" propagation="SUPPORTS" read-only="true" />
            <tx:method name="is*" propagation="SUPPORTS" read-only="true" />
            <tx:method name="list*" propagation="SUPPORTS" read-only="true" />
        </tx:attributes>
    </tx:advice>

    <!-- AOP 配置 -->
    <aop:config>
        <!-- 定义切入点 service -->
        <aop:pointcut expression="execution (* edu.ahpu.boke.service..*.*(..))"
                      id="service" />

        <!-- 对切入点 service 使用上面定义的事务通知 -->
        <aop:advisor advice-ref="txAdvice" pointcut-ref="service" />
    </aop:config>
</beans>
```

几点说明：

① 因后续的 Action、Service 和 DAO 类均通过注解来实例化，且都位于 edu.ahpu.boke 的子包下，故配置了第 20 行。

② 第 23～50 行配置了数据库的 JDBC 连接参数，同时使用了 c3p0 连接池，以提升数据库的访问性能。注意第 26 行中用以连接多个参数的“&”应转义为“&”。

③ 第 53～62 行指定了将 Hibernate 交给 Spring 管理，其中第 60 行中的“classpath:”表示类文件的根路径，对于 Tomcat，此路径为“项目名称\WEB-INF\classes”。因 Hibernate 的配置文件（hibernate.cfg.xml）位于 src 目录下，故项目被部署后，该文件将被复制到类文件的根路径下。

④ 第 75～94 行指定了受 Spring 事务管理器管理的方法以及事务的传播属性，方法名中的“*”为通配符，如“add*”表示以 add 开头的方法。这些方法可以分为两类——读写型方法和只读型方法，前者会对数据库做修改，因此要加入事务，而后者不需要。

⑤ 第 101 行指定了何时以及对哪些类的方法应用之前定义的事务管理器，此处设置为“执行 edu.ahpu.boke.service 包及其所有子包下的所有类的所有方法”。

需要注意的是，尽管第 75～94 行中的方法名考虑了开发人员今后可能命名的绝大多数方法，但不排除有未包含的情况。因此，有必要事先告知各开发人员应严格遵守该命名规范。

10.2.4 web.xml

从整体上看，使用了 SSH 框架的应用仍是一个 Web 应用。因此，作为整个 Web 应用的配置文件，web.xml 中必须加入 SSH 相关的配置信息，具体如下。

web.xml

```
<?xml version="1.0" encoding="UTF-8"?>
<web-app xmlns:xsi="http://www.w3.org/2001/XMLSchema-instance"
        xmlns=http://java.sun.com/xml/ns/javaee"
        xmlns:web="http://java.sun.com/xml/ns/javaee/web-app_2_5.xsd"
        xsi:schemaLocation="http://java.sun.com/xml/ns/javaee
        http://java.sun.com/xml/ns/javaee/web-app_2_5.xsd" version="2.5">

    <context-param>
        <param-name>contextConfigLocation</param-name>
        <param-value>classpath:beans.xml</param-value>
    </context-param>

    <listener>
        <listener-class>
            org.springframework.web.context.ContextLoaderListener
        </listener-class>
    </listener>

    <filter>
        <filter-name>struts2</filter-name>
        <filter-class>
            org.apache.struts2.dispatcher.ng.filter.StrutsPrepareAndExecuteFilter
        </filter-class>
    </filter>

    <filter-mapping>
        <filter-name>struts2</filter-name>
        <url-pattern>*.do</url-pattern>
```

```
025     </filter-mapping>
026
027     <error-page>
028         <error-code>404</error-code>
029         <location>/404.jsp</location>
030     </error-page>
031 </web-app>
```

以下是几点说明。

① 第 4～7 行指定了 Spring 配置文件的位置。

② 第 9～13 行指定以 Spring 的 ContextLoaderListener 作为 Web 应用的监听器，以便 Web 应用被部署时，启动和初始化 Spring 容器。

③ 第 15～25 行指定了以 Struts 的 StrutsPrepareAndExecuteFilter 作为 Web 应用的过滤器，以便 Struts 拦截所有以“.do”（注意要与前述 struts.xml 中的第 11 行一致）结尾的的请求。

④ 为提升应用的友好性，web.xml 中还配置了 HTTP 404 错误发生时（即请求的地址不存在）的替代页面，如第 27～30 行所示。替代页面 404.jsp 显示了提示信息，并在一段时间后自动转到指定页面（main.do，见 10.7 节），其完整代码如下。

404.jsp

```
<%@ page language="java" import="java.util.*" pageEncoding="UTF-8"%>
<html>
<head>
<title>找不到页面</title>
<script language="javascript" type="text/javascript">
    var second;

    function go() {
        second = document.getElementById("totalSecond").innerText;
        setInterval("redirect()", 1000);
    }

    function redirect() {
        if (second <= 0) {
            location.href = "main.do";
        } else {
            document.getElementById("totalSecond").innerText = --second;
        }
    }
</script>
</head>

<body onload="go();">
    <h1>
        找不到请求的页面,<span id="totalSecond">3</span>秒后返回首页。
    </h1>
</body>
</html>
```

10.2.5 控制台日志配置

在项目开发阶段，编程人员期望在控制台看到更多的输出信息，以更详细地掌握系统的运行细节以及更快速地定位代码错误。因此，有必要对控制台的输出日志进行配置。下面给出 Java 平台下最为常用的日志系统——log4j 的简单配置，详细信息请读者查阅相关文档。

```
log4j.properties
log4j.rootLogger=INFO, stdout

log4j.appender.stdout=org.apache.log4j.ConsoleAppender
log4j.appender.stdout.layout=org.apache.log4j.PatternLayout
log4j.appender.stdout.layout.ConversionPattern=%c{1} - %m%n

log4j.logger.java.sql.PreparedStatement=DEBUG
```

10.3 Domain 层

10.3.1 领域模型

领域模型即业务对象，本案例涉及的领域模型包括：用户、头像、频道、视频、评论、留言和系统设置等，各实体间的关系如图 10-3 所示。

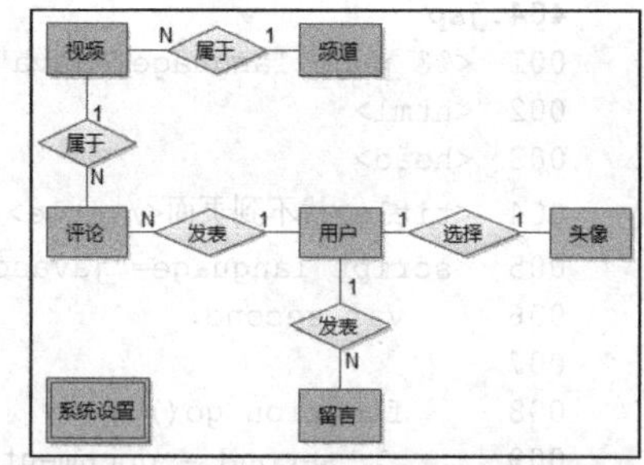

图 10-3　播客系统的 E-R 图

按照面向对象设计理论，在抽象出领域模型后，应该先编写对应的实体类代码以及这些类之间的关联关系文件（即映射文件），然后再使用某个支持正向工程的工具读取实体类代码及关联关系文件，以生成数据库表的 DDL（即建表语句）。

然而，设置实体类之间的关联关系需要对使用的 ORM 框架（如 Hibernate）有一定程度的了解，而设置数据库表之间的关系却要简单得多——几乎所有的开发人员都有在 DBMS 中建表和设置外键关联的经验。另外，DBMS 通常都有可视化工具的支持，这进一步降低了建表和设置表间关系的难度。

综上所述，在实际项目的开发中，大多数系统分析设计人员采用的是相反的途径——先创建数据库表并建立表间关系，然后利用逆向工程工具生成实体类代码和映射文件。本案例也是遵循这种方式。

本案例建立的数据库名为“boke”，下面以表格的形式给出“boke”库中各表的主要信息以及它们之间的关系。

表 10-2　　频道（channel）表

序号	字段名	字段意义	字段类型	是否主键	外键表/字段名
1	id	物理主键	int	Y	
2	name	频道名称	varchar		

频道表记录了视频所属的频道，其与视频呈一对多的关系。频道表由系统管理员维护。

表 10-3　　头像（face）表

序号	字段名	字段意义	字段类型	是否主键	外键表/字段名
1	id	物理主键	int	Y	
2	pic_file_name	头像图片文件名	varchar		

头像表记录了用户注册时选择的头像图片信息，其与用户呈一对多的关系。头像表由系统管理员维护。

表 10-4　　用户（user）表

序号	字段名	字段意义	字段类型	是否主键	外键表/字段名
1	id	物理主键	int	Y	
2	name	用户名	varchar		
3	password	密码	varchar		
4	face_pic_id	头像 id	int		face/id
5	last_login_time	最后登录时间	timestamp		
6	visit_count	个人空间被访问次数	int		
7	total_play_count	用户上传视频的总播放次数	int		

用户表记录了所有注册用户的信息。为提升查询性能，用户表设置了名为 total_play_count 的计算列，其可根据视频表中相应记录的播放次数累加确定。

表 10-5　　视频（video）表

序号	字段名	字段意义	字段类型	是否主键	外键表/字段名
1	Id	物理主键	int	Y	
2	channel_id	所属频道 id	int		channel/id
3	user_id	上传者 id	int		user/id
4	Client_file_name	文件在客户端的名称（以便下载时默认使用改名字）	varchar		
5	server_file_name	文件在服务器端的名称	varchar		
6	pic_file_name	截图文件的名称	varchar		
7	title	标题	varchar		
8	tags	标签	varchar		
9	description	描述	varchar		
10	play_count	播放次数	int		
11	comment_count	评论次数	int		
12	good_comment_count	好评数	int		
13	bad_comment_count	差评数	int		
14	duration	时长	int		
15	upload_time	上传时间	timestamp		
16	status	状态	char		

视频表记录了所有上传到系统中的视频文件的信息。为提升查询性能，视频表设置了名为 comment_count 的计算列，可根据评论表中相应记录的个数确定。此外，每次播放视频时，除了修改本表的 play_count 字段外，还应根据上传者 id 修改用户表中相应记录的 total_play_count 字段。

表 10-6 评论（comment）表

序号	字段名	字段意义	字段类型	是否主键	外键表/字段名
1	Id	物理主键	int	Y	
2	User_id	用户 id	int		user/id
3	Video_id	视频 id	int		video/id
4	content	内容	varchar		
5	Time	时间	timestamp		

评论表记录了用户对视频发表的评论信息。每次添加评论记录时，应根据视频 id 修改视频表中相应记录的 comment_count 字段。

表 10-7 粉丝（fan）表

序号	字段名	字段意义	字段类型	是否主键	外键表/字段名
1	Id	物理主键	int	Y	
2	listener_id	收听者的 id	int		user/id
3	host_id	被收听者的 id	int		user/id

粉丝表记录了用户间的收听（关注）信息。粉丝的实质仍是用户，每个用户可以关注其他多个用户，二者呈多对多的关系。

表 10-8 留言（message）表

序号	字段名	字段意义	字段类型	是否主键	外键表/字段名
1	Id	物理主键	int	Y	
2	sender_id	发送者的 id	int		user/id
3	receiver_id	接收者的 id	int		user/id
4	content	内容	varchar		
5	Time	时间	timestamp		

留言表记录了用户间的留言信息，其与用户呈多对一的关系。

表 10-9 系统设置（config）表

序号	字段名	字段意义	字段类型	是否主键	外键表/字段名
1	id	物理主键	int	Y	
2	name	设置项的名称	varchar		
3	value	设置项的值	varchar		

系统设置表记录了系统的全局设置信息，包括上传文件的最大大小、用户注册时的默认头像、转码工具的路径等。系统设置表由系统管理员维护。

10.3.2 生成实体类和映射文件

如 10.3.1 节所述，建立了数据库表和表间关系后，可通过逆向工程自动生成实体类和映射文件，具体步骤如下（以 MyEclipse 为例）。

（1）切换到“MyEclipse Database Explorer”透视图，在左侧“DB Browser”视图中新建一个 MySQL 数据库的连接（假设连接名为 MySQL）。

（2）选中上步新建的连接，依次展开其“Connected to MySQL”、“boke”和“TABLE”子节点，将显示“boke”库中所有的表。

（3）选中上步中的所有（或部分）表并单击鼠标右键，选择菜单项“Hibernate Reverse Engineering”（Hibernate 逆向工程），将弹出如图 10-4 左侧所示的对话框。

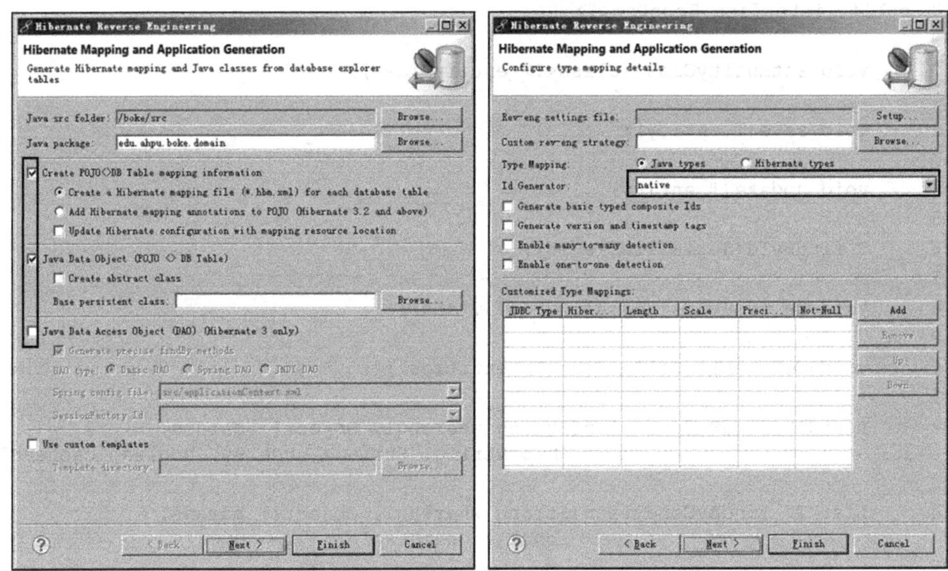

图 10-4　Hibernate 逆向工程向导对话框

左侧对话框中，以矩形标注的 3 个复选框分别代表“创建 Hibernate 映射信息”（可以通过映射文件或注解方式，本例采用前者）、“创建实体类”和“创建 DAO 类”，本例未选中其中的第 3 个——自己编写 DAO 类。

（4）在对话框中填写实体类和映射文件所在的包名（如 edu.ahpu.boke.domain），单击“Next”按钮，将出现如图 10-4 右侧所示的对话框。右侧对话框中以矩形标注的部分指定了 Hibernate 的主键生成策略为 native。本例所有的表都设置了名为 id 的物理主键（并设置为自增），因此，主键的值应交由数据库而非 Hibernate 产生。

（5）单击“Finish”按钮，MyEclipse 将读取数据库的表结构和表间关系，并在第（4）步中指定的包下为各表生成实体类和映射文件。

此后若修改了数据库的表结构或表间关系，可重复上述步骤重新生成实体类和映射文件。

10.4　DAO 层

10.4.1　通用泛型 DAO 接口的设计

尽管 IDE 通常支持通过逆向工程来生成实体类的 DAO 类，但生成的代码往往具有冗余度高、不能满足项目的特定需求等特点。因此，DAO 层代码一般由开发人员自己编写。

为减少代码冗余并提升代码可读性，本例设计了一个泛型 DAO 接口，可作为各实体类对应 DAO 接口的公共父接口，具体代码如下。

BaseDao.java

```
001 package edu.ahpu.boke.dao;
002 
003 /* 省略了各 import 语句，请使用 IDE 的自动导入功能。 */
007 
008 public interface BaseDao<T> {
009 
010     void setEntityClass(Class<?> entityClass);
011 
012     void save(T entity);
013 
014     void update(T entity);
015 
016     T findById(Serializable id);
017 
018     void deleteByIds(Serializable... ids);
019 
020     void deleteAll(Collection<T> entities);
021 
022     List<T> findByCondition(String whereHql, Object[] params,
                                Map<String, String> orderBy, boolean cacheable);
023 
024     List<T> findByCondition(String whereHql, Object[] params,
                                boolean cacheable);
025 
026     List<T> findByCondition(Map<String, String> orderBy, boolean cacheable);
027 
028     List<T> findAll(boolean cacheable);
029 
030     T findFirstByCondition(String whereHql, Object[] params, boolean cacheable);
031 
032     List<T> findByConditionWithPaging(String whereHql, Object[] params,
                                          Map<String, String> orderBy,
                                          int offset, int length);
033 
034     int getRowCount(String whereHql, Object[] params);
035 }
```

几点说明：

① 第 10 行的方法用于设置泛型 BaseDao 接口的类型参数 T。

② 第 16 行的方法根据主键查找实体对象，其形参类型之所以设置为 Serializable 而非 int，主要是使该方法也适用于主键类型是 long 和 String 等的情况。Integer、Long 和 String 类均直接或间接实现了 Serializable 接口。

③ 第 18 行的方法采用了变长参数的语法，将多个主键对应的实体对象删除。

④ 第 22～28 行的方法根据条件查询实体对象。其中，形参 whereHql 是 hql 语句中的 where 子句，其不含 where 关键字，且以 and 开头；形参 params 用于取代形参 whereHql 中的多个查询参数占位符；形参 orderBy 指定了 hql 的 order by 子句，其 key 为实体类的属性名，value 为 ASC（升序）或 DESC（降序）；形参 cacheable 指定是否缓存查询结果，若实体对象很少被修改（如系统设置），则该参数应为 true，以提升查询性能。

⑤ 第 30 行的方法用于得到查询结果中的首个实体对象。

⑥ 第 32 行的方法用于分页查询。其中，形参 offset 为指定页号的首个记录在查询结果中的偏移量；形参 length 为每页的记录数。

⑦ 第 34 行的方法用于获得查询结果的总量，以便计算分页导航按钮总个数。

10.4.2 实现通用泛型 DAO 接口

理解了通用泛型 DAO 接口所定义的方法后，其实现类较容易编写，具体代码如下。

BaseDaoImpl.java

```
package edu.ahpu.boke.dao;

/* 省略了各 import 语句，请使用 IDE 的自动导入功能。 */

//继承 Spring 的 Hibernate 支持类，将 Hibernate 交由 Spring 管理。
public class BaseDaoImpl<T> extends HibernateDaoSupport implements BaseDao<T> {

    // 泛型参数的具体类型（即实体类的类型）
    private Class<?> entityClass = GenericClass.getGenericClass(this.getClass());

    // 注入 Spring 容器中的 SessionFactory 实例
    @Resource(name = "sessionFactory")
    public void setSessionFactory4Spring(SessionFactory sessionFactory) {
        super.setSessionFactory(sessionFactory);
    }

    public void setEntityClass(Class<?> entityClass) {
        this.entityClass = entityClass;
    }

    // 直接调用 Spring 的 Hibernate 支持类的方法对实体对象做 CRUD 操作
    public void save(T entity) {
        this.getHibernateTemplate().save(entity);
    }

    public void update(T entity) {
        this.getHibernateTemplate().update(entity);
    }

    // 使用注解压制类型安全警告
    @SuppressWarnings("unchecked")
    public T findById(Serializable id) {
        return (T) this.getHibernateTemplate().get(entityClass, id);
    }

    public void deleteByIds(Serializable... ids) {
        if (ids != null && ids.length > 0) {
            for (Serializable id : ids) {
                Object entity = this.getHibernateTemplate().get(entityClass, id);
                // 指定的主键可能不存在对应的实体对象
                if (entity != null) {
                    this.getHibernateTemplate().delete(entity);
                }
```

```
            }
        }
    }

    public void deleteAll(Collection<T> entities) {
        this.getHibernateTemplate().deleteAll(entities);
    }

    @SuppressWarnings({ "rawtypes", "unchecked" })
    public List<T> findByCondition(String whereHql, final Object[] params,
                                   Map<String, String> orderBy,
                                   final boolean cacheable) {
        // 为方便其他重载的方法调用此方法（提高代码复用性），设置了一个永远为真的条件。
        String hql = "select o from " + entityClass.getSimpleName() + " o where 1=1 ";

        if (StringUtils.isNotBlank(whereHql)) {
            hql = hql + whereHql;
        }
        // 根据参数构造 order by 字符串
        String orderByStr = this.buildOrderBy(orderBy);
        hql = hql + orderByStr;

        final String _hql = hql;

        // 注意 execute 方法的实参为匿名内部类的对象
        List<T> list = (List<T>) this.getHibernateTemplate()
                                     .execute(new HibernateCallback() {
            public Object doInHibernate(Session session) throws HibernateException,
                                                                SQLException {
                Query query = session.createQuery(_hql);// 创建查询对象
                if (cacheable) {// 设置是否缓存查询结果
                    query.setCacheable(true);
                }
                setParams(query, params);// 设置查询参数
                return query.list();
            }
        });
        return list;
    }

    // 重载方法
    public List<T> findByCondition(String whereHql,
                                   Object[] params, boolean cacheable) {
        return this.findByCondition(whereHql, params, null, cacheable);
    }

    // 重载方法
    public List<T> findByCondition(Map<String, String> orderBy, boolean cacheable) {
        return this.findByCondition(null, null, orderBy, cacheable);
    }

    public List<T> findAll(boolean cacheable) {
        return this.findByCondition(null, null, null, cacheable);
    }
```

```java

    public T findFirstByCondition(String whereHql, Object[] params,
                                  boolean cacheable) {
        List<T> list = this.findByCondition(whereHql, params, cacheable);
        if (list != null && list.size() > 0) {
            return list.get(0);
        }
        return null;
    }

    // 设置查询参数
    private void setParams(Query query, Object[] params) {
        if (params != null && params.length > 0) {
            for (int i = 0; i < params.length; i++) {
                query.setParameter(i, params[i]);
            }
        }
    }

    // 构造 order by 字符串
    private String buildOrderBy(Map<String, String> orderBy) {
        StringBuffer buf = new StringBuffer();
        if (orderBy != null && !orderBy.isEmpty()) {
            buf.append(" order by ");
            // 迭代排序条件
            for (Map.Entry<String, String> em : orderBy.entrySet()) {
                buf.append(em.getKey() + " " + em.getValue() + ",");
            }
            // 去掉最后一个逗号
            buf.deleteCharAt(buf.length() - 1);
        }
        return buf.toString();
    }

    @SuppressWarnings({ "rawtypes", "unchecked" })
    public List<T> findByConditionWithPaging(String whereHql, final Object[] params,
                                             Map<String, String> orderBy,
                                             final int offset, final int length) {
        String hql = "select o from " + entityClass.getSimpleName() + " o where 1=1 ";

        if (StringUtils.isNotBlank(whereHql)) {
            hql = hql + whereHql;
        }
        String orderByStr = buildOrderBy(orderBy);
        hql = hql + orderByStr;

        final String _hql = hql;

        List<T> list = this.getHibernateTemplate()
                          .executeFind(new HibernateCallback() {
            public Object doInHibernate(Session session) throws HibernateException,
                                                                   SQLException {
                Query query = session.createQuery(_hql);
                query.setFirstResult(offset);// 设置首条返回结果的位置
                query.setMaxResults(length);// 设置返回结果的最大数量
```

```
159               setParams(query, params);
160               return query.list();
161           }
162       });
163       return list;
164   }
165
166   @SuppressWarnings({ "rawtypes", "unchecked" })
167   public int getRowCount(String whereHql, final Object[] params) {
168       String hql = "select count(*) from " + entityClass.getSimpleName()
                  + " o where 1=1 ";
169
170       if (StringUtils.isNotBlank(whereHql)) {
171           hql = hql + whereHql;
172       }
173
174       final String _hql = hql;
175       long count = this.getHibernateTemplate().execute(new HibernateCallback() {
176           public Object doInHibernate(Session session) throws HibernateException,
                                                                  SQLException {
177               Query query = session.createQuery(_hql);
178               setParams(query, params);
179               // select count(*)的结果只有一个
180               return query.uniqueResult();
181           }
182       });
183       return (int) count;
184   }
185 }
```

几点说明：

① 既然将 Hibernate 交给了 Spring 管理，则在编写 DAO 层代码时也应反映这一特性，具体包括 DAO 实现类继承 Spring 提供的 HibernateDaoSupport 类、从 Spring 容器中获取之前配置的 sessionFactory 实例、使用 Spring 提供的 HibernateTemplate 类的方法对实体类对象进行 CRUD 操作等。

② 第 25 行调用了自定义工具类 GenericClass 的静态方法，后者通过反射机制获得 BaseDaoImpl 的子类所传入的实体类的类型，具体代码如下。

GenericClass.java

```
package edu.ahpu.boke.util;

import java.lang.reflect.ParameterizedType;

public class GenericClass {
    public static Class<?> getGenericClass(Class<?> clazz) {
      ParameterizedType type = (ParameterizedType) clazz.getGenericSuperclass();
        Class<?> entityClass = (Class<?>) type.getActualTypeArguments()[0];
        return entityClass;
    }
}
```

③ 各实体类对应的 DAO 接口应继承 BaseDao 接口，并使用实体类作为泛型参数；DAO 类则应继承 BaseDaoImpl 类并实现对应的 DAO 接口。下面给出实体类 Channel 的 DAO 接口及实现类代码，对于其余实体类也是类似的。

ChannelDao.java

```
package edu.ahpu.boke.dao;

import edu.ahpu.boke.domain.Channel;

public interface ChannelDao extends BaseDao<Channel> {
    // 若父接口的方法不能满足 Channel 实体类的需要，可以在此处定义新的方法。
}
```

ChannelDaoImpl.java

```
001 package edu.ahpu.boke.dao;
002 
003 import org.springframework.stereotype.Repository;
004 
005 import edu.ahpu.boke.domain.Channel;
006 
007 @Repository // DAO 类使用此注解以交由 Spring 管理
008 public class ChannelDaoImpl extends BaseDaoImpl<Channel> implements ChannelDao {
009 
010 }
```

几点说明：

① ChannelDaoImpl 类的第 7 行使用了 Repository 注解，Spring 容器会将所有以 Repository 注解修饰的类视为 DAO 实现类。

② 编写了通用泛型 DAO 接口及其实现类之后，实体类对应的 DAO 接口大多是标记接口（未定义任何方法），这样不仅减少了代码冗余，而且能够根据业务需求随时为某一实体类增加泛型 DAO 接口所不具备的 CRUD 方法。

因 Service 和 Action 层的代码并非如 Domain 和 DAO 层那样与实体类一一对应，故本章后续内容将以功能点为划分，详细阐述各功能点的实现过程。

10.5 验　证　码

验证码是 Web 应用的常见功能之一，其意义是防止用户在较短的时间内频繁使用某一功能（如对帖子发表评论）。实现验证码功能的基本思路如下。

① 随机产生某一固定长度的字符串（或数值，下同），并将该串存入 session 中。

② 将上步产生的字符串写到页面中。为防止用户使用软件识别页面中的串值（很容易做到）。通常并不直接将串值写到页面，而是先根据串值生成对应的图片（还可对图片做不规则缩放、拉伸，或在图片上绘制干扰点/线，目前的软件技术识别这样图片的准确率仍非常低），再将图片写到页面。

③ 由用户识别页面中的验证码图片，并在输入其认为的串值后提交页面。

④ 比对用户提交的串值是否与其对应 session 中的串值一致，若一致则放行（继续执行用户请求的功能），否则将用户导向错误提示页面。

10.5.1 页面层

验证码的生成和验证过程不涉及数据库的访问，故其业务逻辑代码通常放在 JSP 页面中，具体代码如下所示。

WEB-INF/page/verification_code.jsp

```
<%@ page import="edu.ahpu.boke.util.Const"%>
<%@ page language="java" pageEncoding="UTF-8"%>
<%@ page contentType="image/jpeg"
        import="java.awt.*,java.awt.image.*,java.util.*,javax.imageio.*"%>
<%!
    Random random = new Random();  // 构造 Random 对象
    Color getRandomColor(int begin, int end) {// 得到范围内的随机颜色
        int range = end - begin;
        int r = begin + random.nextInt(range);
        int g = begin + random.nextInt(range);
        int b = begin + random.nextInt(range);
        return new Color(r, g, b);
    }
%>
<%
    //设置浏览器不缓存页面
    response.setHeader("Pragma", "No-cache");
    response.setHeader("Cache-Control", "no-cache");
    response.setDateHeader("Expires", 0);
    //生成 4 位随机验证码
    String code = "";
    for (int i = 0; i < 4; i++) {
        code += String.valueOf(random.nextInt(10));
    }
    // 将验证码存入 session
    session.setAttribute(Const.KEY_VERIFICATION_CODE, code);
    int w = 55; // 图片宽度和高度
    int h = 20;
    // 在内存中创建图片对象
    BufferedImage image = new BufferedImage(w, h, BufferedImage.TYPE_INT_RGB);
    // 获取并设置图形上下文
    Graphics g = image.getGraphics();
    g.setColor(getRandomColor(200, 250));// 设置画笔颜色
    g.fillRect(0, 0, w, h); // 绘制矩形区域
    g.setFont(new Font("serif", Font.CENTER_BASELINE, 16));// 设置字体
    // 绘制 100 条随机干扰线
    for (int i = 0; i < 100; i++) {
        g.setColor(getRandomColor(160, 200));
        int x1 = random.nextInt(w);
        int y1 = random.nextInt(h);
        int x2 = random.nextInt(12);
        int y2 = random.nextInt(12);
```

```
051          g.drawLine(x1, y1, x1 + x2, y1 + y2);
052      }
053
054      int rgb = random.nextInt(256);
055      g.setColor(new Color(rgb, rgb, rgb));
056      for (int i = 0; i < 4; i++) {
057          String s = code.substring(i, i + 1);
058          g.drawString(s, 13 * i + 6, 16); // 绘制字符串
059      }
060
061      g.dispose();
062
063      // 将图片写到页面
064      try {
065          ImageIO.write(image, "JPEG", response.getOutputStream());
066      } catch (Exception e) {
067      }
068      out.clear();
069      out = pageContext.pushBody();
070  %>
```

几点说明：

① 为防止用户在浏览器地址栏直接访问项目中的 JSP 页面，本例将绝大多数 JSP 文件存放在 WEB-INF 目录下。该目录被 Tomcat 保护，不允许外部直接访问，这在一定程度上提高了系统的安全性。

② 第 19～21 行设置用户浏览器不缓存验证码页面，主要是为了防止浏览器使用之前缓存在本地的验证码图片，从而导致错误的验证逻辑。

③ 由于 JSP 容器在处理完请求后会释放 pageContext 对象，同时调用 getWriter 方法获取输出流对象，该对象会与在 JSP 中使用 getOutputStream 方法获得的输出流对象冲突。因此，输出图片对象后，需要加上第 68、69 行所示的代码。

④ 为便于代码维护，本例将一些常量集中存放在 edu.ahpu.boke.util 包下的 Const 类中（如 verification_code.jsp 中第 30 行的 KEY_VERIFICATION_CODE，其余常量将在后续内容中加以说明），其完整代码如下。

Const.java

```
package edu.ahpu.boke.util;

public class Const {
    // 标识 session 中的验证码
    public static final String KEY_VERIFICATION_CODE = "verification_code";
    // 标识 session 中的登录用户对象
    public static final String KEY_LOGINED_USER = "logined_user";

    // 注册时默认用户头像的 id
    public static final int DEFAULT_CHANNEL_ID = 1;
    // config 表中代表“默认用户头像 id”的配置项的名称
    public static final String CONFIG_NAME_DEFAULT_FACE_ID = "default_face_id";

    // 存放视频及截图文件的文件夹名称
    public static final String UPLOAD_FOLDER = "video";
    // UPLOAD_FOLDER 的绝对路径名
```

```
    public static String UPLOAD_REAL_PATH;
    // 上传文件的最大大小（200兆）
    public static final long MAX_UPLOAD_FILE_SIZE = 200 * 1024 * 1024;

    // 视频状态
    public static final String VIDEO_STATUS_UPLOADED = "U";// 已上传
    public static final String VIDEO_STATUS_CONVERTED = "C";// 已转码
    public static final String VIDEO_STATUS_APPROVED = "A";// 已审核

    // 转码工具mencoder和ffmpeg所在的路径
    public static final String MENCODER_EXE = "E:/mplayer/mencoder.exe";
    public static final String FFMPEG_EXE = "E:/mplayer/ffmpeg.exe";

    // 用于排序的常量
    public static final String ORDER_ASC = "asc";
    public static final String ORDER_DESC = "desc";
    // 对视频排序时基于的字段名称
    public static final String[] VIDEO_ORDER_FIELDS = { "uploadTime",
                                   "playCount", "commentCount", "goodCommentCount" };

    // 用于分页的常量
    public static final int VIDEO_SIZE_PER_PAGE = 10;// 每页的视频数
    public static final int PAGE_BUTTON_SIZE_PER_PAGE = 10;// 每页的分页按钮个数
}
```

10.5.2 Action 层

本例中所有与系统功能相关的 JSP 页面都不允许直接访问，而必须通过 Action 类转发（并非一定要这样，视项目需要而定）。验证码功能对应 Action 类的完整代码如下。

BaseAction.java

```
001 package edu.ahpu.boke.action;
002 
003 import org.springframework.stereotype.Controller;
004 
005 @SuppressWarnings("serial")
006 @Controller
007 public class VerificationCodeAction extends BaseAction {
008 
009     @Override
010     public String execute() {
011         return "init";
012     }
013 }
```

几点说明：

① 第 6 行使用了 Controller 注解，Spring 容器会将所有以 Controller 注解修饰的类视为 Action 类，并自动对其实例化。

② Action 层与页面层联系较为紧密，故而经常要在 Action 类中访问 request、response 等 JSP 内置对象。为减少代码冗余，本例为所有 Action 类编写了一个公共父类 BaseAction，其完整代码如下。

BaseAction.java

```
001 package edu.ahpu.boke.action;
002
003 /* 省略了各 import 语句，请使用 IDE 的自动导入功能。 */
010
011 @SuppressWarnings("serial")
012 public class BaseAction extends ActionSupport implements ServletRequestAware,
                                                          ServletResponseAware {
013
014     protected HttpServletRequest request;
015     protected HttpServletResponse response;
016
017     public void setServletRequest(HttpServletRequest request) {
018         this.request = request;
019     }
020
021     public void setServletResponse(HttpServletResponse response) {
022         this.response = response;
023     }
024 }
```

第 17 行、第 21 行的方法分别在 BaseAction 实现的接口 ServletRequestAware 和 ServletResponse Aware 中定义，这两个方法将由 Struts 通过反射机制自动回调。BaseAction 类的各个子类可以直接访问第 14、15 行定义的 request 和 response 字段。

接下来应该在 struts.xml 中加入 VerificationCodeAction 的配置信息，具体如下所示。

```
<action name="verification_code"
class="edu.ahpu.boke.action.VerificationCodeAction">
    <result name="init">WEB-INF/page/verification_code.jsp</result>
</action>
```

验证码的运行效果，如图 10-5 所示（4 次运行）。

图 10-5　验证码页面

10.5.3　处理不存在的 Action 方法请求

在 10.2.4 节中配置了 HTTP 404 错误的替代页面，在大多数情况下工作良好。例如，用户在浏览器地址栏输入 http://localhost:8080/boke/123.jsp 后将被正确导向 404.jsp，但当用户输入以“.do”结尾的请求（如 123.do）时，由于这样的请求会被 Struts 拦截，若请求对应的 Action 类恰好不存在，则会在页面中抛出异常信息，如图 10-6 所示。

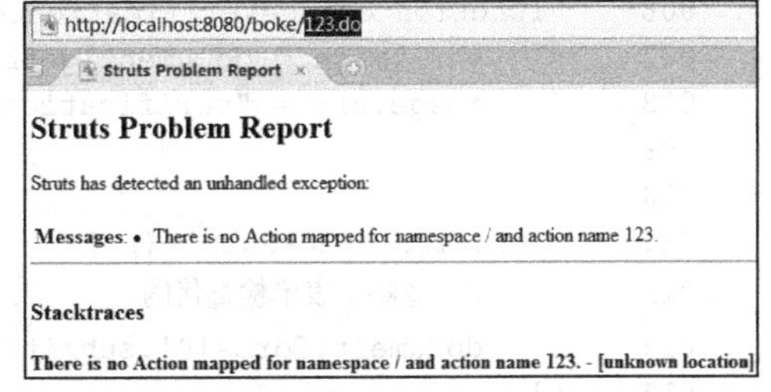

图 10-6　请求不存在的 Action 时的异常页面

解决上述问题的办法就是在 Struts 中配置一个默认 Action。当请求的 Action 不存在时，由该默认 Action 进行处理，具体代码如下所示。

```
<default-action-ref name="PageNotFound" />

<action name="PageNotFound">
```

```
    <result>404.jsp</result>
</action>
```

增加了上述配置后，不管用户输入的请求（实际不存在）是否以“.do”结尾，系统都将转到404.jsp 页面。

10.6 用户注册

用户注册涉及数据库的访问，下面以层为划分，阐述功能的具体实现。因篇幅所限，页面层中那些与功能并无太大关系的代码不予列出。此外，若 Service 及 Action 层中类似的代码之前已提及，则后面不再赘述，对于后述的功能点也是如此。

10.6.1 页面层

为方便读者理解后续代码，此处先给出注册功能的运行截图，如图 10-7 所示（图中标注为各表单输入项的名称）。注册页面的主要代码如下所示。

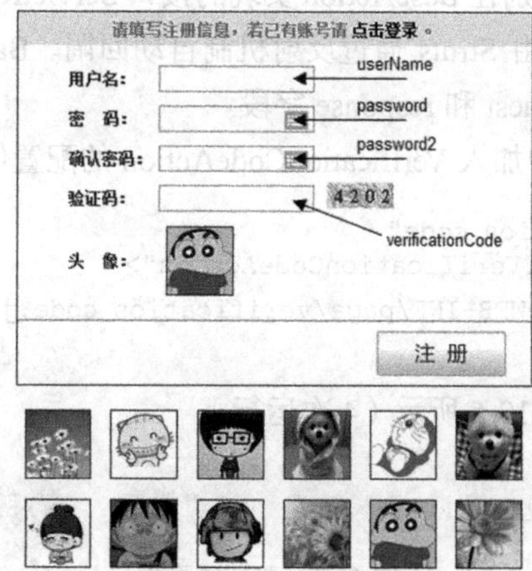

图 10-7 注册页面

WEB-INF/page/register.jsp

```
<%@ page language="java" import="java.util.*" pageEncoding="UTF-8"%>
<%@ taglib prefix="s" uri="/struts-tags"%>
<html>
<head>
<script type="text/javascript">
    function changeVerificationCode() {
        var image = document.getElementById("verificationCodeImage");
        image.src = "verification_code.do?random=" + new Date().getTime();
    }

    function checkSubmit() {
        // 省略了表单检查代码
        document.forms[0].submit();
    }

    function changeFace(facePic, faceId) {
```

```
017         document.getElementById("myFace").src = "images/face/"+facePic;
018         document.getElementById("faceId").value=faceId;
019     }
020 </script>
021 </head>
022 
023 <body>
024     <s:form method="post" action="register_register.do">
025         <input type="hidden" name="faceId" value="${default_face.id}" />
026         请填写注册信息，若已有账号请<a href="login_init.do"> 点击登录 </a>。
027 
028         用户名:
029         <s:textfield name="userName" />
030         <s:fielderror fieldName="user_name_exist_error" />
031 
032         密  码:
033         <s:password name="password" />
034 
035         确认密码:
036         <s:password name="password2" />
037 
038         验证码:
039         <s:textfield name="verificationCode" />
040         <img src="verification_code.do" title="看不清，换一张。"
                                          onclick="changeVerificationCode()" />
041         <s:fielderror fieldName="verification_code_error" />
042 
043         头  像:
044         <img id="myFace" src="images/face/${default_face.picFileName}" />
045 
046         <div id="bottom" onclick="checkSubmit()" style="cursor:hand"></div>
047 
048         <div>
049             <s:iterator value="all_faces" var="face">
050                 <img src="images/face/${face.picFileName}"
                         onclick="changeFace('${face.picFileName}', ${face.id})" />
051             </s:iterator>
052         </div>
053     </s:form>
054 </body>
055 </html>
```

几点说明：

① 第 40 行 img 标签的图片源为 verification_code.do，根据上节 struts.xml 中的配置信息，会将其转发到 verification_code.jsp。

② 第 8 行通过 JavaScript 代码在 verification_code.do 后加了值为系统当前时间的请求参数，以保证每次请求时的值都不一样，其目的是控制浏览器不使用之前的页面缓存，而总是重新请求 verification_code.do。

③ 表单提交后，若输入的验证码错误，则第 41 行将显示 Action 中生成的名为 verification_code_error 的 fielderror，类似的还有第 30 行。

④ 第 25 行、第 44 行读取存入 ActionContext 中的、由系统设置表指定的默认头像。

⑤ 第 49～51 行对存入 ActionContext 中的、包含所有可选头像的列表进行迭代，以便呈现到页面中供用户选择。

10.6.2 Service 层

注册功能涉及的逻辑包括：获得所有可选头像、检查验证码是否正确、检查用户名是否已存在、添加用户信息等，这些逻辑被组织到 Service 层的 FaceService 和 UserService 中，下面给出它们的实现类代码（接口代码略）。

FaceServiceImpl.java

```
001 package edu.ahpu.boke.service;
002
003 /* 省略了各 import 语句，请使用 IDE 的自动导入功能。*/
014
015 @Service
016 public class FaceServiceImpl implements FaceService {
017     @Resource
018     private ConfigDao configDao;
019     @Resource
020     private FaceDao faceDao;
021
022     // 获得并缓存所有可选头像
023     public List<Face> findAllFaces() {
024         return faceDao.findAll(true);
025     }
026
027     // 得到系统设置中指定的默认头像
028     public Face findDefaultFace() {
029         // 获得并缓存系统设置中名为“default_face_id”的设置项
030         Config config = configDao.findFirstByCondition("and o.name=?",
                                  new Object[] { Const.CONFIG_NAME_DEFAULT_FACE_ID }, true);
031         if (config != null) {
032             // 根据设置项的值获得对应的头像
033             Face face = faceDao.findById(Integer.parseInt(config.getValue()));
034             return face;
035         }
036         return null;
037     }
038 }
```

几点说明：

① 第 15 行使用了 Service 注解，Spring 容器会将所有以 Service 注解修饰的类视为 Service 实现类。

② 第 18 行、第 20 行的两个字段使用了 Resource 注解，Spring 容器会自动对所有以 Resource 注解修饰的字段进行初始化。

③ 考虑到每次访问注册页面时，都要获取所有的头像，且头像很少被修改，因此在查询时对其进行了缓存（第 24 行）。类似的还有第 30 行。

④ 头像表（face）中的每行记录存放了一个头像的 id 和图片文件名。由于目前尚未编写对头像表进行管理的功能，为方便快速测试注册功能，请读者利用数据库的可视化管理工具，手工为“face”表添加所有头像对应的记录，具体如图 10-8 所示。此外，还应将相应的 12 个图片文件拷

贝至 WebRoot/images/face 目录下。

⑤ 系统设置表（config）中的每行记录存放了一个配置项的名称和值。类似地，由于目前尚未编写对系统设置表进行管理的功能，为方便测试，请读者手工为 config 表添加一条记录。name 字段值为 default_face_id，value 字段值为 11（face 表中 id 为 11 的头像）。

⑥ 注意 Service 类中的各个方法要符合前述 Spring 事务管理器所指定的命名规范，对于其他 Service 类也应如此。

id	pic_file_name
1	1.jpg
2	2.jpg
3	3.jpg
4	4.jpg
5	5.jpg
6	6.jpg
7	7.jpg
8	8.jpg
9	9.jpg
10	10.jpg
11	11.jpg
12	12.jpg

图 10-8　手工为头像表添加数据

UserServiceImpl.java

```
package edu.ahpu.boke.service;

/* 省略了各 import 语句，请使用 IDE 的自动导入功能。 */

@Service
public class UserServiceImpl implements UserService {
    @Resource
    private UserDao userDao;
    @Resource
    private FaceDao faceDao;

    // 判断输入的用户名是否已存在
    public boolean isUserNameExist(String userName) {
        return userDao.findFirstByCondition("and o.name=?",
                                    new Object[] { userName }, false) != null;
    }

    // 添加用户信息
    public void addUser(String userName, String password, int faceId) {
        User user = new User();
        user.setName(userName);
        user.setPassword(password);
        user.setFace(faceDao.findById(faceId));
        user.setVisitCount(0);
        user.setTotalPlayCount(0);
        userDao.save(user);
    }
}
```

10.6.3　Action 层

用户注册功能对应的 Action 类为 RegisterAction，其包含两个方法——init 和 register，分别用于初始化注册页面和执行注册操作，其完整代码如下。

RegisterAction.java

```
package edu.ahpu.boke.action;

/* 省略了各 import 语句，请使用 IDE 的自动导入功能。 */

@SuppressWarnings("serial")
@Controller
public class RegisterAction extends BaseAction {
```

```
016     @Resource
017     private UserService userService;
018     @Resource
019     private FaceService faceService;
020
021     private String userName;
022     private String password;
023     private String password2;
024     private String verificationCode;
025     private int faceId;
026
027     // 省略了各 get 和 set 方法
066
067     // 初始化注册页面
068     public String init() {
069       ActionContext.getContext().put("all_faces", faceService.findAllFaces());
070       ActionContext.getContext().put("default_face", faceService.findDefaultFace());
071         return "register";
072     }
073
074     // 执行注册操作
075     public String register() {
076         // 判断验证码是否正确
077         if (!SessionUtils.isCodeMatch(request)) {
078             this.addFieldError("verification_code_error", "验证码错误! ");
079             return init();// 注意此处返回的不是视图名称
080         }
081
082         // 判断输入的用户名是否已存在
083         if (userService.isUserNameExist(userName)) {
084             this.addFieldError("user_name_exist_error", "用户名已存在! ");
085             return init();
086         } else {
087             userService.addUser(userName, password, faceId);
088         }
089         return "register_success";
090     }
091 }
```

第 77 行调用了自定义工具类 SessionUtils 的方法以检查验证码是否正确。SessionUtils 类的完整代码如下所示，其中后 3 个方法将在以后的功能中用到。

SessionUtils.java

```
package edu.ahpu.boke.util;

/* 省略了各 import 语句，请使用 IDE 的自动导入功能。 */

// session 工具类
public class SessionUtils {
    // 检查用户输入的验证码是否与 session 中的一致
    public static boolean isCodeMatch(HttpServletRequest request) {
        // 获取 session
```

```
        HttpSession session = request.getSession(false);
        if (session == null) {
            return false;
        }

        // 获取 session 中的验证码
        String existCode = (String)
                session.getAttribute(Const.KEY_VERIFICATION_CODE);
        if (StringUtils.isBlank(existCode)) { // 验证码为空
            return false;
        }

        // 获取用户输入的验证码
        String inputCode = request.getParameter("verificationCode");
        if (StringUtils.isBlank(inputCode)) {
            return false;
        }
        return existCode.equalsIgnoreCase(inputCode);
    }

    // 用户登录成功后，将用户对象存入 session 中
    public static void setUserToSession(HttpServletRequest request, User user) {
        HttpSession session = request.getSession();
        if (user == null) {
            return;
        }
        session.setAttribute(Const.KEY_LOGINED_USER, user);
    }

    // 得到之前存入 session 中的用户对象
    public static User getUserFormSession(HttpServletRequest request) {
        HttpSession session = request.getSession(false);
        if (session == null) {
            return null;
        }
        return (User) session.getAttribute(Const.KEY_LOGINED_USER);
    }

    // 用户注销时，删除之前存入 session 中的用户对象
    public static void removeUserFormSession(HttpServletRequest request) {
        HttpSession session = request.getSession(false);
        if (session == null) {
            return;
        }
        session.removeAttribute(Const.KEY_LOGINED_USER);
    }
}
```

接下来应该在 struts.xml 中加入 RegisterAction 的配置信息，具体如下所示。

```
<action name="register_*" class="edu.ahpu.boke.action.RegisterAction" method="{1}">
    <result name="register">WEB-INF/page/register.jsp</result>
    <result name="register_success">WEB-INF/page/register_success.jsp</result>
</action>
```

RegisterAction 含有两个业务方法，因此，其 Action 配置使用了通配符。若请求 register_init.do，则执行 init 方法；若请求 register_register.do，则执行 register 方法。

测试用户注册功能时，若输入了错误的验证码（或已存在的用户名），会发现 Struts 的 fielderror 标签默认为错误信息添加了<ul>、<li>等 HTML 标签。这通常不是项目想要的效果，解决方式有两种：①修改 Struts 对应 jar 文件中 template/simple 下的 fielderror.ftl 文件，然后存回该 jar 包；②在项目中新建 template.simple 包，将修改后的 fielderror.ftl 文件置于此包下。方式①需要修改 jar 文件，故第 2 种方式较为通用，其借助了“若类文件根路径和工程依赖的某个 jar 包中存在两个具有相同包名和文件名的资源，则前者有效”这一特性。

若注册成功，register 方法将返回名称为“register_success”的逻辑视图，其对应的 JSP 页面 register_success.jsp 除提示文字外，其余与前述 404.jsp 相同。

此外，除首次访问 register_init.do 时控制台输出了 SQL 语句外，其后的访问不再输出（即未查询数据库），直接使用 EhCache 缓存在内存或文件中的数据。

10.6.4 处理不存在的 Action 方法请求

在前述 10.5.3 节中，用以解决用户任意输入请求的办法仍有不足，例如，若在地址栏输入“http://localhost:8080/boke/register_int.do”（注意方法名 init 误输入成了 int），则页面将显示 NoSuchMethodException 的异常信息，如图 10-9 所示。

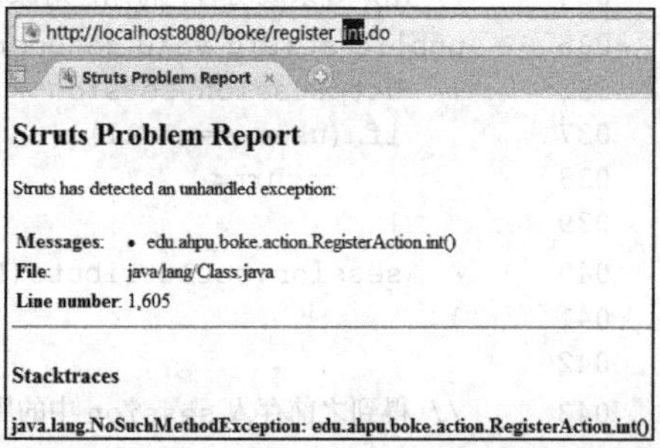

图 10-9 请求不存在的 Action 方法时的异常页面

解决上述问题的办法之一是在 Struts 配置文件中指定 NoSuchMethodException 异常（或其他与系统业务有关的异常）发生时的转向页面，具体如下所示。

```
<!-- 定义全局视图 -->
<global-results>
    <result name="404">404.jsp</result>
    <result name="error">WEB-INF/page/error.jsp</result>
</global-results>

<!-- 定义全局异常转发 -->
<global-exception-mappings>
    <!-- NoSuchMethodException 异常发生时转到 404 视图 -->
    <exception-mapping result="404" exception="java.lang.NoSuchMethodException" />
    <!-- 其他异常发生时转到 error 视图 -->
    <exception-mapping result="error" exception="java.lang.Exception" />
</global-exception-mappings>
```

几点说明：

① global-results 和 global-exception-mappings 标签必须置于在 10.5.3 节中配置的 default-action-ref 标签之后，且位于首个 action 标签之前。

② 限于篇幅，本例配置了 Exception（所有异常的父类）异常发生时的转向页面，在实际使用中，应尽量配置更细粒度的异常类，以便将更准确、更具体的信息呈现在页面上。

上述配置涉及的 error.jsp 页面除了输出异常描述信息外，还输出了异常的栈跟踪信息（以方便测试，系统正式上线时应删除），其主要代码如下所示。

WEB-INF/page/error.jsp

```
<%@ page language="java" import="java.util.*" pageEncoding="UTF-8"%>
<%@ taglib prefix="s" uri="/struts-tags"%>
<html>
<head>
    <title>出错了</title>
</head>

<body>
    <h1>
        发生错误:
        <span style="color: #FF0000">
            <s:property value="%{exception.message}" />
        </span>
    </h1>

    <hr />

    <h3>详细信息：</h3>
    <p>
        <s:property value="%{exceptionStack}" />
    </p>
</body>
</html>
```

10.7 用户登录

10.7.1 页面层

登录页面运行效果如图 10-10 所示，主要代码如下。

WEB-INF/page/login.jsp

```
<%@ page language="java" import="java.util.*" pageEncoding="UTF-8"%>
<%@ taglib prefix="s" uri="/struts-tags"%>
<html>
<head>
<title>登录</title>
<script type="text/javascript">
    function changeVerificationCode() {
        // 刷新验证码的代码略
    }

    function checkSubmit() {
        // 检查各表单项是否为空的代码略
        document.forms[0].submit();
    }
</script>
</head>

<body>
    <s:form method="post" action="login_login.do">
```

```
        登录后才能上传视频和评论，若没有账号请<a href="register_init.do"> 单击注册 </a>
        用户名:
        <s:textfield name="userName" />
        <s:fielderror fieldName="invalid_user_error" />
        密  码:
        <s:password name="password" />
        验证码:
        <s:textfield name="verificationCode" />
        <img src="verification_code.do" title="看不清，换一张。"
                                        onclick="changeVerificationCode()" />
        <s:fielderror fieldName="verification_code_error" />
        <div id="bottom" onclick="checkSubmit()" style="cursor:hand"></div>
    </s:form>
</body>
</html>
```

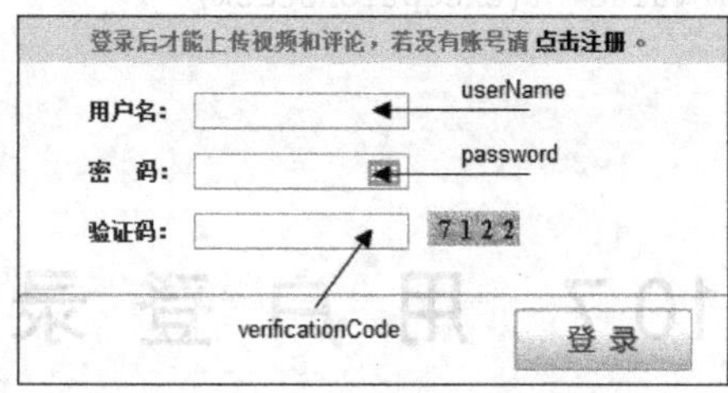

图 10-10　登录页面

10.7.2　Service 层

登录功能涉及的逻辑包括：检查用户名和密码是否正确、检查验证码是否正确、修改用户最后登录时间等，这些逻辑位于 UserService 接口的实现类中，具体如下所示（省略了之前已给出的代码）。

UserServiceImpl.java

```
package edu.ahpu.boke.service;
/* 省略了各 import 语句，请使用 IDE 的自动导入功能 */
@Service
public class UserServiceImpl implements UserService {
    // 原有代码略
    // 根据用户名和密码查找用户
    public User findUser(String username, String password) {
        return userDao.findFirstByCondition("and o.name=? and o.password=?",
                                        new Object[] { username, password }, false);
    }
    // 登录时，更新用户的最后登录时间
    public void updateLastLoginTime(User user) {
```

```
        userDao.update(user);
    }
}
```

10.7.3 Action 层

用户登录功能对应的 Action 类为 LoginAction，其包含 3 个方法——init、login 和 logout，分别用于初始化登录页面、执行登录操作和注销，其完整代码如下。

LoginAction.java

```
package edu.ahpu.boke.action;

/* 省略了各 import 语句，请使用 IDE 的自动导入功能 */

@SuppressWarnings("serial")
@Controller
public class LoginAction extends BaseAction {
    @Resource
    private UserService userService;

    private String userName;
    private String password;
    private String verificationCode;

    // 省略了各 get 和 set 方法

    // 初始化登录页面
    public String init() {
        return "login";
    }

    // 执行登录操作
    public String login() {
        // 判断验证码是否正确
        if (!SessionUtils.isCodeMatch(request)) {
            this.addFieldError("verification_code_error", "验证码错误！");
            return "login";
        }

        User u = userService.findUser(userName, password);
        if (u == null) {
            this.addFieldError("invalid_user_error", "用户名或密码错误！");
            return "login";
        } else {
            // 修改用户的最后登录时间
            u.setLastLoginTime(new Timestamp(System.currentTimeMillis()));
            userService.updateLastLoginTime(u);
            // 登录成功，将用户对象存入 session
            SessionUtils.setUserToSession(request, u);
        }
        return "back_to_main";
    }

```

```
    // 执行注销操作
    public String logout() {
        // 删除之前存入 session 的用户对象
        SessionUtils.removeUserFormSession(request);
        return "back_to_main";
    }
}
```

接下来应该在 struts.xml 中加入 LoginAction 的配置信息，具体如下所示。

```
<action name="login_*" class="edu.ahpu.boke.action.LoginAction" method="{1}">
    <result name="login">WEB-INF/page/login.jsp</result>
</action>
```

若登录成功，login 方法将返回名称为“back_to_main”的逻辑视图，它并非对应一个 JSP 页面，而是对应 main.do 请求。此外，考虑到本例中其他一些 Action 的方法在执行完毕后，也会转发到 main.do，因此将其配置为了全局转发，具体如下所示。

```
<global-results>
    <result name="404">404.jsp</result>
    <!-- 将main.do定义为全局视图（注意type属性的值） -->
    <result type="chain" name="back_to_main">main</result>
</global-results>
```

为方便测试，接下来先编写一个用以处理 main.do 请求的 MainAction 类的简化版本，具体如下所示。

MainAction.java（简化版本）

```
package edu.ahpu.boke.action;

import org.springframework.stereotype.Controller;

@SuppressWarnings("serial")
@Controller
public class MainAction extends BaseAction {
    @Override
    public String execute() {
        return "main";
    }
}
```

接下来应该在 struts.xml 中加入 MainAction 的配置，具体如下所示。

```
<action name="main" class="edu.ahpu.boke.action.MainAction">
    <result name="main">WEB-INF/page/main.jsp</result>
</action>
```

可见，MainAction 的 execute 方法将浏览器导向 main.jsp 页面。同样，为方便测试，此处也编写一个代表播客首页的 main.jsp 的简化版本，其主要代码如下所示。

WEB-INF/page/main.jsp（简化版本）

```
<%@ page language="java" import="java.util.*" pageEncoding="UTF-8"%>
<%@ taglib prefix="s" uri="/struts-tags"%>
<html>
<head>
<title>播客首页</title>
</head>

```

```
<body>
    <s:if test="#session.logined_user == null">
        <a href="register_init.do">注册</a>   |   
        <a href="login_init.do">登录</a>
    </s:if>
    <s:else>
        <a href="login_logout.do">注销</a>   |   
        <a href="upload_init.do">上传视频</a>
    </s:else>
</body>
</html>
```

main.jsp 判断用户是否经过了登录，以便显示不同的链接。此后，可以通过“http://localhost:8080/boke/main.do”访问播客应用的首页，并通过页面中的各个链接，分别执行注册、登录、上传视频等功能，如图 10-11 所示。

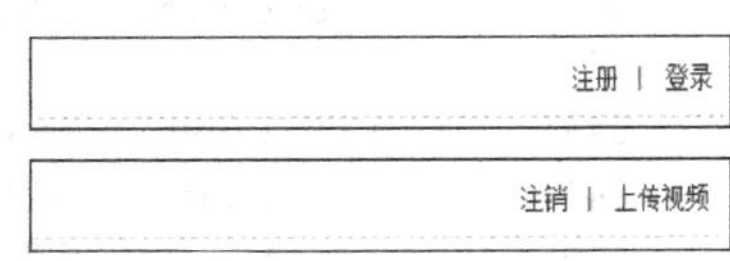

图 10-11　登录前后的首页

10.7.4　登录检查过滤器

Web 应用的很多页面只能被已登录的用户访问，如果在每个这样的页面（或 Action 类的方法）中都加上判断用户是否已登录的逻辑，势必会造成代码冗余。较为理想的解决办法是将判断逻辑集中在一处，并对用户的每次请求执行该逻辑，这正是过滤器（javax.servlet.Filter）所具有的特点。

本例编写了一个检查用户是否已登录的过滤器 LoginChecker，其工作流程如图 10-12 所示。

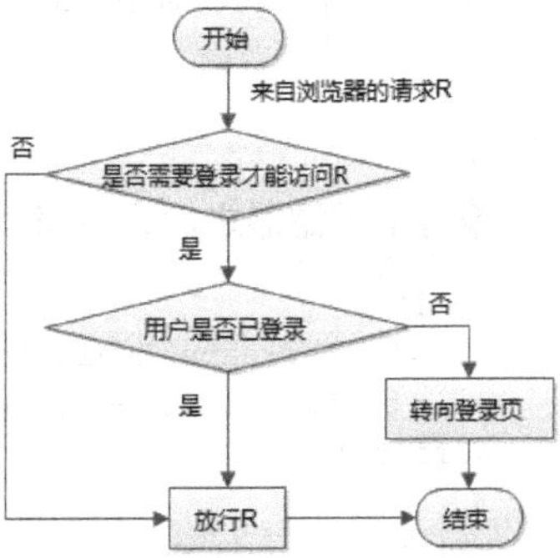

图 10-12　登录检查过滤器的工作流程

LoginChecker 的完整代码如下所示。

LoginChecker.java

```
package edu.ahpu.boke.filter;

/* 省略了各 import 语句，请使用 IDE 的自动导入功能 */

//登录检查过滤器
public class LoginChecker implements Filter {
    // 存放所有需要登录才能访问的地址（也可以存放其补集）
    private List<String> pathsNeedLogin;

    // 部署 Web 应用时执行
    public void init(FilterConfig filterConfig) throws ServletException {
        // 添加各个需要登录才能访问的地址
        pathsNeedLogin = new ArrayList<String>();
        pathsNeedLogin.add("/login_logout.do");
        pathsNeedLogin.add("/upload_init.do");
        pathsNeedLogin.add("/upload_upload.do");
        pathsNeedLogin.add("/player_comment.do");
    }

    public void doFilter(ServletRequest req, ServletResponse res,
                            FilterChain chain) throws IOException, ServletException {
```

```
        HttpServletRequest request = (HttpServletRequest) req;
        HttpServletResponse response = (HttpServletResponse) res;
        String path = request.getServletPath();// 得到浏览器的请求地址

        if (!pathsNeedLogin.contains(path)) { // 不需登录就可访问
            chain.doFilter(request, response);// 放行
            return;
        }

        /**** 若执行到此处，说明需要登录才能访问。 ****/
        // 得到 session 中的用户对象
        User user = SessionUtils.getUserFormSession(request);//

        if (user != null) {// 已登录则放行
            chain.doFilter(request, response);
        } else {// 未登录则转向登录页
            response.sendRedirect(request.getContextPath() + "/login_init.do");
        }
    }

    // 卸载 Web 应用时执行
    public void destroy() {

    }
}
```

编写了过滤器之后，应将其配置到 web.xml 中，具体代码如下所示。

```
<filter>
    <filter-name>LoginChecker</filter-name>
    <filter-class>edu.ahpu.boke.filter.LoginChecker</filter-class>
</filter>

<filter-mapping>
    <filter-name>LoginChecker</filter-name>
    <url-pattern>/*</url-pattern> <!-- 拦截所有请求 -->
    <dispatcher>REQUEST</dispatcher>
    <dispatcher>FORWARD</dispatcher>
</filter-mapping>
```

需要注意，上述配置应位于 Struts 的过滤器（StrutsPrepareAndExecuteFilter）之前。

编写并配置了以上过滤器后，各 Action 类的方法和相关的 JSP 页面不用编写任何有关登录检查的代码逻辑，都交由过滤器统一处理。读者可以测试在未登录的情况下访问“http://localhost:8080/boke/login_logout.do”，即未经登录就注销，浏览器将转向登录页面“http://localhost:8080/boke/login_init.do”。

10.8 视频上传与转码

10.8.1 页面层

视频上传页面的运行效果如图 10-13 所示。

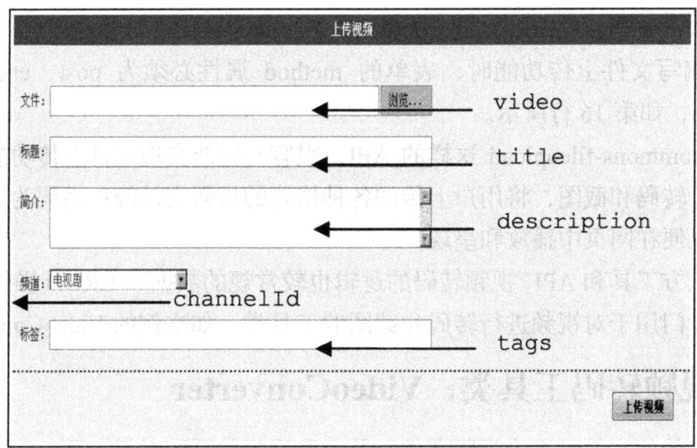

图 10-13 视频上传页面

主要代码如下。

WEB-INF/page/upload.jsp

```
<%@ page language="java" import="java.util.*" pageEncoding="UTF-8"%>
<%@ taglib prefix="s" uri="/struts-tags"%>
<html>
<head>
<title>上传视频文件</title>
<script type="text/javascript">
function upload() {
 document.forms[0].submit();
}
</script>
</head>

<body>
    <h3>上传视频</h3>

   <s:form action="upload_upload.do" method="post" enctype="multipart/form-data">
       文件:
       <s:file name="video" />

       标题:
       <s:textfield name="title" />

       简介:
       <s:textarea name="description" />

       频道:
      <s:select name="channelId" list="all_channels" listKey="id" listValue="name" />

       标签:
       <s:textfield name="tags" />

       <img src="images/upload.png" onclick="upload()" />
   </s:form>
</body>
```

```
035 </html>
```

需要注意，编写文件上传功能时，表单的 method 属性必须为 post，enctype 属性必须为 multipart/form-data，如第 16 行所示。

借助类似于 commons-fileupload 这样的 API，很容易就能实现文件上传功能，但本例还需要对上传的文件进行转码和截图，将用户上传的各种格式的视频文件统一转码为 FLV 格式（Flash 视频）并截图，以便在网页中播放和呈现。

即使借助第三方工具和 API，视频转码的逻辑也较常规的数据库 CRUD 操作复杂得多。因此，有必要编写一个专门用于对视频进行转码和截图的工具类，如本例的 VideoConverter。

10.8.2 视频转码工具类：VideoConverter

在判断用户上传的文件是否为视频文件以及获取视频的播放时长方面，本例使用了开源第三方音视频解码包 Jave；在视频转码和截图方面，使用了 mencoder 和 ffmpeg 工具。

VideoConverter 的大致工作流程为：①系统初始化时，在新线程中启动转码器；②用户每上传一个视频后，将该视频加入待转码队列（先上传先转）；③转码器定时从队列中取出视频，在完成转码和截图后，修改视频状态为已转码，然后将该视频从队列中删除。

VideoConverter 的完整代码如下所示。

VideoConverter.java

```java
package edu.ahpu.boke.util;

/* 省略了各 import 语句，请使用 IDE 的自动导入功能 */

public class VideoConverter {
    private static boolean isRunning = false; // 标识转码线程是否正在运行
    private boolean stopFlag = false; // 控制线程结束的标识
    private static Queue<Video> queue; // 待转码视频队列

    private VideoDao videoDao; // 此处的 VideDao 对象由 Service 层的类注入

    // 单例
    private static VideoConverter instance;

    // 以静态语句块初始化单例和队列
    static {
        instance = new VideoConverter();
        queue = new LinkedList<Video>();
    }

    private VideoConverter() {// 私有构造方法
    }

    // 获取单例
    public static VideoConverter getInstance() {
        return instance;
    }

    public VideoDao getVideoDao() {
```

```
        return videoDao;
    }

    public void setVideoDao(VideoDao videoDao) {
        this.videoDao = videoDao;
    }

    // 添加视频到队列
    public void add(Video v) {
        queue.offer(v);
    }

    // 停止转码线程
    public void stopConvertJob() {
        stopFlag = true;
    }

    // 开始转码
    public void startConvertJob() {
        if (isRunning) { // 若已开启
            return;
        }
        new Thread() { // 构造新线程对象
            @Override
            public void run() {
                // 以 stopFlag 标识控制循环
                while (!stopFlag) {
                    // 取出队列中的视频
                    Video v = queue.peek();
                    if (v != null) {
                        convert(v); // 转码
                    }
                    try {
                        sleep(1000); // 休眠 1 秒
                    } catch (InterruptedException e) {
                        e.printStackTrace();
                    }
                }
            }
        }.start();// 启动新线程对象
        isRunning = true; // 更新运行标识
    }

    // 转 avi: mencoder in.rmvb -oac mp3lame -lameopts preset=64 -ovc xvid -xvidencopts bitrate=600 -of avi -o out.avi
    // 转 flv: ffmpeg -i in.avi -ab 128 -acodec libmp3lame -ac 1 -ar 22050 -r 29.97 -qscale 6 -y out.flv
    // 截图: ffmpeg -i in.flv -y -f image2 -ss 8 -t 0.001 -s 120x90 out.jpg

    // 对视频进行转码和截图
    private void convert(Video v) {
        String filename = v.getServerFileName();
```

```
        long duration = v.getDuration();
        // 得到待转码视频的完整路径
        String oldFileFullName = Const.UPLOAD_REAL_PATH + filename;
        // 转码得到的 avi 文件的完整路径
        String aviFileFullName = oldFileFullName + ".avi";
        // 转码得到的 flv 文件的完整路径
        String flvFileFullName = oldFileFullName + ".flv";
        // 转码得到的截图文件的完整路径
        String picFileFullName = oldFileFullName + ".jpg";

        File oldFile = new File(oldFileFullName);
        File aviFile = new File(aviFileFullName);

        // 拼接 mencoder 转码命令（转为 avi）
        StringBuffer cmd = new StringBuffer(Const.MENCODER_EXE);
        cmd.append(" ");
        cmd.append(oldFileFullName);
        cmd.append(" -oac mp3lame -lameopts preset=64 -ovc xvid
                -xvidencopts bitrate=600 -of avi -o ");
        cmd.append(aviFileFullName);
        cmd.append("\r\n");// Windows 的换行符

        // 拼接 ffmpeg 转码命令（转为 flv）
        cmd.append(Const.FFMPEG_EXE);
        cmd.append(" -i ");
        cmd.append(aviFileFullName);
        cmd.append(" -ab 128 -acodec libmp3lame -ac 1 -ar 22050 -r 29.97 -qscale 6 -y ");
        cmd.append(flvFileFullName);
        cmd.append("\r\n");

        // 拼接 ffmpeg 截图命令
        cmd.append(Const.FFMPEG_EXE);
        cmd.append(" -i ");
        cmd.append(flvFileFullName);
        // 在视频播放时长的中间处截图
        cmd.append(" -y -f image2 -ss " + (duration / 2) + " -t 0.001 -s 120x90 ");
        cmd.append(picFileFullName);
        cmd.append("\r\n");
        cmd.append("exit"); // 退出 Windows 命令窗口的命令

        try {
            // 将上述若干命令串写入批处理文件
            File batchFile = new File(Const.UPLOAD_REAL_PATH + "convert.bat");
            FileWriter fw = new FileWriter(batchFile);
            fw.write(cmd.toString());
            fw.flush();
            fw.close();

            System.out.print("转码开始...");
            // 调用本地 cmd 命令执行批处理文件
            Runtime rt = Runtime.getRuntime();
            Process proc = rt.exec("cmd.exe /C start " + batchFile.getAbsolutePath());
```

```
            // 下面的代码主要使得 proc 与当前线程同步，与转码业务无关。
            InputStream stderr = proc.getErrorStream();
            InputStreamReader isr = new InputStreamReader(stderr);
            BufferedReader br = new BufferedReader(isr);
            while (br.readLine() != null) {// readLine 为阻塞方法
                // 不作任何处理
            }
            proc.waitFor();// 使当前线程等待
            br.close();
            batchFile.delete();// 转码完毕后删除批处理文件
            System.out.println("转码完毕");
        } catch (IOException e) {
            System.out.println("文件读写失败！");
            e.printStackTrace();
        } catch (InterruptedException e) {
            e.printStackTrace();
        }
        oldFile.delete();// 删除转码前的视频文件
        aviFile.delete();// 删除转码的中间（avi）文件

        queue.remove(v);// 将视频对象从队列中删除
        v.setStatus(Const.VIDEO_STATUS_CONVERTED);// 修改视频状态为已转码
        videoDao.update(v);// 更新视频对象到数据库
    }
}
```

几点说明：

① VideoConverter 为单例类，主要是防止多个实例同时运行可能引发的冲突。

② 若使用 ffmpeg 工具直接将某些格式的视频转为 FLV 格式可能会有问题，因此先用 mencoder 工具转为 AVI 格式的中间文件，再转为 FLV 格式。

③ 转码和截图命令中的参数虽然较为复杂，但读者无需详细理解。本例的重点并非是阐述如何使用 mencoder 和 ffmpeg 工具。

在初始化本例应用时，应立即启动视频转码线程以监听待转码视频队列，在过滤器的 init（destroy）方法中调用 VideoConverter 类的 startConvertJob（stopConvertJob）方法是一个较好的选择。由于篇幅所限，本例将调用 VideoConverter 类方法的代码放在了 10.7.4 节的过滤器中（读者也可单独编写一个过滤器并配置到 web.xml 中），具体代码如下所示。

```
LoginChecker.java
package edu.ahpu.boke.filter;

/* 省略了各 import 语句，请使用 IDE 的自动导入功能 */

//登录检查过滤器
public class LoginChecker implements Filter {
    // 原有字段声明代码

    // 部署 Web 应用时执行
    public void init(FilterConfig filterConfig) throws ServletException {
```

```
028        // 原有代码略
034
035        Const.UPLOAD_REAL_PATH = filterConfig.getServletContext()
                   .getRealPath(Const.UPLOAD_FOLDER) + "\\";
036        VideoConverter.getInstance().startConvertJob();
037    }
038
039    // 原有 doFilter 方法略
059
060    // 卸载 Web 应用时执行
061    public void destroy() {
062        VideoConverter.getInstance().stopConvertJob();
063    }
064 }
```

因 startConvertJob 方法需要访问 Web 应用被部署时 video（用以存放视频和截图文件的目录，由 Const 的静态常量 UPLOAD_FOLDER 指定）所在的绝对路径，故在调用该方法前初始化了 Const 的静态常量 UPLOAD_REAL_PATH，如第 35 行所示。

10.8.3 Service 层

视频上传功能涉及的逻辑包括：判断文件是否是视频、获取视频的播放时长、复制和重命名文件、添加视频记录到数据库以及将视频加到待转码队列等，这些逻辑位于 VideoService 中，下面给出其实现类的完整代码（接口代码略）。

VideoServiceImpl.java

```
package edu.ahpu.boke.service;

/* 省略了各 import 语句，请使用 IDE 的自动导入功能。*/

@Service
public class VideoServiceImpl implements VideoService {
    @Resource
    private ChannelDao channelDao;
    @Resource
    private VideoDao videoDao;

    // 上传视频
    public void addVideo(User user, int channelId, String title, String tags,
                String description, File videoFile,
                String fileNameOnClient) throws Exception {
        if (videoFile != null) {
            long duration = 0;
            // 使用 Jave 包的 API 获取视频文件的播放时长
            Encoder encoder = new Encoder();
            MultimediaInfo m;
            try {
                m = encoder.getInfo(videoFile);
                if (m == null || m.getVideo() == null) {
                    throw new Exception("不能识别视频编码格式，请确认上传的是视频文件！");
                }
                duration = m.getDuration() / 1000; // 获取播放时长
            } catch (InputFormatException e) {
```

```
                throw e;
            } catch (EncoderException e) {
                throw e;
            }

            // 产生一个随机的 UUID 串，作为视频文件在服务器端的名称
            String fileNameOnServer = UUID.randomUUID().toString();
         File fileOnServer = new File(Const.UPLOAD_REAL_PATH, fileNameOnServer);
            try {
                FileUtils.copyFile(videoFile, fileOnServer);// 复制文件
            } catch (IOException e) {
                throw new Exception("复制文件时发生错误！");
            }

            // 构造并初始化视频对象
            Video video = new Video();
            video.setChannel(channelDao.findById(channelId));
            video.setUser(user);
            video.setClientFileName(fileNameOnClient);
            video.setServerFileName(fileNameOnServer);
            video.setPicFileName(fileNameOnServer);
            video.setTitle(title);
            video.setTags(tags);
            video.setDescription(description);
            video.setPlayCount(0);
            video.setCommentCount(0);
            video.setGoodCommentCount(0);
            video.setBadCommentCount(0);
            video.setDuration((int) duration);
            video.setUploadTime(new Timestamp(System.currentTimeMillis()));
            video.setStatus(Const.VIDEO_STATUS_UPLOADED);// 标记视频状态为已上传
            videoDao.save(video); // 添加视频记录到数据库

            VideoConverter converter = VideoConverter.getInstance();
            if (converter.getVideoDao() == null) {
                // 设置 VideoConverter 类的 videoDao 字段
                converter.setVideoDao(videoDao);
            }
            converter.add(video); // 将视频加到待转码队列
        }
    }
}
```

10.8.4 Action 层

视频上传与转码功能对应的 Action 类为 UploadAction，其包含两个方法：init 和 upload，分别用于初始化上传页面和执行上传操作，其完整代码如下。

UploadAction.java

```
package edu.ahpu.boke.action;

/* 省略了各 import 语句，请使用 IDE 的自动导入功能。 */

```

```
017 @SuppressWarnings("serial")
018 @Controller
019 public class UploadAction extends BaseAction {
020     @Resource
021     private ChannelService channelService;
022     @Resource
023     private VideoService videoService;
024 
025     private int userId;
026     private File video;
027     private String videoFileName;
028     private String title;
029     private String description;
030     private int channelId;
031     private String tags;
032 
033     // 省略了各 get 和 set 方法
088 
089     public String init() {
090        ActionContext.getContext().put("all_channels",
                                   channelService.findAllChannels());
091        return "upload";
092     }
093 
094     public String upload() throws Exception {
095        if (video.length() > Const.MAX_UPLOAD_FILE_SIZE) {
096           throw new Exception("文件超过了 "
                       + Const.MAX_UPLOAD_FILE_SIZE / 1024 / 1024 + " 兆! ");
097        }
098        User user = SessionUtils.getUserFormSession(request);
099        videoService.addVideo(user, channelId, title, tags, description,
                             video, videoFileName);
100        return "upload_success";
101     }
102 }
```

第 90 行调用了 ChannelService 接口的 findAllChannels 方法，获取所有的频道以填充上传页面中的频道下拉列表。ChannelService 接口实现类的完整代码如下（接口代码略）。

ChannelServiceImpl.java

```
package edu.ahpu.boke.service;

/* 省略了各 import 语句，请使用 IDE 的自动导入功能 */

@Service
public class ChannelServiceImpl implements ChannelService {
    @Resource
    private ChannelDao channelDao;

    public List<Channel> findAllChannels() {
       return channelDao.findAll(true);
    }

    public Channel findChannel(int channelId) {
       Channel channel = channelDao.findById(channelId);
```

```
024         if (channel == null) {
025             channel = channelDao.findById(Const.DEFAULT_CHANNEL_ID);
026         }
027         return channel;
028     }
029 }
```

第 22～28 行的 findChannel 方法根据频道 id 查找对应的频道，这将在 10.9 节的功能中用到。接下来应该在 struts.xml 中加入 UploadAction 的配置信息，具体如下所示。

```
<action name="upload_*" class="edu.ahpu.boke.action.UploadAction" method="{1}">
    <result name="upload">WEB-INF/page/upload.jsp</result>
    <result name="upload_success">WEB-INF/page/upload_success.jsp</result>
</action>
```

若视频上传成功，upload 方法将返回名称为“upload_success”的逻辑视图，其对应的 JSP 页面为“upload_success.jsp”，除提示文字外，其余与前述“404.jsp”相同。

需要注意，Struts 中上传文件默认的最大为 2 兆字节，若选择上传的文件超过该限制，则会抛出异常。通常的解决办法是将 struts.xml 中名为“struts.multipart.maxSize”的常量设置得足够大（即保证不管用户选择多大的文件，Struts 都不会抛出异常），具体如下所示。

```
<!-- 配置上传文件的最大大小（此处配置为足够大的 1000G） -->
<constant name="struts.multipart.maxSize" value="1073741824000" />
```

此后，便可以在 Action 类的方法中判断上传的文件是否超过了某个自定义的大小，如 UploadAction 中的第 95～97 行。

由于目前尚未编写对频道表进行管理的功能，为方便快速测试视频上传与转码功能，请读者利用数据库的可视化管理工具，手工为 channel 表添加所有频道对应的记录，具体如图 10-14 所示。

视频上传与转码功能的测试结果如图 10-15 所示。其中，①为文件上传完毕后转向的 upload_success.jsp 页面；②为 video 表中相应的记录行；③为后台自动开启的用于转码与截图的命令行窗口，执行完毕将自动关闭；④为转码完毕后 video（具体为“工程名\.metadata\.me_tcat\webapps\boke\video”）目录下生成的 FLV 与截图文件。

id	name
1	电视剧
2	电影
3	综艺
4	动漫
5	音乐
6	教育
7	纪录片
8	资讯
9	娱乐
10	原创
11	体育
12	汽车
13	科技
14	游戏
15	生活
16	时尚
17	旅游
18	母婴
19	搞笑
20	广告
21	其他

图 10-14　手工为频道表添加数据

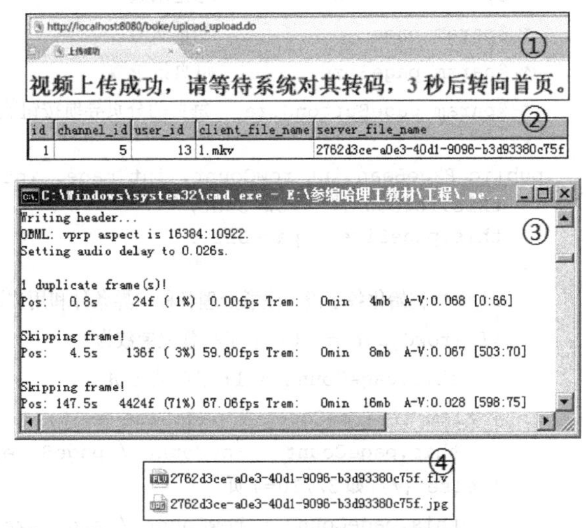

图 10-15　视频上传与转码功能测试

视频转码完毕后，应该在首页中展示，下节开始编写完整版本的首页展示功能。

10.9 首页及查询分页

10.9.1 分页模型类：PageBean

查询分页是 Web 应用的常见需求，当查询的结果量很大时，为保证系统性能，将结果分为若干页，每次只返回其中的一页数据。为方便代码编写，本例抽象出了用以描述“页”概念的模型类 PageBean，其完整代码如下。

PageBean.java

```
package edu.ahpu.boke.util;

import java.util.List;

public class PageBean {
    private int rowCount; // 总记录数
    private int currentPage; // 当前页
    private int pageSize; // 每页记录数
    private int pageCount; // 总页数
    private int offset; // 当前页首条记录的位置
    private int startPage; // 分页导航按钮的起始页号
    private int endPage; // 分页导航按钮的结束页号
    private List<?> contents; // 当前页的内容

    /**
     * 构造方法
     *
     * @param rowCount          总记录数
     * @param page              当前页号
     * @param pageSize          每页记录数
     * @param pageButtonSize    每页的分页导航按钮数
     */
    public PageBean(int rowCount, int page, int pageSize, int pageButtonSize) {
        this.rowCount = rowCount;
        this.pageSize = pageSize;

        /**** 初始化各字段，注意处理各种边界条件和用户请求中可能出现的非法数据。 ****/
        if (rowCount == 0) { // 总记录数为0
            this.pageCount = 1; // 共1页
        } else if (rowCount % pageSize == 0) {// 如30/10=3页
            this.pageCount = rowCount / pageSize;
        } else {// 如32/10=4页
            this.pageCount = rowCount / pageSize + 1;
        }

```

```
        // 页面请求中可能没有当前页的信息（或为负数）
        if (page <= 0) {
            this.currentPage = 1;
        } else if (page > pageCount) {// 当前页超过了总页数
            this.currentPage = pageCount;
        } else {
            this.currentPage = page;
        }

        // 计算当前页首条记录的位置
        this.offset = pageSize * (this.currentPage - 1);

        // 单击了页面中的最后一个分页导航按钮，如第 30 页（设每页 10 个分页按钮）。
        if (this.currentPage % pageButtonSize == 0) {
            // 起始分页按钮号为 22
            this.startPage = (this.currentPage / pageButtonSize - 1) * 10 + 2;
            // 结束分页按钮号为 31
            this.endPage = this.currentPage / 10 * 10 + 1;
        } else { // 单击的不是最后一个分页按钮，如第 24 页。
            // 起始分页按钮号为 21
            this.startPage = (this.currentPage / pageButtonSize * 10) + 1;
            // 结束分页按钮号为 30
            this.endPage = (this.currentPage / 10 + 1) * 10;
        }

        if (startPage < 1) { // 计算的起始分页按钮号为 0 或负数
            startPage = 1;
        }

        if (pageCount == 0) {// 总页数为 0 时
            endPage = 1;
        } else if (endPage > pageCount) {// 结束分页按钮号超过总页数
            endPage = pageCount;
        }
    }

    // 省略了各 get 和 set 方法
}
```

PageBean 类的字段与页面中与分页有关的各个可见元素几乎是一一对应的，构造 PageBean 对象时，要注意判断和处理各种边界条件以及用户请求中可能出现的非法数据。

10.9.2　页面层

首页的运行效果如图 10-16 所示，主要代码如下。

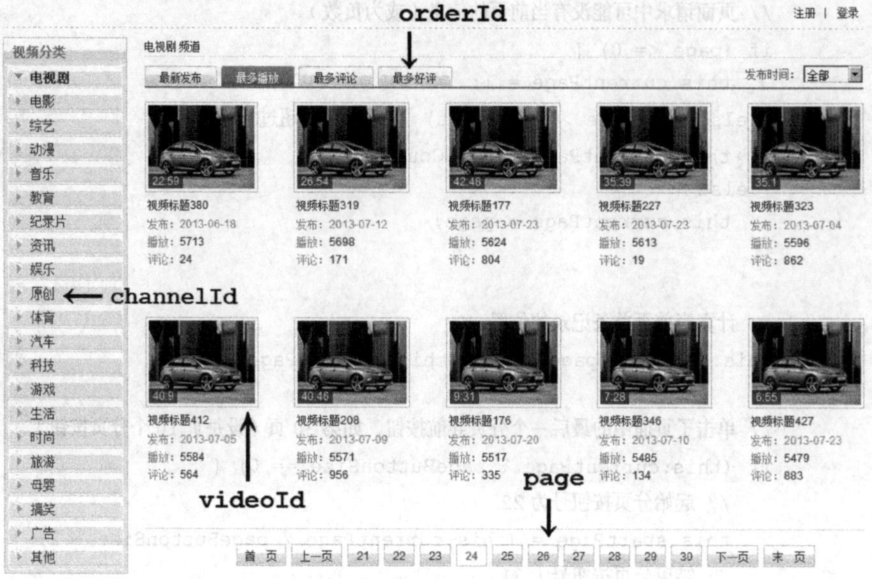

图 10-16 首页及分页查询

WEB-INF/page/main.jsp

```
<%@ page language="java" import="java.util.*" pageEncoding="UTF-8"%>
<%@ taglib prefix="s" uri="/struts-tags"%>
<html>
<head>
<title>播客首页</title>
<script type="text/javascript">

    // 根据提交的表单项改变页面中的当前频道和排序标准的 css 属性，使其呈现为选中
    function selectChannelAndOrder() {
       var channelId = "${channelId}";
       var channels = document.getElementById("channels").childNodes;

       for (i = 0; i < channels.length; i++) {
          if (channels[i].id == "channel_" + channelId) {
             channels[i].className = "cur";
          } else {
             channels[i].className = "";
          }
       }

       var orderId = "${orderId}";
       if (orderId != 1 && orderId != 2 && orderId != 3 && orderId != 4) {
          orderId = 1;
       }

       for (i = 1; i <= 4; i++) {
          if (i == orderId) {
             document.getElementById("order_" + i).className = "cur";
          } else {
```

```
                document.getElementById("order_" + i).className = "";
            }
        }
    }
</script>
</head>

<BODY onload="selectChannelAndOrder()">
<s:form action="main.do" method="post">
    <DIV>
        <s:if test="#session.logined_user == null">
          <a href="register_init.do">注册</a>   |   
            <a href="login_init.do">登录</a>
        </s:if>
        <s:else>
          <a href="login_logout.do">注销</a>   |   
            <a href="upload_init.do">上传视频</a>
        </s:else>
    </DIV>

    <DIV id="channels">
        <H3>视频分类</H3>
        <s:iterator value="all_channels" var="c">
            <H4 id="channel_${c.id}">
              <A href="main.do?channelId=${c.id}&orderId=${orderId}">${c.name}</A>
            </H4>
        </s:iterator>
    </DIV>

    ${channel.name} 频道
    <UL>
        <LI id="order_1">
            <A href="main.do?channelId=${channelId}&orderId=1">最新发布</A>
        </LI>

        <LI id="order_2">
            <A href="main.do?channelId=${channelId}&orderId=2">最多播放</A>
        </LI>

        <LI id="order_3">
            <A href="main.do?channelId=${channelId}&orderId=3">最多评论</A>
        </LI>

        <LI id="order_4">
            <A href="main.do?channelId=${channelId}&orderId=4">最多好评</A>
        </LI>
    </UL>

    发布时间:
    <SELECT name="period">
```

```
        <OPTION value="0">全部</OPTION>
        <OPTION value="1">本日</OPTION>
        <OPTION value="2">本周</OPTION>
        <OPTION value="3">本月</OPTION>
    </SELECT>

    <DIV>
        <s:iterator value="#page_bean.contents" var="video" status="st">
            <s:set name="duration" value="video.duration" />
            <s:set name="minute"
                value="@edu.ahpu.boke.util.CommonUtils@toInt(duration/60)" />
            <s:set name="second"
                value="@edu.ahpu.boke.util.CommonUtils@toInt(duration%60)" />

            <DL <s:if test="#st.index%5==0">class="nomar"</s:if>>
                <DT>
                    <A href="player_init.do?videoId=${video.id}" target=_blank>
                    <IMG alt="${video.title}"
                        src='<s:property
                          value="@edu.ahpu.boke.util.Const@UPLOAD_FOLDER"/>
                          /${video.picFileName}.jpg' />
                        <SPAN>${minute}:${second}</SPAN>
                    </A>
                </DT>

                <DD>
                    <H3>
                  <A href="player_init.do?videoId=${video.id}">${video.title}</A>
                    </H3>
                </DD>

                <DD>
                    发布：<s:date name="#video.uploadTime" format="yyyy-MM-dd" />
                </DD>

                <DD>
                    播放：${video.playCount}
                </DD>

                <DD>
                    评论：${video.commentCount}
                </DD>
            </DL>
        </s:iterator>
    </DIV>

    <DIV>
        <s:if test="#page_bean.currentPage==1">
            <SPAN>首  页</SPAN>
            <SPAN>上一页</SPAN>
        </s:if>
        <s:else>
```

```
128             <A href="main.do?channelId=${channelId}&orderId=${orderId}&page=1">
                                                                        首　页</A>
129             <A href="main.do?channelId=${channelId}&orderId=${orderId}
                         &page=${page_bean.currentPage-1}">上一页</A>
130         </s:else>
131
132         <s:iterator begin="#page_bean.startPage" end="#page_bean.endPage" var="p">
133             <s:if test="#p==#page_bean.currentPage">
134                 <SPAN class=cur>${p}</SPAN>
135             </s:if>
136             <s:else>
137                 <A href="main.do?channelId=${channelId}&orderId=${orderId}
                             &page=${p}">${p}</A>
138             </s:else>
139         </s:iterator>
140
141         <s:if test="#page_bean.currentPage==#page_bean.pageCount">
142             <SPAN>下一页</SPAN>
143             <SPAN>末　页</SPAN>
144         </s:if>
145         <s:else>
146             <A href="main.do?channelId=${channelId}&orderId=${orderId}
                         &page=${page_bean.currentPage+1}">下一页</A>
147             <A href="main.do?channelId=${channelId}&orderId=${orderId}
                         &page=${page_bean.pageCount}">末　页</A>
148         </s:else>
149     </DIV>
150
151     <DIV>
152         <P>Copyright©2005 - 2013 AHPU. All Rights Reserved</P>
153         <P>版权所有 ©AHPU 皖 ICP 备 XXXXXXXX 号</P>
154     </DIV>
155 </s:form>
156 </BODY>
157 </HTML>
```

笔者在测试首页时发现，若在 OGNL 表达式中使用“/”运算符，即使参与运算的两个数都是整数也不会做整除（而是浮点除），这可能是 Struts 2.2.1 的 bug。为了在首页正确显示每个视频播放时长对应的分秒数，本例编写了一个工具类 CommonUtils，并在 main.jsp 中调用该类的静态方法，如 main.jsp 的第 89、90 行。CommonUtils 类的完整代码如下所示。

```
CommonUtils.java
package edu.ahpu.boke.util;

public class CommonUtils {
    public static int toInt(double d) {
        return (int) d;
    }
}
```

在默认情况下，struts 标签不允许访问类的静态方法，因此，需要在 struts.xml 中加入以下配置。

```
<!-- 允许 struts 标签访问静态方法 -->
```

```
<constant name="struts.ognl.allowStaticMethodAccess" value="true" />
```

10.9.3 Service 层

对于首页及查询分页来说，涉及的逻辑主要是根据用户在页面中指定的频道、排序字段以及当前页号等查询到相应的视频，并构造为 PageBean 对象，该逻辑被组织到了 PageService 接口中，下面给出其实现类的完整代码（接口代码略）。

PageServiceImpl.java

```
package edu.ahpu.boke.service;

/* 省略了各 import 语句，请使用 IDE 的自动导入功能 */

@Service
public class PageServiceImpl implements PageService {
    @Resource
    VideoDao videoDao;

    /**
     * 得到首页中的视频分页对象
     *
     * @param channel          视频所属频道
     * @param orderId          排序字段名的下标
     * @param page             当前页号
     * @param pageSize         每页的视频数
     * @param pageButtonSize   页面中的分页按钮数
     * @return   分页对象
     */
    public PageBean getVideoPageOfMain(Channel channel, int orderId, int page,
                                            int pageSize, int pageButtonSize) {
        // 根据视频所属频道及视频状态查询
        String whereHql = "and o.channel=? and o.status=? ";
        // 正式应用中，转码后的视频还需人工审核，故视频状态应为Const.VIDEO_STATUS_APPROVED。
        Object[] params = new Object[] { channel, Const.VIDEO_STATUS_CONVERTED };

        // 按排序字段名降序排列
        Map<String, String> orderBy = new LinkedHashMap<String, String>();
        orderBy.put("o." + Const.VIDEO_ORDER_FIELDS[orderId], Const.ORDER_DESC);

        int rowCount = videoDao.getRowCount(whereHql, params); // 总记录数
        PageBean pageBean = new PageBean(rowCount, page, pageSize, pageButtonSize);
        List<Video> list = videoDao.findByConditionWithPaging(whereHql, params,
                                            orderBy, pageBean.getOffset(),
                                            pageSize);
        pageBean.setContents(list);

        return pageBean;
    }
}
```

10.9.4 Action 层

首页及查询分页对应的 Action 类为 MainAction，其完整代码如下。

MainAction.java

```
package edu.ahpu.boke.action;

/* 省略了各 import 语句，请使用 IDE 的自动导入功能 */

@SuppressWarnings("serial")
@Controller
public class MainAction extends BaseAction {
    @Resource
    private ChannelService channelService;
    @Resource
    private PageService pageService;

    private int channelId; // 页面中选择的频道 id
    private int orderId; // 页面中选择的排序字段的下标
    private int page;// 页面中选择的当前页号

    // 省略了各 get 和 set 方法

    @Override
    public String execute() {
        // 判断排序字段下标的合法性
        if (orderId != 1 && orderId != 2 && orderId != 3 && orderId != 4) {
            orderId = 1;
        }
        List<Channel> all_channels = channelService.findAllChannels();
        Channel channel = channelService.findChannel(channelId);
        channelId = channel.getId();// 传入的频道 id 可能不存在
        // 根据传入的各参数获取分页对象
        PageBean videoPageBean = pageService.getVideoPageOfMain(channel,
                                    orderId - 1, page, Const.VIDEO_SIZE_PER_PAGE,
                                    Const.PAGE_BUTTON_SIZE_PER_PAGE);

        // 将各对象写出到页面以呈现
        ActionContext.getContext().put("all_channels", all_channels);
        ActionContext.getContext().put("channel", channel);
        ActionContext.getContext().put("page_bean", videoPageBean);
        return "main";
    }
}
```

10.9.5 产生测试数据

测试分页功能时，为覆盖所有的代码逻辑，应有足够多的数据，若以手工的方式（不断上传文件）产生这些数据，难免要耗费大量时间。因此，本例在 MainAction 类中编写了一个批量产生测试数据的方法，具体代码如下。

MainAction.java

```
package edu.ahpu.boke.action;

/* 省略了各 import 语句，请使用 IDE 的自动导入功能 */

@SuppressWarnings("serial")
@Controller
public class MainAction extends BaseAction {
    // 原有代码略

    @Resource
    private UserDao userDao;
    @Resource
    private ChannelDao channelDao;
    @Resource
    private VideoDao videoDao;

    // 省略了各 get 和 set 方法

    @Override
    public String execute() {
        generateData4Test(513); // 产生 513 条测试数据

        // 原有代码略
    }

    // 产生测试数据，参数为产生的数据总量
    private void generateData4Test(int count) {
        Random r = new Random();
        String s = "视频";
        User u = userDao.findById(1);// 1 为用户的 id
        Channel c = channelDao.findById(1);// 1 为频道的 id
        int i = 0;
        while (i++ < count) {
            Video v = new Video();
            v.setChannel(c);
            v.setUser(u);
            v.setClientFileName("1.mkv");
            // 使用之前的转码和截图文件
            v.setServerFileName("2762d3ce-a0e3-40d1-9096-b3d93380c75f");
            v.setPicFileName("2762d3ce-a0e3-40d1-9096-b3d93380c75f");
            v.setTitle(s + "标题" + i);
            v.setTags("标签 1 标签 2 标签 3");
            v.setDescription(s + "描述" + i);
            v.setPlayCount(r.nextInt(10000));// 随机产生播放次数等
            v.setCommentCount(r.nextInt(1000));
            v.setComments(new HashSet<Comment>());
            v.setGoodCommentCount(r.nextInt(1000));
```

```
111             v.setBadCommentCount(r.nextInt(1000));
112             v.setDuration(r.nextInt(3000) + 10);
113            v.setUploadTime(new Timestamp(System.currentTimeMillis() - r.nextInt()));
114             v.setStatus(Const.VIDEO_STATUS_CONVERTED);
115             videoDao.save(v);
116         }
117     }
118 }
```

接下来，可以将调用 generateData4Test 方法的代码添加到 execute 方法的开始处，如 MainAction 的第 71 行。为便于观察测试结果，首次访问 main.do 之前，应先删除之前测试文件上传功能时向 video 表插入的那条记录（注意不要删除 video 目录下与之对应的转码和截图文件）。此外，一旦生成了测试数据，注意要将调用 generateData4Test 方法的代码删除，以免每次访问 main.do 时都产生数据。

查询分页的测试结果如图 10-17 所示，4 次测试分别对应第一页、最后一页、普通页、页号为每页分页按钮个数的整数倍的情形。

图 10-17　查询分页的测试结果

读者可以在本节已实现功能的基础上，增加按视频发布时间的查询条件。

10.10　播放及评论视频

10.10.1　页面层

视频播放页面通过嵌入页面中的 FlvPlayer 播放器（其本身是一个 SWF 格式的 Flash）播放转码得到的 FLV 文件，其运行效果如图 10-18 所示。

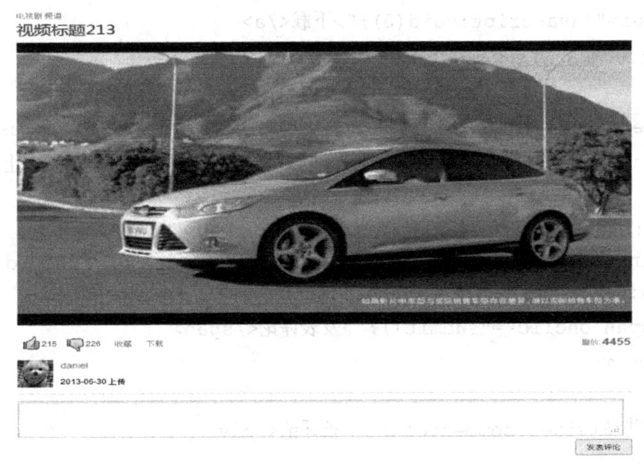

图 10-18　视频播放页面

主要代码如下。

WEB-INF/page/player.jsp

```
<%@ page language="java" import="java.util.*" pageEncoding="UTF-8"%>
<%@ taglib prefix="s" uri="/struts-tags"%>
<html>
<head>
<title>${video.title}</title>
</head>
<body>
    <s:if test="#session.logined_user == null">
        <a href="register_init.do">注册</a>   |   
        <a href="login_init.do">登录</a>
    </s:if>
    <s:else>
        <a href="login_logout.do">注销</a>   |   
        <a href="upload_init.do">上传视频</a>
    </s:else>
    ${video.channel.name} 频道
    <h1>${video.title}</h1>
    <object classid="clsid:D27CDB6E-AE6D-11cf-96B8-444553540000">
        <param name="movie" value="FlvPlayer.swf" />
        <param name="FlashVars" value='vcastr_file=<s:property value="@edu.ahpu.boke.util.Const@UPLOAD_FOLDER"/>/${video.serverFileName}.flv' />
        <embed src="FlvPlayer.swf" flashvars='vcastr_file=<s:property value="@edu.ahpu.boke.util.Const@UPLOAD_FOLDER"/>/${video.serverFileName}.flv' />
    </object>
    <a href="player_ding.do?videoId=${videoId}">${video.goodCommentCount}</a>
    <a href="player_cai.do?videoId=${videoId}">${video.badCommentCount}</a>
    <a href="javascript:void(0);">收藏</a>
    <a href="javascript:void(0);">下载</a>
    播放:${video.playCount}
    <a href="home_init.do?userId=${video.user.id}">${video.user.name}</a>
    <s:date name="#video.uploadTime" format="yyyy-MM-dd" />上传
    <s:form action="player_comment.do" method="post">
        <input type="hidden" name="videoId" value="${video.id}" />
        <s:textarea name="commentContent" />
        <span onclick="submit();">发表评论</span>
    </s:form>
    <div>共 ${video.commentCount} 条评论</div>
    <s:iterator value="comments" var="comment">
```

```
        <img src="images/face/${comment.user.face.picFileName}" />
        ${comment.user.name}
        <p>${comment.content}</p>
        <s:date name="#comment.time" format="yyyy-MM-dd HH:mm:ss" />
    </s:iterator>
</body>
</html>
```

10.10.2　Service 层

播放及评论功能涉及的逻辑包括：根据页面传入的视频 id 查找视频对象及评论、播放视频时修改播放次数、修改好/差评次数、评论视频等，这些逻辑被组织到 10.8 节中的 VideoServiceImpl 类中，具体代码如下所示。

VideoServiceImpl.java

```
package edu.ahpu.boke.service;

/* 省略了各 import 语句，请使用 IDE 的自动导入功能。 */

@Service
public class VideoServiceImpl implements VideoService {
    @Resource
    private ChannelDao channelDao;
    @Resource
    private VideoDao videoDao;
    @Resource
    private UserDao userDao;
    @Resource
    private CommentDao commentDao;

    // addVideo 方法略

    // 根据视频 id 查找视频对象
    public Video findVideo(int videoId) {
        return videoDao.findById(videoId);
    }

    // 播放视频时修改播放次数
    public void updateVideoOnPlay(Video v) {
        // 修改视频的播放次数
        v.setPlayCount(v.getPlayCount() + 1);
        User u = v.getUser();
        // 修改相应用户的视频总播放次数
        u.setTotalPlayCount(u.getTotalPlayCount() + 1);
        videoDao.update(v);
        userDao.update(u);
    }

    // 修改视频的好评次数
    public void updateVideoOnDing(Video v) {
        v.setGoodCommentCount(v.getGoodCommentCount() + 1);
```

```
117         videoDao.update(v);
118     }
119 
120     // 修改视频的差评次数
121     public void updateVideoOnCai(Video v) {
122         v.setBadCommentCount(v.getBadCommentCount() + 1);
123         videoDao.update(v);
124     }
125 
126     // 获取视频的评论
127     public List<Comment> findComments(Video v) {
128         Object[] params = new Object[] { v };
129 
130         Map<String, String> orderBy = new LinkedHashMap<String, String>();
131         orderBy.put("o.time", Const.ORDER_DESC);// 按评论时间逆序排列
132 
133         return commentDao.findByCondition("and o.video=?", params, orderBy, false);
134     }
135 
136     // 添加评论
137     public void addComment(Comment c, Video v) {
138         commentDao.save(c);
139         // 修改视频的评论次数
140         v.setCommentCount(v.getCommentCount() + 1);
141         videoDao.update(v);
142     }
143 }
```

第 107 行得到视频对象对应的用户时，得到的仅为真正用户对象的代理对象。Hibernate 默认以延迟加载方式工作。执行 109 行的 getTotalPlayCount 方法，Hibernate 才会真正去加载该用户对象，但此时 Hibernate 的 session 对象已经关闭了，因此会抛出异常。解决此问题的方法之一是禁止 Hibernate 延迟加载视频对象的用户字段。在 Video.hbm.xml 的 user 字段加上“lazy="false"”属性，具体代码如下所示。

```
<many-to-one    name="user"    class="edu.ahpu.boke.domain.User"    fetch="select"
lazy="false">
    <column name="user_id" not-null="true" />
</many-to-one>
```

类似地，前述 player.jsp 页面访问了视频所属的频道、视频的评论、视频对应用户的头像、评论者的头像，故分别要为 Video.hbm.xml 的 channel 和 comments 字段、User.hbm.xml 的 face 字段、Comment.hbm.xml 的 user 字段加上“lazy="false"”属性。

10.10.3 Action 层

视频播放及评论功能对应的 Action 类为 PlayerAction，其包含 4 个方法，分别为 init、ding、cai 和 comment，分别用于初始化播放页面、好评、差评和评论操作，其完整代码如下。

PlayerAction.java

```
package edu.ahpu.boke.action;

```

```
/* 省略了各 import 语句，请使用 IDE 的自动导入功能 */

@SuppressWarnings("serial")
@Controller
public class PlayerAction extends BaseAction {
    @Resource
    private VideoService videoService;

    private int videoId; // 视频 id
    private String commentContent; // 评论内容

    // 省略了各 get 和 set 方法

    // 初始化播放页面
    public String init() {
        // 查找视频
        Video v = videoService.findVideo(videoId);
        if (v == null) {
            return "player_error";
        }
        // 获得视频的评论
        List<Comment> comments = videoService.findComments(v);
        videoService.updateVideoOnPlay(v);

        ActionContext.getContext().put("video", v);
        ActionContext.getContext().put("comments", comments);
        return "player";
    }

    // 好评
    public String ding() {
        Video v = videoService.findVideo(videoId);
        if (v == null) {
            return "player_error";
        }
        videoService.updateVideoOnDing(v);
        ActionContext.getContext().put("video", v);
        return "player";
    }

    // 差评
    public String cai() {
        Video v = videoService.findVideo(videoId);
        if (v == null) {
            return "player_error";
        }
        videoService.updateVideoOnCai(v);
        ActionContext.getContext().put("video", v);
        return "player";
    }

```

```
    // 评论
    public String comment() {
        // 获取当前用户
        User u = SessionUtils.getUserFormSession(request);

        Video v = videoService.findVideo(videoId);
        if (v == null) {
            return "player_error";
        }
        // 构造评论对象
        Comment c = new Comment();
        c.setUser(u);
        c.setVideo(v);
        c.setContent(commentContent);
        c.setTime(new Timestamp(System.currentTimeMillis()));

        videoService.addComment(c, v);
        // 重新获得视频评论
        List<Comment> comments = videoService.findComments(v);

        ActionContext.getContext().put("video", v);
        ActionContext.getContext().put("comments", comments);
        return "player";
    }
}
```

接下来应该在 struts.xml 中加入 PlayerAction 的配置信息，具体代码如下所示。

```
<action name="player_*" class="edu.ahpu.boke.action.PlayerAction" method="{1}">
    <result name="player">WEB-INF/page/player.jsp</result>
    <result name="player_error">WEB-INF/page/player_error.jsp</result>
</action>
```

评论视频的测试结果如图 10-19 所示。

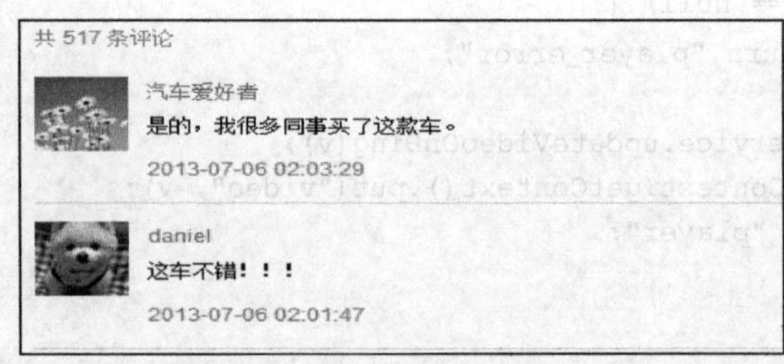

图 10-19　评论视频的测试结果

此外，当页面传入的视频 id 不存在时，PlayerAction 中的方法返回了名为“player_error”的逻辑视图，其对应的“player_error.jsp”页面除提示文字外，其余与前述 404.jsp 相同。

当评论较多时，读者可以仿照 10.9 节对评论进行查询分页。此外，本例在执行好评、差评和评论操作后，会因页面的刷新导致视频从头开始播放，这在一定程度影响了用户体验，这个问题可以通过 Ajax 技术解决。

10.11　小　　结

本章结合 Struts、Hibernate 和 Spring 完成了一个实际项目。表示层使用了 Struts，它是直接跟用户打交道的一层，接收用户的请求并转给业务层，业务层处理完毕后，将结果显示给用户。持久层使用了 Hibernate，这一层提供对象—关系映射，将程序中的 JavaBean 对象映射到关系数据库中的实体。业务层使用了 Spring，这一层处理应用程序的业务逻辑，并管理程序的执行。

由于篇幅所限，本章尚有部分功能未实现，具体包括个人空间管理、留言管理、粉丝管理、视频审核、头像管理、频道管理、系统参数设置等，读者可参照本章相应的代码继续完成这些功能。

第 11 章 基于 Java EE 的测试

本章内容

- 单元测试
- 基于 QTP 的功能测试
- 基于 JMeter 的性能测试

测试是软件产品质量保证的重要手段。由于对软件的质量要求越来越高，这必然导致人们对测试工作越来越重视。一款好软件的出世，不仅需要有强大的开发人员，还需要有水平高超的测试人员。幸运的是，随着软件开发技术和工具的发展，软件测试已变得越来越专业化。

11.1 单元测试

单元测试（unit testing）指对软件中的最小可测试单元进行检查和验证。对于单元测试中单元的含义，一般来说，要根据实际情况去判定。如，C 语言中单元指一个函数，Java 里单元指一个类，图形化的软件中可以指一个窗口或一个菜单等。总的来说，单元就是人为规定的最小的被测功能模块。单元测试是在软件开发过程中要进行的最低级别的测试活动，软件的独立单元将在与程序的其他部分相隔离的情况下进行测试。

单元测试一般由程序员自己来完成，最终受益的也是程序员自己。可以这么说，程序员在编写功能代码后，为自己的代码编写单元测试。执行单元测试，就是为了证明这段代码的行为和期望的一致。

JUnit 是一个开放源代码的 Java 测试框架，用于编写和运行可重复的测试。我们在编写大型程序的时候，需要写成千上万个方法或函数，这些函数的功能可能很强大，但我们在程序中只用到该函数的一小部分功能，并且经过调试可以确定，这一小部分功能是正确的。但是，我们同时应该确保每一个函数都完全正确，因为如果对程序进行扩展，用到了某个函数的其他功能，而这个功能有 bug 的话，那绝对是一件非常郁闷的事情。所以说，每编写完一个函数之后，都应该对这个函数的方方面面进行测试，这样的测试称为单元测试。传统的编程方式，进行单元测试是一件很麻烦的事情，需要重新写另外一个程序，在该程序中调用你要测试的方法，并且仔细观察运行结果，看看是否有错。正因为如此麻烦，所以程序员们编写单元测试的热情不是很高。于是，单元测试包应运而生，从而大大地简化了进行单元测试所要做的工作，这个测试包就是 JUnit4。下面，简要介绍在 Eclipse3.2 中使用 JUnit4 进行单元测试的方法。

我们用一个简单的例子来说明 JUnit 的工作过程。

（1）新建一个项目 JUnit_Test，我们编写一个 Calculator 类，这是一个能够简单实现加、减、乘、除、平方、开方的计算器类。然后对这些功能进行单元测试。这个类并不是很完美，我们故意保留了一些 bug 用于演示，这些 bug 在注释中都有说明。该类代码如下。

```
package andycpp;
public class Calculator ...{
    private static int result; // 静态变量，用于存储运行结果
    public void add(int n) ...{
        result = result + n;
    }
    public void substract(int n) ...{
        result = result - 1;  //Bug: 正确的应该是 result =result-n
    }
    public void multiply(int n) ...{
    }        // 此方法尚未写好
public void divide(int n) ...{
    result = result / n;
}
    public void square(int n) ...{
        result = n * n;
    }
    public void squareRoot(int n) ...{
        for (; ;) ;           //Bug : 死循环
    }
    public void clear() ...{     // 将结果清零
        result = 0;
    }
    public int getResult() ...{
        return result;
    }
}
```

（2）将 JUnit4 单元测试包引入这个项目。在该项目上单击鼠标右键，选择“属性”，如图 11-1 所示。

在弹出的属性窗口中，首先在左侧列表中选择“Java Build Path”，然后到右侧选择“Libraries”选项卡，最后单击“Add Library…”按钮，如图 11-2 所示。

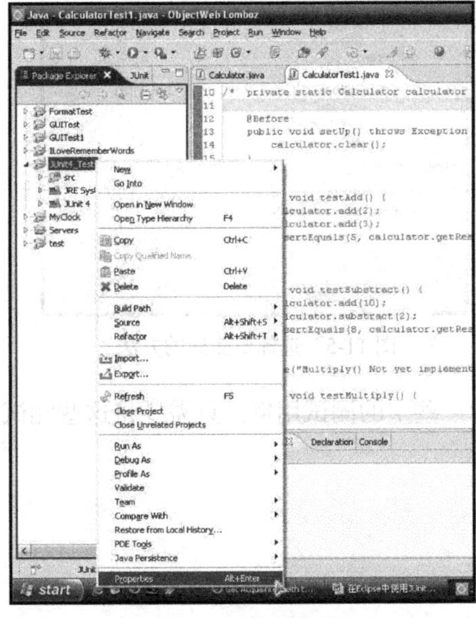

图 11-1　单击工程属性

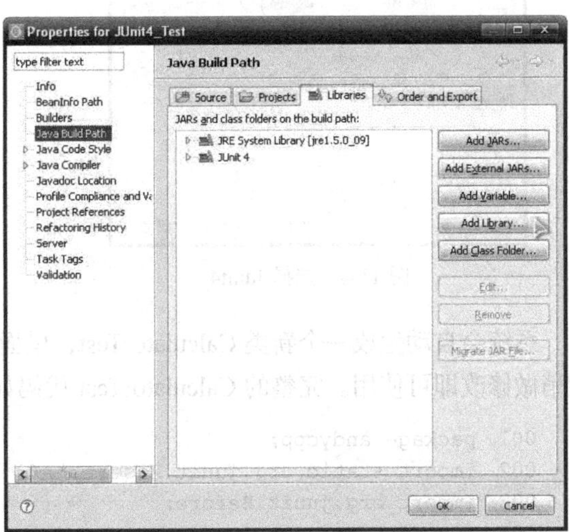

图 11-2　引入 Junit 软件包

在弹出的对话框中，选择 JUnit4 并单击“确定”按钮，如图 11-2 所示，JUnit4 软件包就被包含进项目中了。

（3）生成 JUnit 测试框架：在 Eclipse 的 Package Explorer 中，展开列表，在相应的类名上单击鼠标右键，选择“New”→“Junit Test Case”。如图 11-3 所示。

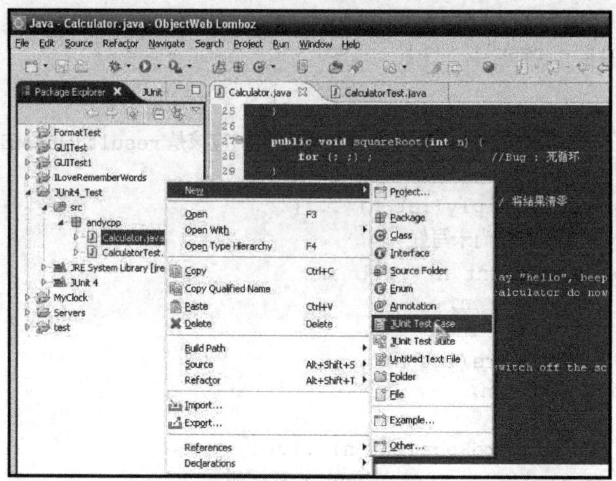

图 11-3 创建测试框架

在弹出的对话框中，进行相应的选择，如图 11-4 所示。

单击“Next”按钮后，系统会自动列出类中包含的方法，选择要进行测试的方法。此例中，我们仅对“加、减、乘、除”4 个方法进行测试。如图 11-5 所示。

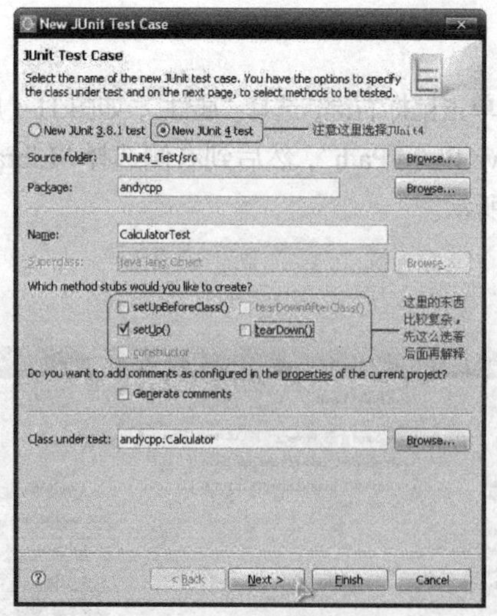

图 11-4 选择 Junit4

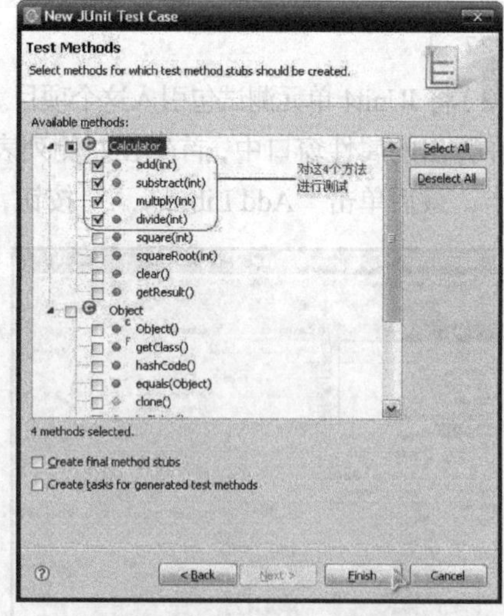

图 11-5 选择要测试的方法

系统会自动生成一个新类 CalculatorTest，里面包含一些空的测试用例。只需要将这些测试用例稍做修改即可使用。完整的 CalculatorTest 代码如下。

```
package andycpp;
import static org.junit.Assert.*;
import org.junit.Before;
import org.junit.Ignore;
import org.junit.Test;
```

```
public class CalculatorTest ...{
   private static Calculator calculator = new Calculator();
   @Before
   public void setUp() throws Exception ...{
      calculator.clear();
   }
   @Test
   public void testAdd() ...{
      calculator.add(2);
      calculator.add(3);
      assertEquals(5, calculator.getResult());
   }
   @Test
   public void testSubstract() ...{
      calculator.add(10);
      calculator.substract(2);
      assertEquals(8, calculator.getResult());
   }
   @Ignore("Multiply() Not yet implemented")
   @Test
   public void testMultiply() ...{
   }
   @Test
   public void testDivide() ...{
      calculator.add(8);
      calculator.divide(2);
      assertEquals(4, calculator.getResult());
   }
}
```

（4）运行测试代码：按照上述代码修改完毕后，在 CalculatorTest 类上单击鼠标右键，选择“Run As”→“JUnit Test”来运行测试，如图 11-6 所示。

运行结果如图 11-7 所示。

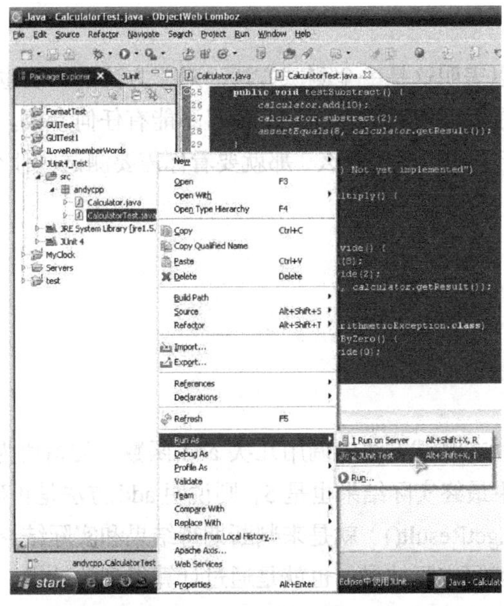

图 11-6　运行测试用例

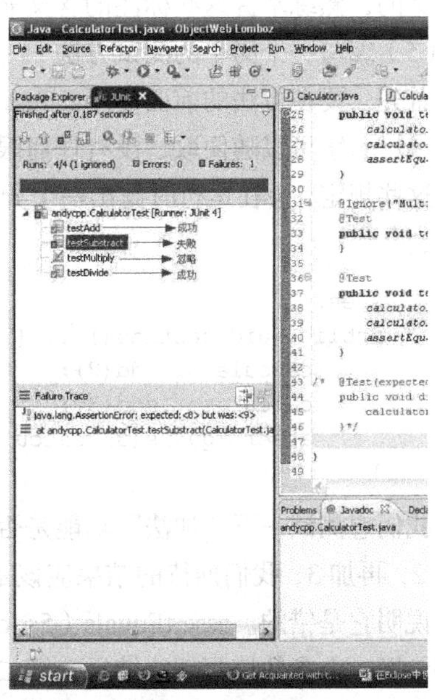

图 11-7　测试结果

进度条是红颜色表示发现错误，具体的测试结果在进度条上面有表示，如“共进行了 4 个测试，其中 1 个测试被忽略，一个测试失败”。

至此，我们已经完整体验了在 Eclipse 中使用 JUnit 的方法。下面的内容详细解释测试代码中的每一个细节！

我们继续对前面的例子进行分析。例中使用 Eclipse 自动生成了一个测试框架，我们来仔细分析一下这个测试框架中的每一个细节，才能更加熟练地应用 JUnit4。下面是使用 JUnit4 测试的过程。

（1）包含必要的 Package

在测试类中用到了 JUnit4 框架，自然要把相应地 Package 包含进来。最主要地一个 Package 就是“org.junit.*”。把它包含进来之后，绝大部分功能就有了。还有一句话也非常地重要“import static org.junit.Assert.*;”，在测试的时候使用的一系列 assertEquals 方法就来自这个包。大家注意一下，这是一个静态包含（static），是 JDK 5 中新增添的一个功能。也就是说，assertEquals 是 Assert 类中的一系列的静态方法，一般的使用方式是 Assert. assertEquals()，但是使用了静态包含后，前面的类名就可以省略了，使用起来更加的方便。

（2）测试类的声明

测试类是一个独立的类，没有任何父类。测试类的名字也可以任意命名，没有任何局限性。所以，不能通过类的声明来判断它是不是一个测试类，它与普通类的区别在于它内部的方法的声明。

（3）创建一个待测试的对象

你要测试哪个类，那么你首先就要创建一个该类的对象。正如代码：

```
private static Calculator calculator = new Calculator();
```

为了测试 Calculator 类，必须创建一个 calculator 对象。

（4）测试方法的声明

在测试类中，并不是每一个方法都是用于测试的，必须使用“标注”来明确表明哪些是测试方法。“标注”也是 JDK 5 的一个新特性，用在此处非常恰当。我们可以看到，在某些方法的前有@Before、@Test、@Ignore 等字样，这些就是标注，以一个“@”作为开头。这些标注都是 JUnit4 自定义的，熟练掌握这些标注的含义非常重要。

（5）编写一个简单的测试方法

首先，要在方法的前面使用@Test 标注，以表明这是一个测试方法。对于方法的声明也有如下要求：名字可以随便取，没有任何限制，但是返回值必须为 void，而且不能有任何参数。如果违反这些规定，会在运行时抛出一个异常。至于方法内写些什么，那就要看你需要测试些什么了。比如，

```
@Test
public void testAdd() ...{
      calculator.add(2);
      calculator.add(3);
      assertEquals(5, calculator.getResult());
}
```

我们想测试一下“加法”功能是否正确，就在测试方法中调用几次 add 函数，初始值为 0，先加 2，再加 3，我们期待的结果应该是 5。如果最终实际结果也是 5，则说明 add 方法是正确的，反之说明它是错的。assertEquals（5，calculator.getResult()）就是来判断期待结果和实际结果是否相等，第一个参数填写期待结果，第二个参数填写实际结果，也就是通过计算得到的结果。这样写好之后，JUnit 会自动进行测试并把测试结果反馈给用户。

（6）忽略测试某些尚未完成的方法

如果在写程序前做了很好的规划，那么哪些方法是什么功能都应该先定下来。因此，即使该方法尚未完成，他的具体功能也是确定的，这也就意味着可以为他编写测试用例。但是，如果你已经把该方法的测试用例写完，但该方法尚未完成，那么测试的时候一定是“失败”的。这种失败和真正的失败是有区别的，因此 JUnit 提供了一种方法来区别他们，那就是在这种测试函数的前面加上@Ignore 标注，这个标注的含义就是“某些方法尚未完成，暂不参与此次测试”。这样的话，测试结果就会提示你有几个测试被忽略，而不是失败。一旦你完成了相应函数，只需要把@Ignore 标注删去，就可以进行正常的测试。

（7）设计 Fixture（“固定代码段”）

Fixture 的含义就是“在某些阶段必然被调用的代码”。比如，上面的测试，由于只声明了一个 Calculator 对象，他的初始值是 0，但是测试完加法操作后，他的值就不是 0 了；接下来测试减法操作，就必然要考虑上次加法操作的结果。这绝对是一个很糟糕的设计！我们非常希望每一个测试都是独立的，相互之间没有任何耦合。因此，很有必要在执行每一个测试之前，对 Calculator 对象进行一个“复原”操作，以消除其他测试造成的影响。因此，“在任何一个测试执行之前必须执行的代码”就是一个 Fixture，用@Before 来标注它，如前面例子所示。

```
@Before
public void setUp() throws Exception ...{
    calculator.clear();
}
```

这里不再需要@Test 标注，因为这不是一个 test，而是一个 Fixture。同理，如果“在任何测试执行之后需要进行的收尾工作”也是一个 Fixture，使用@After 来标注。由于本例比较简单，没有用到此功能。

11.2　基于 QTP 的功能测试

QuickTest 是一个功能测试自动化工具，主要应用在功能测试中。QuickTest 针对的是 GUI 应用程序，包括传统的 Windows 应用程序以及现在越来越流行的 Web 应用。

11.2.1　使用 QuickTest 进行测试的过程

使用 QuickTest 进行测试的过程包括 6 个主要步骤。

（1）准备录制

打开要对其进行测试的应用程序，并检查 QuickTest 中的各项设置是否适合当前的要求。

（2）进行录制

打开 QuickTest 的录制功能，按测试用例中的描述，操作被测试程序。

（3）编辑测试脚本

通过加入检测点、参数化测试，以及添加分支、循环等控制语句，来增强测试脚本的功能，使将来的回归测试真正能够自动化。

（4）调试脚本

调试脚本，检查脚本是否存在错误。

（5）在回归测试中运行测试

在对应用程序的回归测试中，通过 QuickTest 回放对应用程序的操作，检验软件正确性，实现测试的自动化进行。

（6）分析结果，报告问题

查看 QuickTest 记录的运行结果，记录问题，报告测试结果。

11.2.2 QuickTest Professional6.0 应用程序的界面

在学习创建测试之前，先来熟悉一下 QuickTest 的主界面。图 11-8 是录制了一个操作后的 QuickTest 界面。

下面，简单解释一下各个界面元素的功能。

- 标题栏，显示了当前打开的测试脚本的名称。
- 菜单栏，包含了 QuickTest 的所有菜单命令项。
- 文件工具条，包含了以下工具条按钮，如图 11-9 所示。

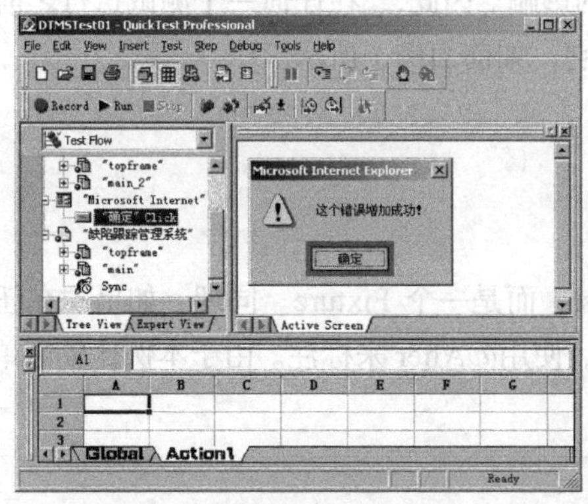

图 11-8 QuickTest 界面

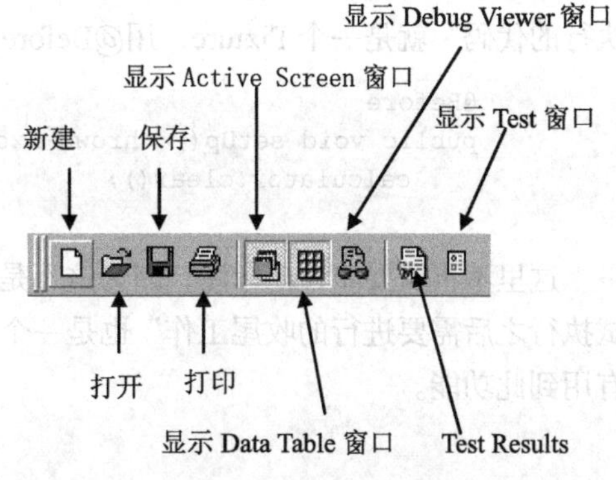

图 11-9 文件工具条

- 测试工具条，包含了在创建、管理测试脚本时要使用到的工具条按钮，如图 11-10 所示。

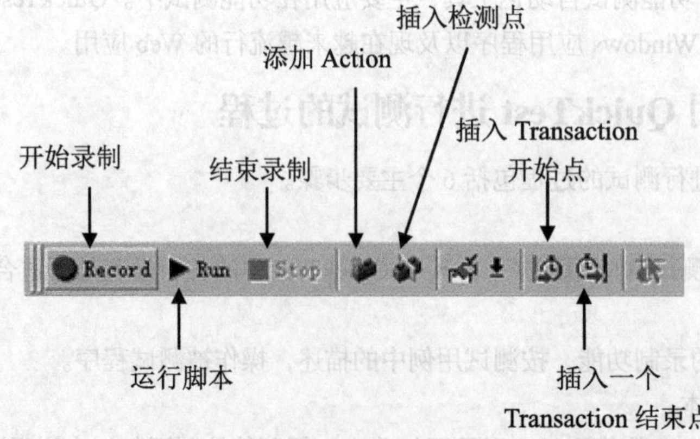

图 11-10 测试工具条

- Debug 工具条，包含了在调试测试脚本时要使用到的工具条按钮，如图 11-11 所示。
- Action 工具条，用于查看各个 Action 的信息。

- 测试脚本管理窗口，提供了两个可切换的窗口，分别通过图形化方式和 VBScript 脚本方式来管理测试脚本。
- Data Table 窗口，用于参数化测试。
- 状态栏，显示测试过程中的状态。

使用测试中心的 DTMS（缺陷跟踪管理系统）来作为演示 QuickTest 各个功能的例子程序。建了一个虚拟项目，称为 QuickTest 练习 1.0，用户名为“QuickTest”，密码为“QTP”，用户名和密码均不区分大小写。

使用微软的 IE 浏览器，为了使 QuickTest 能够更加准确的运行，需要对 IE 进行设置，步骤如下。

（1）选择 IE 的“工具”→“Internet 选项”命令，在弹出的窗口中，选择“内容”选项卡。

（2）在“个人信息”部分，用鼠标左键单击“自动完成”按钮。弹出图 11-12 所示的对话框。

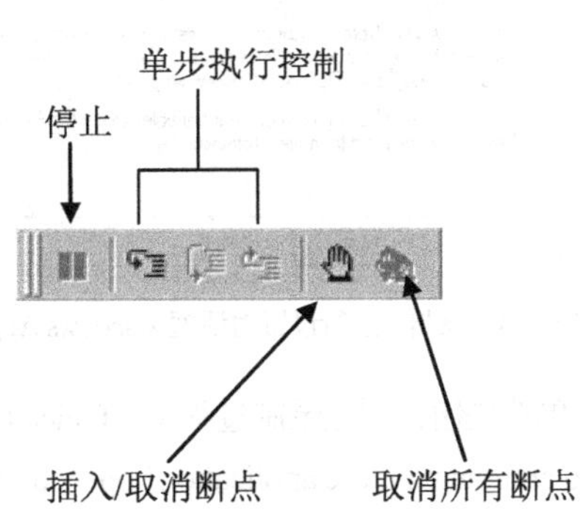

图 11-11　Debug 工具条

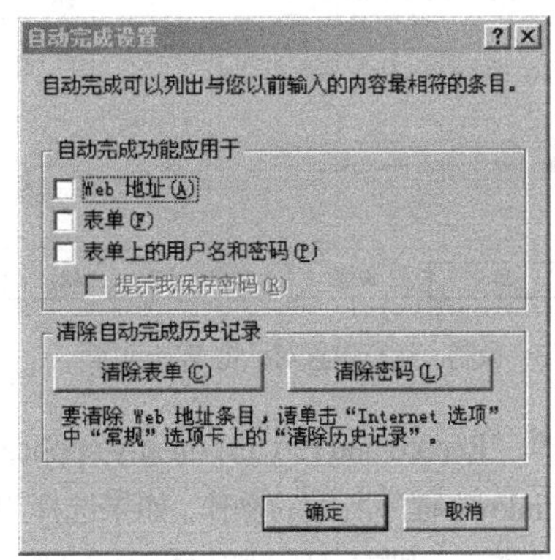

图 11-12　自动完成设置对话框

（3）使“Web 地址”、“表单”、“表单上的用户名和密码”处于未选中的状态，然后用鼠标左键单击“清除表单”和“清除密码”按钮。

11.2.3　录制

录制是自动化测试的第一步，我们就从这里开始介绍 QuickTest。

（1）录制前的准备工作

首先，已经按照 11.2.1 节中的内容对 IE 进行了设置。

其次，在正式开始录制一个测试之前，应该关闭所有已经打开的 IE 窗口。这是为了能够正常的进行录制，这一点要特别注意。

最后，应该关闭所有与测试不相关的程序窗口。

（2）录制测试过程

在这一节里，将使用 QuickTest 录制一个向 DTMS 中添加错误这样的一个操作过程。

① 启动 QuickTest

启动 QuickTest，在随后显示的“Add- in Manager”窗口中，选中“Web”复选框，单击“OK”按钮。

在“欢迎”窗口中，单击“Blank Test”项，开始一个新的测试。

② 开始录制

在 QuickTest 中，选择“Test”→“Record”菜单命令，这时会显示如图 11-13 所示的窗口。

在 Web 选项卡中，选择“Open the following browser when a record or run session begins.”单选按钮，在下面的“Type”中，选择“Microsoft Internet Explorer”为浏览器的类型，在“Address”中添入

http://192.168.6.199（DTMS 的地址）。这样，在录制的时候，QuickTest 会自动打开 IE 并连接到 DTMS。

选中“Close the browser when the test is closed”复选框，这样在关闭该测试脚本的时候，会同时关闭与其相关的 Web 页面。

现在，切换到“Windows Application”选项卡，如图 11-14 所示。

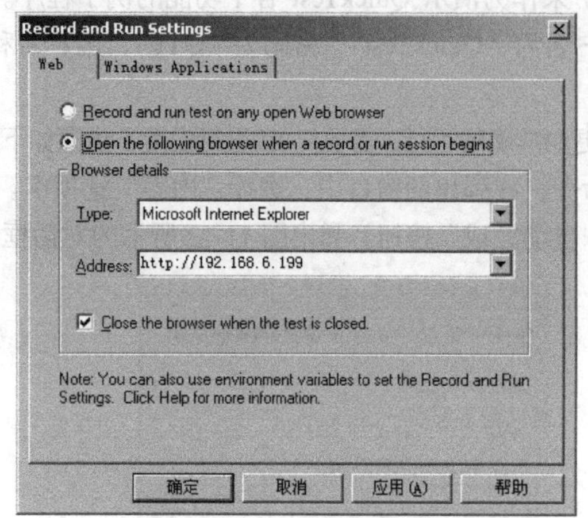

图 11-13　录制、运行设置对话框 Web 页面

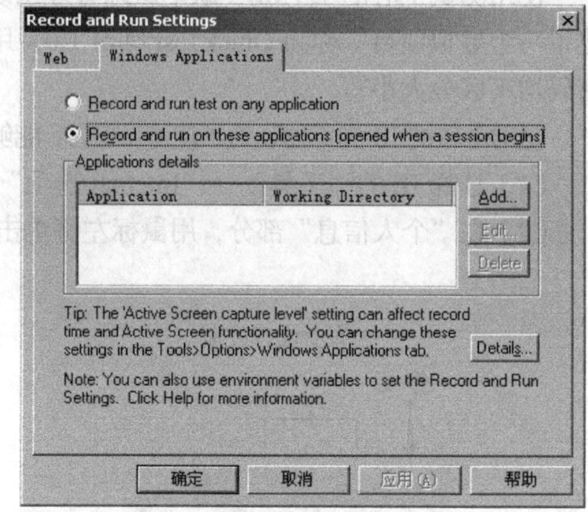

图 11-14　录制、运行设置对话框 Windows Application 页面

如果选择“Record and run test on any application”单选按钮，则在录制过程中，QuickTest 会记录你对所有的 Windows 程序所做的操作。如果选择“Record and run on these application（opened when a session begins）”单选按钮，则在录制过程中，QuickTest 只会记录对那些添加到下面“Application details”列表框中的应用程序的操作（你可以通过“Add”、“Edit”、“Delete”按钮来编辑这个列表）。

选择第 2 个单选按钮。因为我们只是对 DTMS 进行操作，不涉及 Windows 程序，所以保持列表为空。

单击“确定”按钮，开始录制了，IE 被打开并连接到了 DTMS 上。

③ 进行操作

以 QuickTest 为用户名登录 DTMS，密码为 QTP。

确保进入 DTMS 后，处于错误管理的状态下。

在“项目列表”中选择“QuickTest 练习 1.0”，用鼠标左键单击“添加错误”按钮。

在该页面中，“所属模块”处选择“录制”，“错误级别”处选择“严重”，在“错误名称”处输入“Test002”，然后单击“增加”按钮，再单击接着出现的窗口中的“确定”按钮。

最后，单击“查找错误”按钮，选中“新建”复选框，再单击“查询”按钮，查看错误的添加情况。

④ 停止录制

在 QuickTest 中，选择“Test”→“Stop”菜单命令，录制就此停止。

⑤ 保存脚本

在 QuickTest 中，选择“File → Save”菜单命令，保存录制的测试。在保存时，要确保保存对话框中的“Save Active Screen files”复选框被选中，如图 11-15 所示。

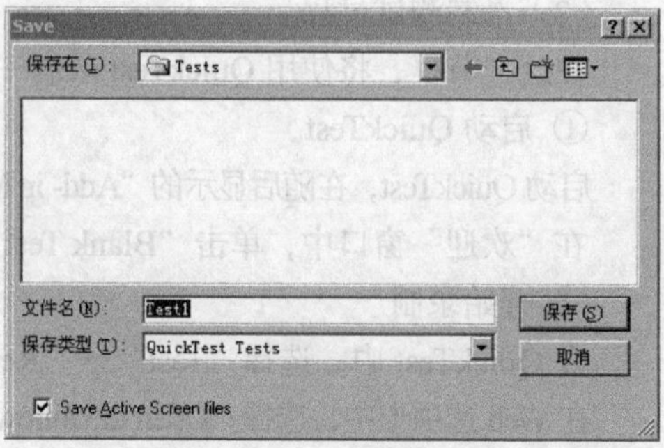

图 11-15　保存测试脚本

选择合适的路径，添入文件名，名称为 DTMSTest01。单击“保存”按钮进行保存。

11.2.4　分析录制的测试脚本

在录制过程中，QuickTest 会在测试脚本管理窗口（也叫 Tree View 窗口）中产生对每一个操作的相应记录。录制结束后，QuickTest 也就记录下了测试过程中的所有操作。测试脚本管理窗口显示的内容如图 11-16 所示。

对 Web 页面中界面元素的每一次操作，QuickTest 都在测试脚本管理窗口中以一个图标来标记，并记录下了该界面元素的详细描述信息。

单击测试脚本管理窗口下面的“Expert View”，会显示与图形方式相对应的 VBScript 脚本。

对照操作过程，仔细的研究一下各个图标、各行脚本的含义。

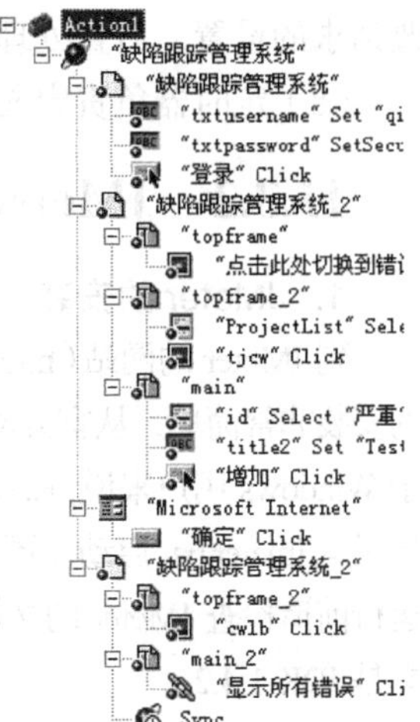

图 11-16　测试脚本管理窗口

11.2.5　运行、分析测试

运行录制好的测试脚本时，QuickTest 会打开被测试程序，执行测试中录制的每一个操作。测试运行结束后，QuickTest 显示本次运行的结果。包括两部分内容：

（1）运行测试，在 QuickTest 中运行 DTMSTest01 这个测试脚本。

（2）打开测试脚本，在 QuickTest 中，单击“File”→“Open”菜单命令，打开 DTMSTest01，查看测试分析结果。

11.3　基于 JMeter 的性能测试

11.3.1　JMeter 简介

Apache JMeter 是一个 100%的纯 Java 桌面应用，用于压力测试和性能测试。JMeter 最早是为了测试 Tomcat 的前身 JServ 的执行效率而诞生的，主要是针对 Web 的压力和性能测试，但后来扩展到其他测试领域。JMeter 可以用于测试 FTP、HTTP、RPC、JUNIT、JMS、LDAP、WebService（Soap）Request 以及 Mail 和 JDBC（数据库压力测试）。

另外，JMeter 能够对应用程序做衰退测试，通过创建带有断言的脚本来验证你的程序返回你期望的结果。为了实现最大限度的灵活性，JMeter 允许使用正则表达式创建断言。在知道如何具体使用之前，先介绍一下 JMeter 的主要测试组件。

（1）测试计划是使用 JMeter 进行测试的起点，它是其他 JMeter 测试元件的容器。

（2）线程组代表一定数量的并发用户，它可以用来模拟并发用户发送请求。实际的请求内容在 Sampler 中定义，它被线程组包含。

（3）监听器负责收集测试结果，同时也被告知了结果显示的方式。

（4）逻辑控制器可以自定义 JMeter 发送请求的行为逻辑，它与 Sampler 结合使用可以模拟复杂的请求序列。

（5）断言可以用来判断请求响应的结果是否如用户所期望的。它可以用来隔离问题域，即在确保功能正确的前提下执行压力测试。这个限制对于有效的测试是非常有用的。

（6）配置元件维护 Sampler 需要的配置信息，并根据实际的需要修改请求的内容。

（7）前置处理器和后置处理器负责在生成请求之前和之后完成工作。前置处理器常常用来修改请求的设置，后置处理器则常常用来处理响应的数据。

（8）定时器负责定义请求之间的延迟间隔。

11.3.2 JMeter 的安装与配置

1. JMeter 的安装

到 JMeter 的网站（http://jmeter.apache.org/download_jmeter.cgi）下载 JMeter，如图 11-17 所示。JMeter 的安装非常简单，从官方网站上下载，解压之后即可使用。运行命令在%JMETER_HOME%/bin 下，对于 Windows 用户来说，命令是 jmeter.bat（同时会启动一个 DOS 窗口显示一些日志信息）和 jmeterw.cmd，建议从 jmeter.bat 启动要更好些，因为在 JMeter 运行的过程中可以在 DOS 窗口看到一些错误日志信息。运行前请检查 JMeter 的文档，查看是否具备相关的运行条件。对于最新版本（即 2.2），要求 JDK 的版本是 JDK 1.4.2。

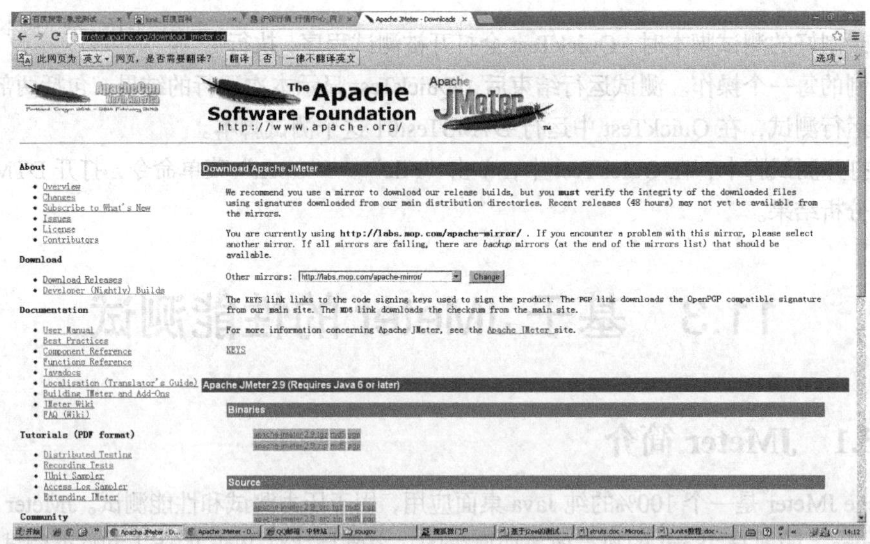

图 11-17 JMeter 的下载

2. JMeter 的配置

JMeter 的主要配置文件 jmeter.properties，需要根据不同的测试目的对配置文件做不同的设置。

（1）#language=de。JMeter 启动后窗口中所使用的语言，默认情况下该行是被注释掉的，因为在 JMeter 启动的时候会根据操作系统的语言设置自行设定。对 Windows 中文操作系统来说，JMeter 启动后就是中文界面，如果你想设定为其他语言，将该行注释去掉，在等号后面设置你想设定的语言。

（2）xml.parser=org.apache.xerces.parsers.SAXParser。XML 文件解析器的设定，这是 Jmeter 默认的，解析所需要的 jar 包在%JMETER_HOME%\lib 下，可以设置为你熟悉的 XML 文件解析方式。当然，首先要将所需要的 jar 包拷贝到%JMETER_HOME%\lib 目录下。

（3）SSL configuration。在项目开发中，如果使用数字安全证书，则在对软件进行测试前，必须设置此项（下面所指定的 Java 类在%JAVA_HOME%\jre\lib\jsse.jar 内，如果使用的 JDK 为 1.4.2，那设置好环境变量就可以了，将%JAVA_HOME%\jre\bin 加入到环境变量的 path 中，将%JAVA_HOME%\jre\lib 加入到环境变量的 CLASSPATH 中）。

```
ssl.provider=com.sun.net.ssl.internal.ssl.Provider
ssl.pkgs=com.sun.net.ssl.internal.www.protocol
```

在生成数字安全证书的时候会生成一个.keystore 文件，需要在此指定一下。

```
javax.net.ssl.keyStore=H:/tools/jmeter/jakarta-jmeter-2.2/testPlan/configs/.keystore
```

在生成数字安全证书的时候会有一个密码，默认为 changeit。

```
#The password to your keystore
javax.net.ssl.keyStorePassword=changeit
```

最好将下面这行的注释去掉。这样，如果配置有什么问题可以在日志文件中记录得更清楚些。

```
javax.net.debug=all
```

（4）#log_level.jmeter=INFO。Jmeter 日志记录级别，将该行改为 log_level.jmeter=DEBUG，这样可以记录更加详细的日志信息。

还有一些其他的设置如：CSVRead configuration、WML Parser configuration 等，就不详细说明了。

3. Badboy 的安装

① 通过 Badboy 的官方网站（http://www.badboy.com.au）下载 Badboy 的最新版本。

② 安装 Badboy。安装完成后，可以在桌面和 Windows 开始菜单中看到相应的快捷方式。如果找不到，可以找一下 Badboy 安装目录下的 Badboy.exe 文件，直接双击启动 Badboy。

③ 启动 Badboy，其界面如图 11-18 所示。

在地址栏（图中方框标注的部分）中输入需要录制的 Web 应用的 URL，这里以 http://www.baidu.com 为例。

单击"开始录制"按钮（图中圆圈标注的部分），开始录制。

开始录制后，可以直接在 Badboy 内嵌的浏览器（主界面的右侧）中对被测应用进行操作，所有的操作都会被记录在主界面左侧的编辑窗口中。在这个试验中，我们在 Baidu 的搜索引擎中输入 Jmeter 进行搜索。不过录制下来的脚本并不是一行行的代码，而是一个个 Web 对象。

录制完成后，单击工具栏中的"停止录制"按钮，完成脚本的录制。

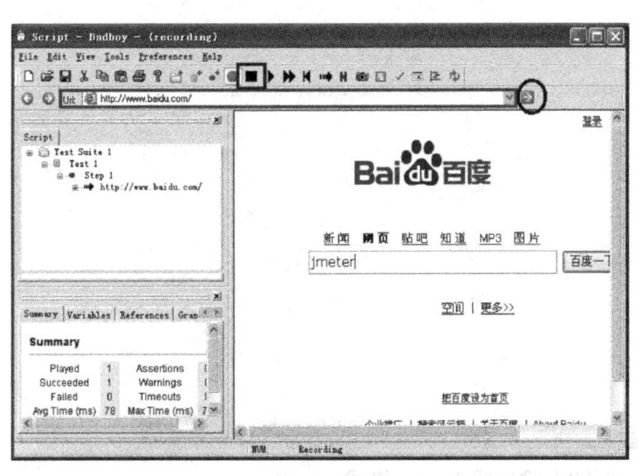

图 11-18　用 badboy 录制脚本

图 11-19　将录制脚本输出成 jmeter 格式

选择"File"→"Export to JMeter"菜单，填写文件名"baidu.jmx"，将录制好的脚本导出为

JMeter 脚本格式。也可以选择“File”→“Save”菜单保存为 Badboy 脚本。

图 11-20　将录制脚本输出成 jmeter 格式

启动 JMeter 并打开刚刚生成的测试脚本，就可以用 JMeter 进行测试了。

（1）利用 JMeter 的代理服务器功能进行脚本录制

在测试计划中添加线程组，在线程组中添加逻辑控制器——录制控制器。

在工作台中添加非测试元件——HTTP 代理服务器。

端口：即代理服务器的监听端口，我们设为 8080。

目标控制器选择：测试计划>线程组。

分组选择：每个组放入一个新的控制器。

如图 11-21 所示。

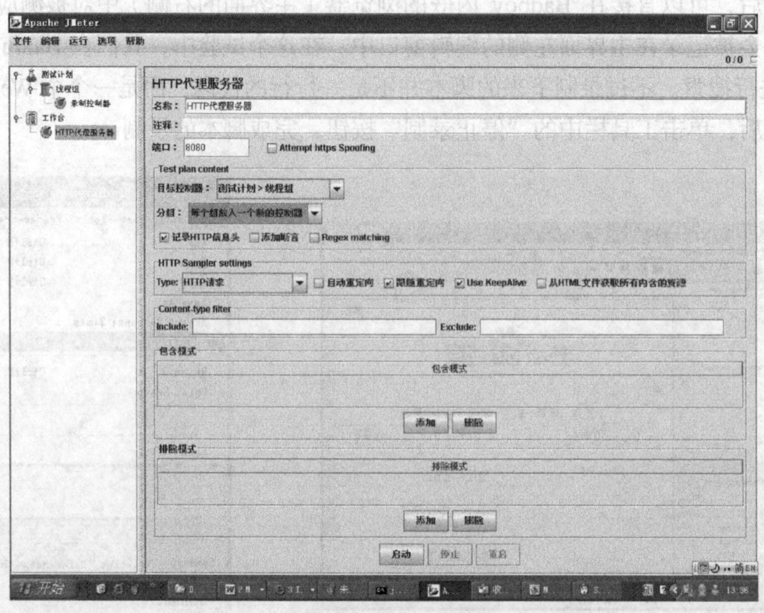

图 11-21　将录制脚本输出成 Jmeter 格式

在 HTTP 代理服务器中添加定时器——高斯随机定时器(用于告知 Jmeter 来在其生成的 HTTP

请求中自动的增加一个定时器）。定时器将会使相应的的取样器被延迟。延时的规则是，在上一个访问请求被响应并延时了指定的时间后，下一个被定时器影响的取样访问请求才会被发送出去。

如果在代理服务器元件里使用了高斯随机定时器，就应该在其中的固定延迟偏移（Constant Delay Offset）设置项里添上${T}（用于自动引用纪录的延迟时间）。

代理服务器配置好以后，单击启动，代理服务器就会开始记录所接受的 HTTP 访问请求。 打开浏览器，打开 Internet 选项，将局域网（LAN）设置中的代理服务器设为：localhost，端口为在代理服务器中设的端口：8080。如图 11-23 所示。

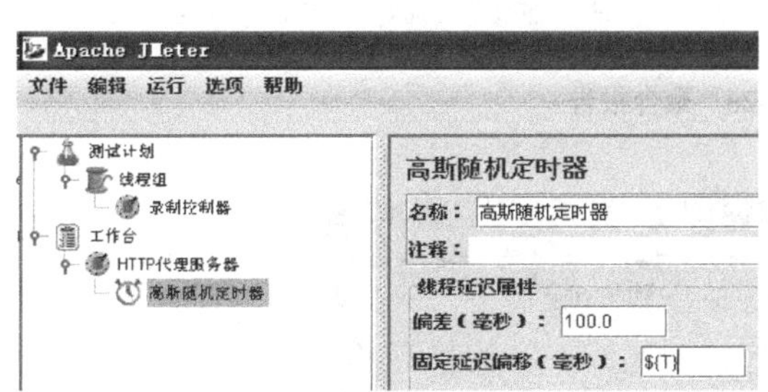

图 11-22　将录制脚本输出成 Jmeter 格式

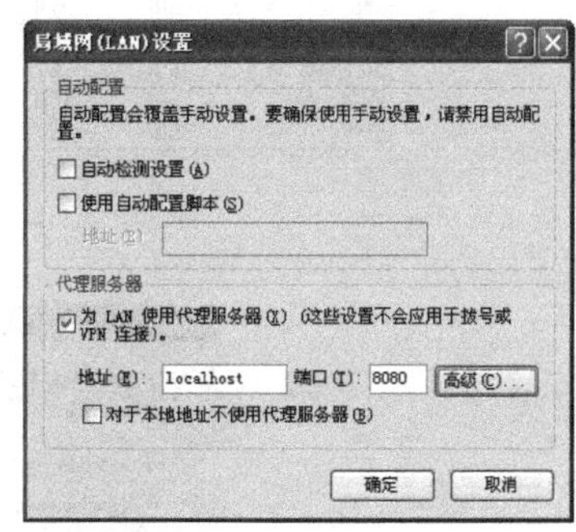

图 11-23　设置代理服务器

在浏览器地址栏中输入地址并进行进行录制。录制完成后，停止 HTTP 代理服务器；在录制控制器元件上单击鼠标右键，将记录的元件保存为一个文件用于以后重用。另外，不要忘了恢复浏览器的代理服务器设置。如图 11-24 所示。

脚本录制完毕后，就可以运行 JMeter 来进行测试了。

打开 JMeter 会有一个默认的测试计划，单击“文件”→“打开”，选中录制的脚本文件，如，WebXSample_addUser.jmx，打开脚本进行测试。

在线程组上添加监听器-聚合报告（用于分析测试结果）后，单击“运行”→“启动”开始测试，测试完毕后，在聚合报告中就可以看到测试结果。一个简单的测试计划就完成了，如图 11-25 所示。

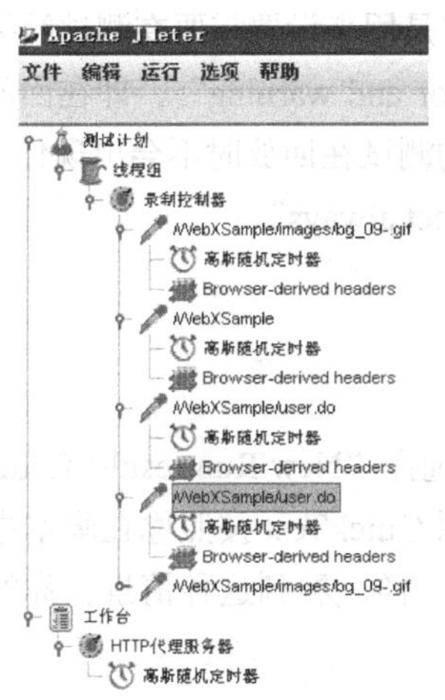

图 11-24　浏览器的代理服务器设置

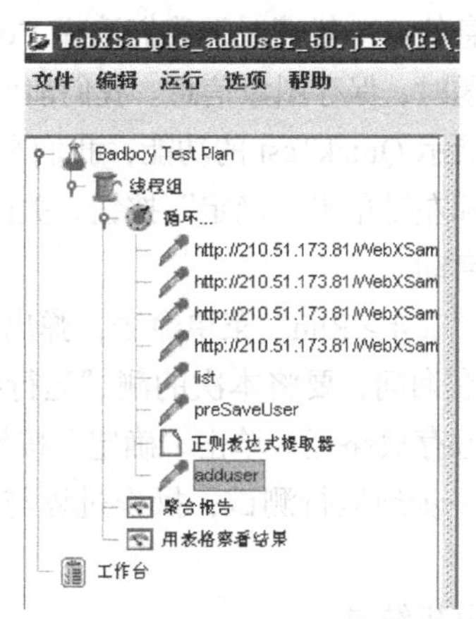

图 11-25　聚合报告显示测试结果

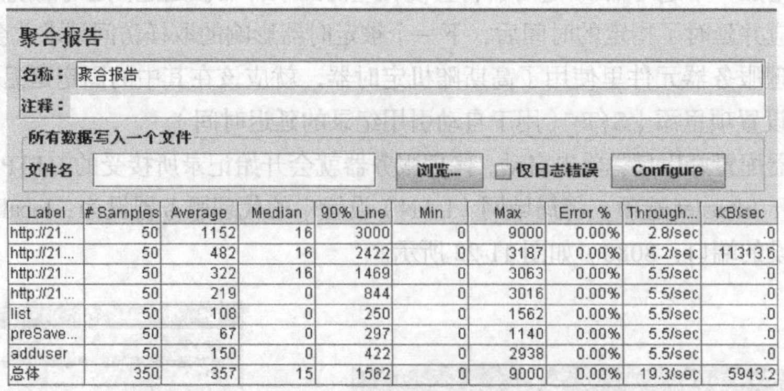

Label	# Samples	Average	Median	90% Line	Min	Max	Error %	Through...	KB/sec
http://21...	50	1152	16	3000	0	9000	0.00%	2.8/sec	.0
http://21...	50	482	16	2422	0	3187	0.00%	5.2/sec	11313.6
http://21...	50	322	16	1469	0	3063	0.00%	5.5/sec	.0
http://21...	50	219	0	844	0	3016	0.00%	5.5/sec	.0
list	50	108	0	250	0	1562	0.00%	5.5/sec	.0
preSave...	50	67	0	297	0	1140	0.00%	5.5/sec	.0
adduser	50	150	0	422	0	2938	0.00%	5.5/sec	.0
总体	350	357	15	1562	0	9000	0.00%	19.3/sec	5943.2

图 11-26　聚合报告

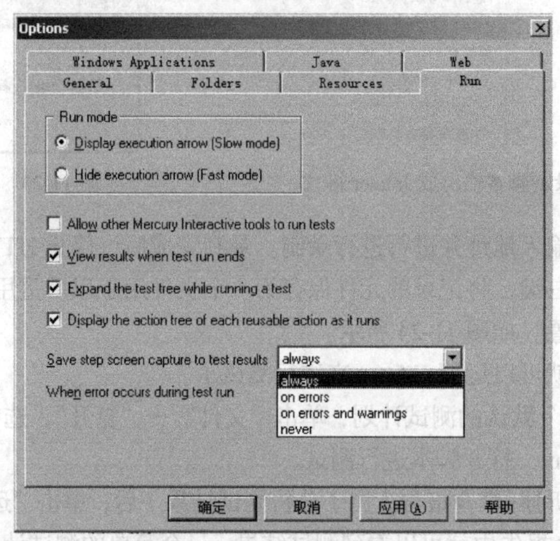

图 11-27　设置对话框

注意“Save step screen capture to test results”这一项，它是用来设置需要在测试结果中保存哪些图象信息的。一般情况下我们选择“on error”或“on error and warning”，即在回放测试过程中出现问题时，保存图象信息。我们前面录制的对 DTMS 的测试在回放时不会出现什么问题，为了更多的展示 QuickTest 的功能，我们在这里暂且选择“select always”。

用鼠标左键单击“确定”按钮，关闭窗口。

（2）启动

单击“Test > Run”菜单命令，弹出如下窗口：

这是在询问，要将本次的测试运行结果保存到何处。选择“New Run results folder”单选按钮，设定好存放路径。单击“确定”按钮。这时，你会看到 QuickTest 按照你在脚本中录制的操作，一步一步地运行测试，操作过程与你手工操作时完全一样。看到这种情景，你的心中是不是很激动!

（3）分析结果

在测试执行完成后，会显示测试结果窗口，如图 11-29 所示。

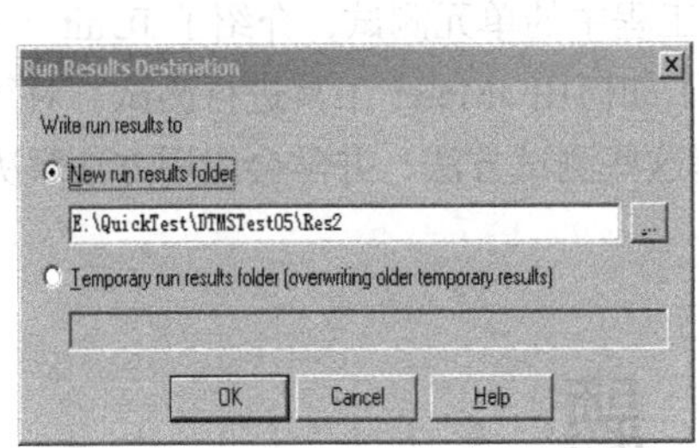

图 11-28　保存测试结果对话框

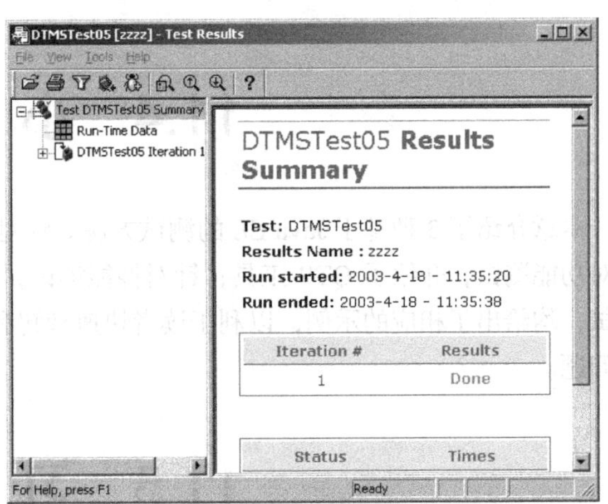

图 11-29　测试结果窗口

窗口分左右两部分：

窗口左半部分是一个树状视图，以树叶的形式列出了测试执行过程中的每一个操作步骤。

窗口右半部分给出了本次测试执行过程的概要信息。

（1）查看每一个步骤的执行结果

展开树状视图各个节点，可以查看到每个步骤的实际执行情况，如图 11-30 所示。

图 11-30　测试结果窗口

按照图中的数字编号解释一下各部分的内容。

编号 1 区域：这部分在树状视图展开后，显示测试执行过程中的每一个操作步骤。选择某一个步骤，会在 2、3 区域显示相应的信息。

编号 2 区域：对应当前选中的步骤，显示了该操作执行时的详细信息。

编号 3 区域：对应当前选中的步骤，显示了该操作执行时应用程序的屏幕截图。

（2）关闭测试结果窗口

单击测试结果窗口中的“File”→“Exit”菜单命令，退出测试结果窗口。

11.4 小　　结

本章介绍了 3 种基于 Java EE 的测试方法。针对软件工程中的单元测试，介绍了 JUnit 工具；针对功能测试，介绍了 QTP 工具；针对性能测试，介绍了如何用 JMeter 工具进行测试。对每种测试，均给出了相应的示例，以利于读者快速理解和掌握这些测试方法，并学会应用方法解决实际问题。

11.5 习　　题

1. 开发一个 JavaBean 并利用 JUnit 进行单元测试。
2. 对第 6 章 Struts 框架中的登录模块设计功能测试用例，并利用 QTP 进行功能测试。
3. 使用 JMeter 对第 6 章 Struts 框架中的登录模块进行多人同时登录的性能测试。